ISBN 978-0-364-95138-5
PIBN 11285858

PARIS. — IMPRIMERIE GAUTHIER-VILLARS ET FILS,

19814   Quai des Grands-Augustins, 55.

SÉANCES

DE LA

SOCIÉTÉ FRANÇAISE DE PHYSIQUE,

RECONNUE COMME ÉTABLISSEMENT D'UTILITÉ PUBLIQUE
PAR DÉCRET DU 15 JANVIER 1881.

———

ANNÉE 1893.

———

PARIS,

AU SIÈGE DE LA SOCIÉTÉ,

44, RUE DE RENNES, 44.

—

1893

SOCIÉTÉ FRANÇAISE DE PHYSIQUE.

SÉANCE DU 6 JANVIER 1893.

PRÉSIDENCE DE M. VIOLLE.

La séance est ouverte à 8 heures et demie.
Le procès-verbal de la séance du 16 décembre 1892 est lu et adopté.

Sont élus Membres de la Société :

MM. DOMMER, Professeur à l'Ecole de Physique et de Chimie industrielles de Paris.
PAUL (Joseph), Ancien Elève de l'Ecole Polytechnique de Paris.
MICHELSON (Albert-A.), Professeur à l'Université de Chicago (Etats-Unis).

M. le PRÉSIDENT déclare le scrutin ouvert pour la nomination du Vice-Président, du Secrétaire général, du Vice-Secrétaire, du Trésorier-Archiviste, de deux Membres pour la Commission du *Bulletin* et pour le renouvellement partiel du Conseil.

M. le PRÉSIDENT rappelle que le Rapport de la Commission des Comptes sur l'exercice 1892 a été adressé à tous les Membres de la Société et demande s'il y a quelques observations à faire à ce Rapport. Personne ne demandant la parole, le Rapport de la Commission des Comptes est mis aux voix et adopté.

M. le PRÉSIDENT proclame le résultat du vote. Sont élus :

MM. JOUBERT, *Vice-Président,*
PELLAT, *Secrétaire général,*
BERGET, *Vice-Secrétaire,*
GAY, *Trésorier-Archiviste.*

Membres de la Commission du *Bulletin :* MM. BOUTY et FOUSSEREAU.

Sont élus Membres du Conseil pour une période de trois années :

Membres résidants :

MM. BECQUEREL (H.), Membre de l'Institut.
CANCE, Ingénieur-Électricien.

VASCHY, Ingénieur des Télégraphes, Répétiteur à l'École Polytechnique.

WYROUBOFF, Docteur ès Sciences.

Membres non résidants :

MM. ANDRÉ (Ch.), Directeur de l'observatoire de Lyon.

GUÉBHARD (Adrien), Agrégé de Physique de la Faculté de Médecine de Paris, à Nice.

GUYE(Philippe-A.), Professeur à l'Université de Genève (Suisse).

PILTSCHIKOFF(N.), Professeur à l'Université de Kharkoff (Russie).

Sur la proposition du Conseil, M. ROWLAND, Professeur à l'Université Johns Hopkins, à Baltimore (États-Unis), est nommé Membre honoraire de la Société.

M. VIOLLE, avant de quitter le fauteuil de la Présidence, rend compte des travaux de la Société pendant l'année qui vient de s'écouler, puis cède le fauteuil à M. LIPPMANN, Président pour l'année 1893.

PRÉSIDENCE DE M. LIPPMANN.

Sur l'achromatisme des interférences; par M. MASCART. — L'observation des interférences au travers d'un appareil dispersif, prisme ou réseau, déplace inégalement les franges relatives aux différentes couleurs, de façon que les systèmes ne sont plus superposés en aucun point du champ, mais il arrive souvent que les franges d'un certain ordre ont lieu suivant la même direction pour les rayons voisins d'une couleur déterminée; les franges sont alors *achromatisées* sur cette couleur. C'est une circonstance qui se produit naturellement dans quelques phénomènes, tels que les franges d'Herschel ou les arcs surnuméraires de l'arc-en-ciel.

D'une manière générale, si l'on considère une frange quelconque, la déviation θ correspondante, rapportée à une origine arbitraire, ne dépend que de l'ordre m de la frange et de la longueur d'onde λ; on peut donc écrire

$$(1) \qquad \theta = F(m, \lambda).$$

La forme de cette fonction dépend de la nature du phénomène d'interférence et des appareils de dispersion employés pour l'observer. On en déduit

$$(2) \qquad d\theta = F'_m\, dm + F'_\lambda\, d\lambda = f(m, \lambda)\, dm + \varphi(m, \lambda)\, d\lambda.$$

Les franges de même ordre se superposent, au moins pour des couleurs voisines, lorsque la dérivée partielle de la déviation par rapport à la longueur d'onde est nulle, ou

$$(3) \qquad \varphi(m, \lambda) = 0.$$

Les équations (3) et (1) déterminent l'ordre m d'achromatisme et la déviation θ correspondante; ces quantités varient d'une manière continue avec la valeur de la longueur d'onde sur laquelle on établit l'achromatisme. La largeur des franges est la variation de l'angle θ qui correspond à un accroissement de m égal à l'unité; en d'autres termes, l'écart $\delta\theta$ qui correspond à la fraction de frange δm est $f(m, \lambda)\delta m$.

Au voisinage de la frange achromatique, l'écart $d\theta$, donné par l'équation (2), est indépendant de $d\lambda$ d'après l'équation (3); il en résulte que la largeur des franges est *la même* pour toutes les couleurs voisines, circonstance très favorable à leur superposition plus complète.

On vérifie aisément cette propriété avec un appareil à franges d'Herschel, formé de deux prismes à base de triangle isoscèle rapprochés par leurs faces hypoténuses, de manière à comprendre une mince lame d'air d'épaisseur constante. Il se produit dans le faisceau transmis et dans le faisceau réfléchi des franges perpendiculaires au plan d'incidence en partie achromatisées à quelque distance de la limite de réflexion totale. Si la source de lumière est une fente parallèle au plan d'incidence, les franges paraissent très courtes; mais, en faisant passer le faisceau au travers d'un prisme à vision directe qui le disperse dans le sens de leur longueur, on obtient un spectre couvert de franges courbes, dont les écarts varient suivant une certaine loi et qui sont plus serrées dans le bleu que dans le rouge. L'existence de l'achromatisme et sa position dans le spectre sont indiquées par les points où la tangente aux franges est parallèle au plan de dispersion.

On obtient ainsi un achromatisme de concordance ou de *position*. Il arrive quelquefois que les différentes couleurs se superposent suivant les mêmes rapports que dans la lumière primitive; sur les points où cette circonstance se produit, on peut dire qu'il existe un achromatisme d'*intensité*.

Dans les couronnes, par exemple, l'intensité de la lumière diffractée est, toutes choses égales, en raison inverse du carré de la longueur d'onde. Suivant les directions très voisines de la source, les couleurs les plus réfrangibles sont donc prédominantes et, si la lumière primitive est blanche, la diffraction produit un bleu particulier moins riche que le bleu du ciel. A mesure qu'on s'écarte de la source, l'importance du bleu diminue, parce que le diamètre des anneaux est proportionnel à la longueur d'onde, et le rouge domine quand on approche du premier minimum relatif au bleu; la tache centrale des couronnes est donc *bleue* vers le milieu et *rouge* aux bords. Entre ces deux extrêmes existe un anneau sur lequel l'intensité est représentée sensiblement par la même fraction pour toutes les couleurs; c'est un anneau *blanc*, par achromatisme d'intensité, qui a été souvent remarqué dans les couronnes de la Lune ou du Soleil. Il en est de même pour la tache centrale des anneaux qui entourent l'image d'une étoile dans le plan focal d'une lunette.

Un achromatisme semblable se produit pour l'arc-en-ciel, mais seulement lorsque le diamètre des gouttes est très petit. Dans ce cas, les arcs surnuméraires sont très larges ; la direction des rayons efficaces pour le bleu et celle du premier minimum sont toutes deux comprises dans l'angle formé par les directions correspondantes du rouge. Le rouge domine sur le bord extérieur de l'arc-en-ciel et sur le bord intérieur de la première frange, quoique d'une manière dissymétrique. Cette fois l'intensité de la lumière est en raison inverse de la racine cubique de la longueur d'onde ; le maximum principal relatif au bleu est encore plus grand, mais dans une proportion moindre que pour les couronnes. L'arc-en-ciel doit donc paraître teinté de *rouge* sur les deux bords, avec une nuance *bleue* vers le milieu ; dans les intervalles se trouvent deux bandes *blanches* par achromatisme d'intensité, tandis que les arcs surnuméraires sont invisibles à cause de leur rapide empiètement.

Il suffit enfin d'admettre la moindre variation dans le diamètre des gouttes pour que les maxima correspondants se déplacent d'une manière notable et fassent disparaître toutes les teintes, à l'exception de la bordure extérieure, qui reste un peu rougeâtre. Telle paraît être l'explication la plus naturelle des *arcs-en-ciel blancs.*

M. Mascart présente encore à la Société une série de réseaux que M. Izarn a obtenus en photographiant sur albumine, par application, des réseaux tracés au diamant sur verre. Les traits de ces réseaux sont d'une pureté et d'une finesse extraordinaires ; quelques-uns d'entre eux, particulièrement ceux qui ont été reproduits sur une couche d'argent, ont beaucoup plus d'éclat que les réseaux primitifs ; il est très intéressant pour les physiciens de pouvoir obtenir, à peu de frais, des copies aussi parfaites d'un instrument précieux. Certains réseaux photographiques présentent même des phénomènes singuliers ; on y voit, soit dans la lumière directe ou réfléchie, soit dans les couleurs de diffraction, des anneaux localisés sur la couche dont l'explication reste à trouver.

Les diverses projections sont faites à la lumière électrique par M. Pellin.

M. Jules Lefort se propose d'entretenir la Société de la question de la formation des voyelles d'après les indications que lui a fournies son enseignement et qui sont résumées dans l'Ouvrage qu'il offre à la Société : *l'Émission de la voix chantée.* Il signale les conditions matérielles qui permettent d'obtenir les timbres des différentes voyelles qui, d'après lui, sont au nombre de quinze ; ces conditions consistent dans les positions diverses de la langue et des lèvres et dans l'ouverture graduée de la bouche. Il montre, à l'aide de diapasons vibrant dans des cavités de grandeur et de formes variées, qu'on peut reproduire, plus ou moins exactement, les principales voyelles.

Il rappelle, d'autre part, que l'explication physique des différences de timbre des voyelles a fait l'objet des recherches de plusieurs savants. Une théorie, qui a été défendue principalement par Helmholtz, admet que chaque voyelle est caractérisée par une note *fixe,* jointe au son principal émis, et dont la hauteur serait indépendante de celle de ce son même.

Cette note accessoire se produit plus ou moins nettement suivant qu'elle.
est, ou non, un harmonique du son principal : d'où la conséquence qu'une
voyelle donnée ne peut pas être émise avec la même pureté sur toutes les
notes de la gamme. Telle n'est pas l'opinion de M. Lefort qui prétend
qu'il est possible de produire une voyelle *pure* à tous les degrés de
l'échelle ; on arrive à ce résultat en ouvrant la bouche à des degrés différents suivant la note chantée, l'ouverture devant être d'autant plus grande
que cette note est plus aiguë.

M. GARIEL croit devoir rappeler qu'il y a quelques années il a étudié
avec M. Lefort la question de la formation des voyelles ; ils ont recherché,
notamment, de quels éléments peut dépendre le timbre d'une voyelle produite, en faisant vibrer un diapason à anche dans une capacité cylindrique
dont on faisait varier progressivement le diamètre, la hauteur et les
dimensions de l'ouverture. Sans insister, il indique que les résultats ont
été absolument incohérents, et qu'il n'a pu découvrir aucune relation
entre ces divers éléments. Il a continué ces recherches et se réserve de
revenir ultérieurement sur cette question.

M. GUILLAUME fait hommage à la Société, de la part de MM. SARASIN et
DE LA RIVE, d'une grande photographie de leurs nouveaux appareils pour
l'étude des ondulations électriques dans l'air. Dans une première série de
recherches (*voir* la séance du 7 mars 1890), les auteurs avaient montré
que l'internœud des oscillations observées le long d'une paire de fils ne
dépend que du résonateur et non de l'excitateur, phénomène dont M. Poincaré a donné la théorie, vérifiée plus tard directement par M. Bjerknes et
M. Pérot.

A la suite de leurs premières expériences, que M. Sarasin a bien voulu
répéter, devant quelques membres de la Société, au Laboratoire central
d'Electricité, MM. Sarasin et de la Rive avaient montré, par de petits ré-
sonateurs, que la vitesse de propagation des ondes électriques est la même
dans l'air et le long des fils. M. Blondlot a exposé lui-même, ici, la belle
application qu'il a faite de ce principe à la mesure directe de cette vitesse.
Mais, pour les grandes longueurs d'onde, l'égalité des vitesses était restée
sans démonstration expérimentale ; les expériences de M. Hertz sur ce point
n'étaient pas très nettes, et avaient conduit leur auteur à admettre la possibilité d'une vitesse différente.

Les dimensions exiguës du miroir de M. Hertz et du premier miroir de
MM. Sarasin et de la Rive ne permettaient pas, en effet, d'observer plus
d'un nœud en avant du miroir avec les cercles de plus de 50ᵐ de diamètre.

Après avoir agrandi leur laboratoire et toute leur installation, les auteurs trouvèrent leurs premiers résultats confirmés, mais ne gagnèrent
qu'un peu de netteté dans les phénomènes ; ils se décidèrent alors à opérer
plus en grand, et installèrent, dans le bâtiment des turbines des *forces
motrices de Genève,* un miroir de zinc de 8ᵐ sur 16ᵐ ; sur la perpendicu-

Jaire élevée à son centre se trouve, à 15ᵐ de distance, l'excitateur dont les grosses sphères ont 0ᵐ,3o de diamètre. Les petites sphères sont plongées dans l'huile. Entre l'excitateur et le miroir, on a monté un tunnel permettant d'observer dans l'obscurité, comme précédemment ; les observations ont été faites en mesurant, pour une série de points compris entre l'excitateur et le miroir, la distance explosive dans l'interruption du résonateur ; ces distances, portées en ordonnées (la ligne qui joint l'excitateur au centre du miroir étant l'abscisse), forment une ligne ondulée sur laquelle il est aisé de mesurer l'internœud.

Les résultats obtenus avec des cercles de 5o°ᵐ et de 75°ᵐ de diamètre ont été les suivants :

La longueur d'onde d'un résonateur est sensiblement égale à huit fois son diamètre.

Dans le cas de la réflexion normale, le premier nœud est exactement au miroir.

La vitesse de propagation dans l'air est la même que le long des fils.

Cette expérience, établie dans des conditions aussi parfaites, est identique, en principe, à la belle expérience de M. Lippmann sur la Photographie des couleurs. L'air en avant du miroir est le siège de mouvements analogues à ceux qui déterminent dans la pellicule de collodion la formation des couches donnant naissance aux couleurs.

Poursuivant l'analogie, M. Guillaume pense qu'une série de miroirs semi-transparents (des toiles métalliques ou des étoffes mouillées), disposés parallèlement au miroir à des distances égales, donneraient, par réflexion, comme les pellicules impressionnées de M. Lippmann, des ondes parfaitement épurées. La comparaison de ces ondes avec celles de l'excitateur pourrait montrer le degré de pureté de ces dernières.

RAPPORT DE LA COMMISSION DES COMPTES

SUR L'EXERCICE 1892.

MESSIEURS,

La Commission, après avoir examiné les pièces de comptabilité, qui lui ont été présentées par M. le Trésorier, et contrôlé l'état de la Caisse, a pu établir ainsi qu'il suit la situation financière de la Société :

Recettes.

En caisse à l'ouverture de l'exercice 1892		1135,61
Cotisations arriérées	470,00	
» 1892	7310,25	
» 1893	45,50	
Total des cotisations perçues	7825,75	7825,75
Droits d'entrée		170,00
Souscriptions perpétuelles		3695,30
Vente des publications de la Société		679,85
Intérêts du capital		1592,20
Subvention ministérielle		240,00
Dons		7047,50
TOTAL DES RECETTES		22386,21

Dépenses.

Loyer du siège social	600,00
Supplément pour location de la grande salle, location des moteurs et consommation de gaz	686,83
Traitement de l'agent de la Société	1900,00
Abonnements divers et reliure	547,95
Achats de livres	17,10
Indemnité pour le service de la Bibliothèque	300,00
Bibliothèque circulante	79,35
Frais de bureau; étrennes	582,95
Recouvrement des cotisations	174,04
Frais d'expériences (dont 172fr,85 pour la Communication de M. Tesla)	498,75
Séance de Pâques	302,45
Gravure du *Bulletin*	100,85
Distribution du *Bulletin*	795,20
Divers (fumiste, etc.)	24,45
Achat de 10 obligations Est	4460,00
Versé à MM. Gauthier-Villars et fils	5547,50
TOTAL DES DÉPENSES	16617,42

Balance des recettes et dépenses :

Recettes	22386,21
Dépenses	16617,42
Excès des recettes sur les dépenses, en caisse.	5768,79

Détail des comptes relatifs aux publications.

	^{fr}
Solde du Tome V des Mémoires	1098,55
Bulletin des séances (juillet-décembre 1890, à 825 exemplaires) .	715,80
Id. (janvier-avril 1891, à 830 exemplaires)	798,55
Id. (avril-juillet 1891, à 830 exemplaires)	973,60
Ordre du jour des séances, novembre 1890 à juillet 1891 . . .	1317,85
Imprimés divers (circulaires, statuts, listes, cartes postales) . . .	419,65
Frais d'expédition de 257 Volumes des Mémoires	223,50
TOTAL DES COMPTES RELATIFS AUX PUBLICATIONS . . .	5547,50

Situation.

Actif.

69 obligations du chemin de fer du Midi (anciennes) nominatives (certificats n°s 110337, 118297, 137443), achetées 24940^{fr},05. Valeur au cours du 30 novembre 1892 . . . .   32447,25 ^{fr}

3 obligations du chemin de fer du Midi (anciennes) au porteur (n°s 185901 à 185903), achetées 1182^{fr},32. Valeur au cours du 30 novembre 1892   1410,75

19 obligations du chemin de fer du Midi (nouvelles) au porteur (n°s 21093 à 21098; 151523 à 151526; 163843 à 163848; 344141 à 344143), achetées 7692^{fr},25. Valeur au cours du 30 novembre 1892   8877,75

6 obligations du chemin de fer de l'Est (anciennes) nominatives (certificat n° 169980) achetées 2653^{fr},50. Valeur au cours du 30 novembre 1892   2823,00

10 obligations du chemin de fer de l'Est (nouvelles) au porteur (n°s 267609 à 267615; 283433 à 283434 et 508112), achetées 3997^{fr},50. Valeur au cours du 30 novembre 1892   4650,00

10 obligations du chemin de fer de l'Est (nouvelles) nominatives (certificat n° 70733), achetées 4460^{fr}. Valeur au cours du 30 novembre 1892   4650,00

           TOTAL   54858,75

Volumes en dépôt chez MM. Gauthier-Villars et fils :

Coulomb	668 Volumes	
Ampère I	725 »	
Ampère II	832 »	à 6^{fr} le Volume . . . . 24342,00 ^{fr}
Pendule I	857 »	
Pendule II	975 »	
TOTAL . . .	4057 Volumes	

Cotisations à recouvrer	500,00
Espèces en caisse	5768,76
TOTAL DE L'ACTIF	85469,54

Actif immédiatement réalisable, se composant de :

117 obligations (Midi et Est)............................ 54858,75

Espèces en caisse.. 5768,79

TOTAL DE L'ACTIF IMMÉDIATEMENT RÉALISABLE... 60627,54

Actif non immédiatement réalisable, se composant de :

4057 volumes à 6^{fr} le volume........................... 24342,00

Cotisations à recouvrer................................. 500,00

TOTAL DE L'ACTIF NON IMMÉDIATEMENT RÉALISABLE... 24842,00

Passif.

Les dettes de la Société consistent en mémoires dus à MM. Gauthier-Villars et fils, savoir :

fr

Bulletin des séances [3e fascicule 1891 (juillet à décembre) à
830 exemplaires].. 1159,65

Bulletin des séances [1er fascicule 1892 (janvier à avril), 900 exem-
plaires].. 1675,25

Circulaires et impressions diverses 228,70

Ordre du jour des séances (novembre 1891 à juillet 1892) 1315,77

Expédition de volumes et fournitures diverses 38,10

TOTAL....... 4417,47

Statistique.

La Société comptait au 1er janvier 1892................. 741 Membres.

Elle a reçu en 1892..................................... 49   »

790 Membres.

Total, d'où il y a lieu de retrancher.................... 32
(dont 10 décès et 22 démissionnaires ou rayés).

NOMBRE DES MEMBRES AU 30 NOVEMBRE 1892... 758
Savoir : à Paris, 394; en province, 227; à l'étranger, 137.

Les Membres perpétuels sont au nombre de 205, savoir :

		fr			fr
171 ayant versé..............		200,	soit...............		34200,00
5	»	....	150,	»	750,00
20	"	....	100,	»	2000,00
9	»	....	50,	»	450,00

TOTAL DES VERSEMENTS DES SOUSCRIPTEURS PERPÉTUELS... 37400,00

Total auquel il faut joindre :

Du fonds Guébhard.. 9500,00

Pour le Volume des Constantes............................ 5000,00

TOTAL....... 51900,00

Somme inférieure de 8727^{fr},54 à l'actif immédiatement réalisable
qui est de... 60627,54

La Commission des comptes a l'honneur de vous proposer l'approbation des comptes de M. le Trésorier.

Paris, le 23 décembre 1892.

Les Membres de la Commission,

BORDET, POIRÉ et J. POLLARD, *Rapporteur.*

ALLOCUTION

PRONONCÉE DANS LA SÉANCE DU 6 JANVIER 1893

Par M. VIOLLE,

Président sortant de la Société française de Physique.

———◦◦◦———   · ·

Mes chers Confrères,

Au moment de quitter la Présidence à laquelle m'ont appelé vos bienveillants suffrages, c'est pour moi un devoir et un plaisir de vous remercier à nouveau d'un honneur dont je sens tout le prix. En me choisissant, vous avez surtout voulu honorer la grande École à laquelle je suis attaché : double raison pour vous témoigner ma reconnaissance.

Avant de vous présenter le résumé des travaux de notre Société pendant l'année 1892, je tiens à rendre en votre nom un dernier hommage à ceux de nos Confrères que nous avons eu la douleur de perdre :

MM. Varin, Professeur à Nancy; de Branville, constructeur à Paris; Kraiewitsch, Professeur à Saint-Pétersbourg; Colley, Professeur à Moscou; Abria, Doyen honoraire à Bordeaux; Pauchon, Professeur à Caen; le Comte d'Orléans, Colonel d'État-Major en retraite à Paris; l'Amiral Mouchez, Directeur de l'Observatoire de Paris; Chauvin, Professeur à Toulouse; Lefebvre, constructeur à Paris.

Illustres ou modestes, tous nous étaient sympathiques et chers : nous conservons précieusement leur mémoire.

Malgré ces pertes cruelles et les abandons inévitables, notre Société s'est encore accrue : elle compte aujourd'hui 758 adhérents au lieu de 741. Si 32 membres lui font défaut, elle en a recruté 49, qui se partagent à peu près également entre Paris (16), la Province (18) et l'Étranger (15).

Nos séances, toujours très suivies, ont été remplies par des Communications importantes, empreintes de ce caractère élevé dont notre Société ne s'est jamais départie. Je ne puis qu'en mentionner ici l'objet : 17 étaient relatives à l'Électricité, 14 à l'Optique, 9 à la Chaleur, 7 à la Physique générale.

En dehors de nos réunions habituelles, nous avons eu plusieurs Conférences, dont le succès a été très vif. Chacun de nous se représente encore les magiques expériences de M. Tesla, les formes gracieuses et inattendues sous lesquelles il les a présentées à la Société française de Physique et à la Société internationale des Électriciens qui s'étaient réunies pour le fêter, heureuses de se trouver rapprochées dans un même esprit de curiosité scientifique. Quelle profitable impression a laissée dans les esprits la Conférence sur l'aviation par M. le commandant Renard, dont les ballons perdus iront bientôt sonder l'atmosphère à des hauteurs inexplorées ! Nous avons applaudi M. Lippmann exposant le mécanisme de la formation des couleurs, et en particulier des couleurs complexes, dans ses fameuses photographies ; et nous avons admiré les résultats obtenus, qui ont même été dépassés depuis.

De tels souvenirs sont bien faits pour encourager notre Société à suivre une voie si féconde. Elle y marchera hardiment et prudemment, avec l'espoir de propager davantage la culture d'une science qui maintient l'harmonieux équilibre entre les diverses formes de l'activité humaine, en sollicitant toutes nos aptitudes, depuis l'habileté manuelle jusqu'aux facultés supérieures de la raison.

Notre exposition annuelle, qui remplissait toutes les salles de l'hôtel brillamment éclairé par la Société Cance, a pleinement réussi. Le mérite en revient à l'empressement des constructeurs que je remercie encore une fois, et au zèle de tous ceux qui ont reproduit sous nos yeux les expériences les plus frappantes effectuées dans le cours de l'année, en les accompagnant de précieuses explications ou même de véritables conférences. Nous devons un témoignage spécial de gratitude à M. Lœwy pour l'extrême obligeance avec laquelle il nous a montré lui-même, à l'Observatoire, les belles images que donne son grand équatorial coudé.

Je suis assuré, Messieurs, d'être votre fidèle interprète en exprimant la plus vive reconnaissance à notre vaillant Secrétaire général et à notre dévoué Trésorier, dont la collaboration quotidienne contribue si puissamment au succès toujours croissant de notre Société.

J'adresse aussi de chaleureux remercîments à nos donateurs, à M. Bischoffsheim, et au généreux anonyme qui a payé notre dette envers M. Gauthier-Villars, et nous permet ainsi d'en contracter une nouvelle. Notre sympathique éditeur ne tardera pas à recevoir, pour le volume des *Constantes*, le grand travail de M. Dufet sur les indices de réfraction et, pour les *Mémoires*, le manuscrit du Tome VI. Grâce à M. Sandoz, dont le dévouement ne se ralentit jamais, le Catalogue de la Bibliothèque a été dressé : l'impression est complètement finie et la distribution aura lieu prochainement.

C'est donc, vous le voyez, Messieurs, dans d'excellentes conditions que notre Société commence sa vingt et unième année.

Pouvait-elle mieux affirmer sa majorité qu'en rendant hommage à Fresnel? C'était peu d'avoir restauré sa tombe; nous avons conçu le projet d'élever une statue au créateur de l'Optique moderne. Un comité s'est formé, dont notre premier et vénéré Président, M. Fizeau, a bien voulu accepter la direction : l'Institut, les Ministres, l'Administration des Beaux-Arts, la Ville de Paris nous ont promis leur concours; et nous comptons bientôt faire appel à votre générosité en faveur de cette œuvre d'un intérêt si puissant pour tout physicien français.

En terminant ma tâche, Messieurs, je suis heureux de convier M. Lippmann à venir s'asseoir dans ce fauteuil, qu'il occupera avec tant d'autorité.

Sur l'achromatisme des interférences;

Par M. Mascart.

Dans un grand nombre de phénomènes d'Optique, la superposition des franges obtenues à la lumière blanche produit en certains points une concordance particulière des systèmes relatifs aux couleurs voisines et un véritable *achromatisme,* entièrement comparable à celui que l'on obtient par la combinaison des prismes et des lentilles.

J'en ai cité déjà plusieurs exemples (¹). Lord Rayleigh (²), qui avait également discuté ce problème, a fait quelques objections, dans son dernier Mémoire, à la manière dont j'interprète la visibilité des franges d'Herschel; ses objections sont en partie justifiées par une insuffisance d'explications et je crois utile d'y revenir.

Supposons que dans un système de franges où intervient un organe de dispersion (lame réfringente, prisme ou réseau), l'ordre des interférences soit compté à partir d'une valeur initiale p. Pour l'interférence d'ordre $p + m$, la déviation angulaire θ, rapportée à une origine arbitraire, peut se représenter par une expression de la forme

$$(1) \qquad \theta = F(n, p) + f\left(\frac{m\lambda}{a}\right).$$

La variable n est l'indice de réfraction du milieu réfringent ou le rapport de la longueur d'onde à l'écartement des traits du réseau; le produit $m\lambda$ est la différence de marche supplémentaire des systèmes d'ondes qui interfèrent, et le paramètre a est une longueur qui dépend de la nature du phénomène.

Si l'on observe, par exemple, les franges de Fresnel avec un prisme ou qu'on les dévie par une lame de verre sur le trajet de l'un des faisceaux, l'ordre initial p est nul pour toutes les couleurs

(¹) *Séances de la Société française de Physique,* p. 70, année 1889. — *Traité d'Optique,* passim.
(²) Lord Rayleigh, *Encyclopédie britannique* (*Wave theory of Light*); 1888. — *Phil. Mag.* [5], t. XXVIII, p. 77 et 189; 1889.

sur la frange centrale et a représente la distance des deux sources virtuelles.

Quand on vise avec un prisme les anneaux de Newton localisés dans une couche très mince d'épaisseur variable, l'ordre p est encore nul pour la tache centrale, si les surfaces se touchent, et varie avec la longueur d'onde si elles ne sont pas en contact; le paramètre a sera la différence des rayons de courbure des deux surfaces à leur minimum de distance.

Les franges d'Herschel ne sont autre chose que l'observation au travers d'un prisme des interférences produites par une lame d'air à faces parallèles sur des systèmes d'ondes planes; dans ce cas, l'ordre initial p est nul sous l'incidence rasante et a représente l'épaisseur de la lame.

On obtiendra un phénomène analogue en faisant usage d'un appareil de dispersion pour observer les interférences d'ondes planes produites par une lame à faces parallèles isotrope ou biréfringente; l'ordre initial p varie alors avec la longueur d'onde pour l'incidence normale et le paramètre a sera l'épaisseur de la lame.

Dans l'observation habituelle des lames cristallines à deux axes optiques, l'ordre p est aussi nul sur la direction des axes et le paramètre a est l'épaisseur de la lame, la dispersion étant fournie directement par la double réfraction.

Pour l'arc-en-ciel et toutes les expériences qui donnent des ondes présentant un point d'inflexion, p est l'ordre des interférences sur la direction des rayons efficaces, lequel est indépendant de la couleur. Le paramètre a est le rayon des gouttes liquides ou des tiges cylindriques; d'une manière plus générale encore, le carré a^2 est l'inverse de la dérivée du rayon de courbure de l'onde émergente au point d'inflexion, cette dérivée étant prise par rapport à une longueur comptée sur la tangente.

L'équation (1) paraît ainsi convenir à tous les phénomènes, le premier terme étant remplacé par $F(p, n, n', \ldots)$ quand on fait intervenir plusieurs genres de dispersion. On en déduit

$$(2) \qquad d\theta = F'_n \, dn + F'_p \, dp + \frac{1}{a} (m \, d\lambda + \lambda \, dm) f' \left(\frac{m\lambda}{a} \right).$$

Les franges se superposent pour toutes les couleurs dont la

longueur d'onde est voisine d'une certaine valeur, choisie arbitrairement, lorsque la dérivée partielle de la déviation par rapport à la longueur d'onde est nulle, l'ordre m étant supposé constant. On peut dire que les franges sont *achromatisées* sur la couleur de concordance, les franges de même ordre relatives aux couleurs éloignées, de longueurs d'onde plus grandes ou plus petites, étant rejetées d'un même côté. Le phénomène est le même que si le spectre correspondant aux interférences d'ordre $(m+p)$ était appliqué sur une courbe que l'on verrait suivant la tangente au point de concordance.

La condition d'achromatisme est donc, en multipliant tous les termes de l'équation (2) par $\frac{\lambda}{d\lambda}$ et faisant $dm = 0$,

$$(3) \qquad F'_n \frac{\lambda\, dn}{d\lambda} + F'_p \frac{\lambda\, dp}{d\lambda} + \frac{m\lambda}{a} f'\left(\frac{m\lambda}{a}\right) = 0.$$

Si l'on élimine la quantité $\frac{m\lambda}{a}$ entre les équations (1) et (3), en représentant par des majuscules toutes les valeurs relatives à la frange de concordance, la déviation correspondante est une expression de la forme

$$\Theta = F(N, P) + \varphi(N, P, \Lambda).$$

Cette équation, qui peut donner une ou plusieurs valeurs réelles de Θ, signifie que la direction d'achromatisme est *indépendante de l'ordre* M *de concordance et du paramètre a*; elle varie avec la longueur d'onde de concordance.

La largeur apparente des franges est le changement de déviation $\delta\theta$ qui correspond à la variation $\delta m = 1$, quand on suppose la couleur homogène. Plus généralement, la valeur de $\delta\theta$ relative à la variation de δm dans l'ordre des interférences est, en faisant $d\lambda = 0$ dans l'équation (2),

$$(4) \qquad \delta\theta = \frac{\partial\theta}{\partial m}\delta m = \frac{\lambda}{a}\delta m\, f'\left(\frac{m\lambda}{a}\right) = \frac{1}{m}\frac{m\lambda}{a} f'\left(\frac{m\lambda}{a}\right)\delta m.$$

Dans la région d'achromatisme et pour les radiations voisines de la couleur de concordance, l'équation (3) est applicable; la largeur $\delta\Theta$ des franges achromatisées est donc

$$(5) \qquad \frac{\delta\Theta}{\delta m} = -\frac{1}{M}\left(F'_n \frac{\lambda\, dn}{d\lambda} + F'_\lambda \frac{\lambda\, dp}{d\lambda}\right).$$

Le second membre devant être exprimé en fonction de Λ, il en résulte que *la largeur des franges achromatisées est indépendante de la longueur d'onde,* la propriété étant restreinte, bien entendu, aux couleurs voisines; mais cette largeur varie suivant une loi particulière à chaque phénomène, quand on change le point du spectre sur lequel a lieu la concordance.

En outre, la largeur des franges est en raison inverse de l'ordre M d'achromatisme.

Comme le produit $M \frac{\delta\theta}{\delta m}$ a une valeur définie, on peut encore en conclure que les franges restent visibles dans un certain angle, *en nombre d'autant plus grand qu'elles sont plus serrées* ou que l'ordre d'achromatisme est plus élevé.

Pour éclairer ces considérations par un exemple, nous traiterons le cas des franges d'Herschel, avec les mêmes notations et en disposant les équations dans le même ordre que les précédentes.

Soient i et r les angles d'incidence et de réfraction du rayon qui passe de la couche d'air dans le prisme, ρ et θ les angles d'incidence et de réfraction à la sortie, A l'angle du prisme et a l'épaisseur d'air; on a

$$(1)' \quad \begin{cases} \cos i = \dfrac{m\lambda}{a}, \\ \sin i = n \sin r, \\ r + \rho = A, \\ \sin\theta = n \sin\rho. \end{cases}$$

L'ordre initial p étant nul, ces équations donnent la déviation θ en fonction de n et de $\frac{m\lambda}{a}$. On en déduit

$$(2)' \quad d\theta = \frac{\sin A}{\cos r \cos\theta} dn + \frac{\cos^2 i \cos\rho}{\sin i \cos r \cos\theta}\left(\frac{dm}{m} + \frac{d\lambda}{\lambda}\right).$$

La condition d'achromatisme est

$$(3)' \quad \frac{\cos^2 i \cos\rho}{\sin i} = -\sin A \frac{\lambda}{d\lambda}\frac{dn}{d\lambda}.$$

Avec les trois dernières des équations (1)', elle détermine l'angle Θ correspondant. La position des franges achromatiques est donc indépendante de l'épaisseur a de la couche d'air; on vérifie aisément que la déviation Θ croît avec l'indice de réfraction de la couleur de concordance.

La largeur des franges est donnée par l'une des expressions

$$(4)' \qquad \frac{\delta\theta}{\delta m} = \frac{\cos^2 i \cos\rho}{m \sin i \cos r \cos\theta} = m \frac{\lambda^2}{4 a^2} \frac{\cos\rho}{\sin i \cos r \cos\theta}.$$

La largeur des franges successives est sensiblement proportionnelle à l'ordre m d'interférence et au carré de la longueur d'onde. Toutefois cette relation n'est qu'approchée, parce que les variations du dernier facteur avec la déviation et avec la longueur d'onde peuvent changer beaucoup les résultats.

Dans la région d'achromatisme, on doit tenir compte de $(3)'$, ce qui donne

$$(5)' \qquad \frac{\delta\theta}{\delta m} = -\frac{1}{M} \frac{\sin A}{\cos R \cos\theta} \frac{\lambda\, dn}{d\lambda}.$$

Conformément à la règle générale, la largeur des franges achromatiques est en raison inverse de l'ordre M d'interférence; elle varie avec la couleur de comparaison.

Si l'on représente l'indice de réfraction du prisme par la formule de dispersion à deux termes

$$n = A + \frac{B}{\lambda^2},$$

il en résulte

$$\frac{\lambda\, dn}{d\lambda} = -\frac{2 B}{\lambda^2},$$

$$\frac{\delta\theta}{\delta m} = \frac{2 B}{M \Lambda^2} \frac{\sin A}{\cos R \cos\theta}.$$

A part les variations du dernier facteur, qui sont très faibles, la largeur de la frange achromatique est en raison inverse du carré de la longueur d'onde de concordance; mais, comme l'ordre M croît en sens inverse de Λ, on conçoit que le second membre de l'équation puisse varier très lentement dans une région assez étendue du spectre.

Pour modifier la loi de dispersion, on peut placer, à la suite du prisme et parallèlement à la face de sortie, un réseau dont l'écartement des traits est e, en observant le spectre d'ordre k, dévié dans le même sens.

Remplaçant les angles ρ et θ par r' et i'', nous désignerons par θ l'angle d'émergence compté à partir de la normale au réseau. Aux équations précédentes $(1)'$, ainsi transformées, on doit ajouter

$$k\lambda = e(\sin i'' - \sin\theta).$$

On a alors

$$k\,d\lambda = e(\cos i'\,di' - \cos\theta\,d\theta),$$

$$(2)' \qquad k\frac{d\lambda}{e} + \cos\theta\,d\theta = \frac{\sin A}{\cos r}\,dn + \frac{\cos^2 i\cos r'}{\sin i\cos r}\left(\frac{dm}{m} + \frac{d\lambda}{\lambda}\right).$$

La condition d'achromatisme devient

$$(3)'' \qquad \frac{\cos^2 i\cos r'}{\sin i\cos r} = -k\frac{\lambda}{e} - \frac{\sin A}{\cos r}\frac{\lambda\,dn}{d\lambda} = -k\frac{\lambda}{e} + \frac{2B}{\lambda^2}\frac{\sin A}{\cos r}.$$

La largeur des franges est, en général,

$$(4)'' \qquad \frac{\delta\theta}{\delta m} = -\frac{\cos^2 i\cos r'}{m\sin i\cos r\cos\theta},$$

et, au voisinage de l'achromatisme,

$$(5)'' \qquad \frac{\delta\theta}{\delta m} = \frac{1}{M\cos\theta}\left(\frac{2B}{\Lambda^2}\frac{\sin A}{\cos R} - k\frac{\Lambda}{e}\right).$$

Les franges achromatisées sont encore en raison inverse de l'ordre M de concordance, mais la loi de variation avec la longueur d'onde est entièrement modifiée. La dispersion du réseau domine celle du prisme, ou inversement, suivant l'importance relative des deux termes de la parenthèse; l'ordre d'achromatisme est alors diminué et les conditions de concordance peuvent s'étendre à une région du spectre beaucoup plus grande.

Si l'on observait les spectres paragéniques du côté opposé, on devrait changer le signe de l'angle θ, ce qui revient à changer le signe de k dans $(3)''$. On aurait alors

$$-\frac{\delta\theta}{\delta m} = \frac{1}{M\cos\theta}\left(\frac{2B}{\Lambda^2}\frac{\sin A}{\cos R} + k\frac{\lambda}{e}\right).$$

Dans ce cas, l'achromatisme est d'un ordre M plus élevé et ne convient plus qu'à une région moins étendue du spectre.

Il est assez difficile de contrôler ces résultats par des mesures directes, car les surfaces ne sont généralement pas assez planes pour que la plus grande netteté des franges ait lieu exactement dans le plan focal de la lunette d'observation. L'expérience suivante permet de voir la marche du phénomène.

Les franges ont été produites par la couche d'air comprise entre les surfaces hypoténuses de deux prismes rectangles isoscèles. En plaçant une lentille sur le trajet de la lumière avant les prismes, on peut projeter sur un écran les franges de réflexion ou de transmission ; l'observation de ces dernières est préférable, parce qu'elles se détachent (sur un fond obscur et que les minima paraissent absolument noirs.

On a reçu ces franges rectilignes sur une fente perpendiculaire à leur direction et observé cette fente au travers d'un prisme ; le spectre présente une série de bandes courbes que la figure ci-jointe représente assez fidèlement.

Fig. 1.

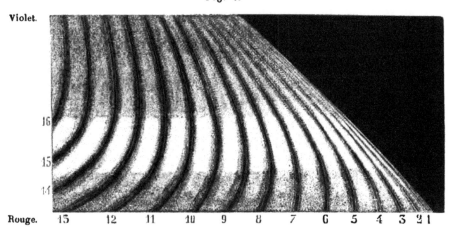

Violet.

Rouge.

Pour chaque couleur, la succession des franges est la même que si l'expérience eût été faite avec une lumière homogène et la continuité des bandes montre quel est, en chaque point, l'ordre des interférences.

La limite de réflexion totale est marquée par une ligne presque droite ; c'est une coïncidence accidentelle due à ce que la dispersion du prisme était sensiblement proportionnelle à la dispersion de réflexion totale.

La première frange est extrêmement fine ; elle forme un filet de lumière difficile à distinguer dans le vert et le bleu.

La largeur des franges successives croît à peu près comme l'ordre d'interférence, mais il est manifeste que, pour une bande déterminée, la largeur aux différents points n'est pas proportionnelle au carré de la longueur d'onde.

L'achromatisme a lieu lorsque la dérivée de la déviation en fonction de la longueur d'onde, ou de l'indice, passe par zéro, c'est-à-dire quand la tangente à l'une des courbes est verticale, et les franges des couleurs voisines sont alors de même largeur. Cette condition est remplie vers le 4ᵉ minimum dans le rouge, le 8ᵉ dans le jaune, le 12ᵉ dans le vert, le 15ᵉ dans le bleu, etc. La déviation Θ d'achromatisme croît avec l'indice de la couleur de concordance, en même temps que les franges correspondantes diminuent, deviennent plus étroites.

Si l'on établit l'achromatisme sur la 11ᵉ frange, par exemple, c'est-à-dire sensiblement sur la région de plus grande intensité dans le cas de la figure, on voit qu'il y a un excès de rouge et de bleu à droite du minimum de lumière, un excès de jaune et de vert à gauche; l'irisation des franges vues directement est donc dissymétrique. Toutes les conditions indiquées par le calcul apparaissent ainsi dans la seule forme des bandes noires.

Enfin si l'on écarte les prismes producteurs des interférences, de manière à augmenter l'épaisseur d'air, les bandes marchent vers la limite de réflexion totale, mais en conservant la même forme en chaque point, comme s'il s'introduisait entre elles des bandes nouvelles; elles deviennent de plus en plus serrées, mais la direction d'achromatisme ne change pas. Dans l'observation directe, le nombre des franges visibles augmente donc avec l'épaisseur de la couche d'air.

L'interposition d'un réseau de dispersion convenable permettrait de redresser la limite de réflexion totale et d'amener l'achromatisme sur le bord.

SÉANCE DU 20 JANVIER 1893.

PRÉSIDENCE DE M. LIPPMANN.

La séance est ouverte à 8 heures et demie.
Le procès-verbal de la séance du 6 janvier est lu et adopté.

Sont élus Membres de la Société :

MM. FONTAINE (Émile), Professeur au lycée de Sens.
SACERDOTE, Agrégé préparateur au Laboratoire d'enseignement de la Physique à la Faculté des Sciences de Paris.

M. JOUBERT, élu Vice-Président; M. PELLAT, élu Secrétaire général; M. A. BERGET, élu Vice-Secrétaire; M. J. GAY, élu Archiviste Trésorier; MM. AN-

DRÉ, BECQUEREL, CANCE, GUÉBHARD, GUYE (Ph.-A.), PILTSCHIKOFF, VASCHY et WYROUBOFF, élus Membres du Conseil, et MM. BOUTY et FOUSSEREAU, élus Membres de la Commission du Bulletin, adressent leurs remerciements à la Société.

Sur l'égalité de potentiel au contact de deux dépôts électrolytiques d'un même métal. — M. GOURÉ DE VILLEMONTÉE, après avoir rappelé l'influence des altérations chimiques et du travail mécanique sur la valeur de la différence de potentiel des couches électriques qui recouvrent deux métaux en contact, développée dans un Mémoire de M. Pellat (*Annales de Chimie et de Physique*, 5ᵉ série, t. **XXIV**, p. 5 et suiv.), et montré l'impossibilité de se procurer dans le commerce des plaques travaillées d'un même métal présentant au contact une différence de potentiel nulle, résume les expériences faites par lui pour se procurer de pareilles plaques par électrolyse.

1° *Préparation des dépôts.*—Les métaux déposés par électrolyse ont été :

nickel, fer, zinc, cuivre.

Les dépôts ont été formés sur des lames de cuivre, des disques de laiton et de la grenaille de plomb la plus fine du commerce. Les bains ont été préparés avec des sels purs dissous dans l'eau distillée. Les pièces à galvaniser ont été suspendues dans les bains à l'aide de tringles, comme on le fait dans l'industrie, sans s'astreindre à assurer le parallélisme de la lame à recouvrir et de l'anode, précaution que l'auteur avait prise dans ses premiers essais.

Les courants ont été produits par des piles et par une machine dynamo. Les différences de potentiel aux pôles des piles ou aux bornes de la machine et les intensités des courants sont résumées dans le Tableau suivant :

	Limites des			
	diff. de potentiel aux pôles.		Intensités des courants.	
	ᵛ	ᵛ	ᵃ	ᵃ
Nickelage............	6	21	0,2	6
Ferrage..............	1	6	0,05	0,2
Zincage.............	4		0,18	
Cuivrage.............	4	40	0,08	24

Les limites des densités de courant ont été :

Nickelage......................	0,06	1,62
Ferrage.......................	0,01	0,19
Zincage.......................	0,02	0,15
Cuivrage......................	0,02	13,63

Les limites des températures des bains ont été trois, treize, soixante

	de	de
Nickelage......................	20	3½
Ferrage.......................	12,25	21
Zincage......................	11	16
Cuivrage......................	10,75	40

Des formules très différentes, données par les galvanoplastes, ont été employées pour varier la composition des bains et étudier l'influence de ce changement. Tous les dépôts sont lavés immédiatement après la sortie des bains avec eau et alcool. Il est indispensable d'éviter toute exposition à l'air.

2° *Méthode d'observation.*— La méthode employée pour déterminer la différence de potentiel au contact des plateaux consiste à former avec les deux plaques à étudier un condensateur dont les armatures sont réunies par un fil pouvant contenir une force électromotrice variable. La force électromotrice prise sur le fil nécessaire pour rendre nulle la charge du condensateur est égale et de signe contraire à celle qui existait entre les plateaux. La charge des plateaux a été observée avec un électromètre de Hankel très sensible employé comme électroscope. L'erreur maxima a été inférieure à 0ᵛ,005.

3° *Résultats.* — Lorsque les dépôts n'ont subi aucun travail mécanique et n'ont éprouvé aucune altération chimique depuis la sortie des bains, la différence de potentiel au contact des deux plateaux est nulle. La moindre trace de poussière ou de fumée fait cesser l'égalité de potentiel. Tout lavage à l'alcool rétablit l'égalité de potentiel, lorsqu'il n'y a eu ni travail mécanique, ni altération chimique.

L'auteur conclut que *la différence de potentiel au contact de deux dépôts électrolytiques d'un même métal, lorsque les dépôts n'ont subi aucun travail mécanique et aucune altération chimique est : 1° indépendante de la densité du courant de galvanisation; 2° de la température et de la composition des bains.*

M. LIPPMANN ayant demandé comment on calculait la densité des courants dans le cas du cuivrage de la grenaille de plomb, M. GOURÉ DE VILLEMONTÉE répond que la grenaille avait été répandue uniformément sur une corbeille, que la surface de la grenaille recouverte de cuivre était celle qui se trouvait en regard de l'anode et que par suite il avait pris, dans le calcul de la densité, pour surface de la grenaille la surface de la corbeille basse sur laquelle était cette grenaille.

M. LIPPMANN demande ensuite quelques renseignements complémentaires sur le lavage des plateaux à la sortie des bains et M. PELLAT demande si les dépôts n'éprouvaient pas une altération chimique.

L'auteur répond que les dépôts doivent être lavés avec alcool immédiatement après la sortie des bains, et qu'il faut éviter autant que possible tout contact avec l'air. Le lavage immédiat avec alcool suffit pour empêcher l'altération.

Les dépôts électrolytiques lavés rapidement avec alcool peuvent être conservés pendant une durée assez longue sans altération appréciable. M. Gouré de Villemontée a trouvé que deux dépôts électrolytiques, l'un retiré des bains quelques heures avant l'expérience, l'autre préparé quelques jours ou quelques semaines avant l'expérience, ne présentaient aucune différence de potentiel au contact.

Sur une cause nouvelle d'erreur due au glissement dans la suspension d'un pendule. (*Mesures de l'intensité de la pesanteur au Bureau international des Poids et Mesures à Breteuil.*) — M. le commandant DEFFORGES rappelle qu'il a autrefois exposé à la Société une méthode d'ob· servation qui permet, par la constitution même des appareils oscillants, d'éliminer totalement, dans la mesure de g par le pendule, l'influence de l'entraînement du support. On y parvient en faisant osciller, dans les mêmes limites d'amplitude, sur le même support et avec les mêmes couteaux, deux pendules de longueur différente dont les poids sont égaux.

On a, pour les deux pendules, en désignant par

T_1, T'_1, T_2, T'_2 les durées d'oscillation observées autour des deux couteaux avant l'échange de ceux-ci;

$\mathfrak{C}_1$, $\mathfrak{C}'_1$, $\mathfrak{C}_2$, $\mathfrak{C}'_2$ les mêmes durées observées après l'échange des couteaux;

$\lambda_1 \lambda_2$ la distance entre les arêtes des couteaux;

$h_1 h'_1$, $h_2 h'_2$ la distance des centres de gravité aux arêtes des couteaux;

τ_{m_1}, τ_{m_2} les durées d'oscillation théoriques des deux pendules;

p le poids commun des pendules;

ε le coefficient d'élasticité du support;

ϖ et g le rapport de la circonférence au diamètre et la gravité apparente;

L la longueur du pendule simple à secondes,

$$\tau_{m_1}^2 = \frac{h_1(T_1^2 + \mathfrak{C}_1^2) - h'_1(T'^2_1 + \mathfrak{C}'^2_1)}{h_1 - h'_1} = \frac{\pi^2}{g}\lambda_1\left(1 + \frac{p\varepsilon}{\lambda_1}\right),$$

$$\tau_{m_2}^2 = \frac{h_2(T_2^2 + \mathfrak{C}_2^2) - h'_2(T'^2_2 + \mathfrak{C}'^2_2)}{h_2 - h'_2} = \frac{\pi^2}{g}\lambda_2\left(1 + \frac{p\varepsilon}{\lambda_2}\right)$$

et, par conséquent,

$$\frac{g}{\pi^2} = L = \frac{\lambda_1 - \lambda_2}{\tau_{m_1}^2 - \tau_{m_2}^2}.$$

On peut, des observations, tirer aussi la valeur du terme qui représente l'influence du support

$$p\varepsilon = \frac{\lambda_1^2 - \lambda_2^2}{\tau_{m_1}^2 - \tau_{m_2}^2},$$

en négligeant le facteur $\dfrac{g}{\pi^2}\dfrac{\lambda_1 - \lambda_2}{\lambda_1 \lambda_2}$, qui, pour des pendules de 1^m et $0^m,5o$, comme sont les pendules de Brunner du Service géographique, est très voisin de l'unité.

On a ainsi obtenu, pour $p\varepsilon$, en dix stations différentes :

$p\varepsilon$.		$p\varepsilon$.
$62,5$		$53,4$
$58,1$		$56,5$
$56,2$		
$55,2$	Moyenne....	$55,0$
$58,2$		
$58,5$		
$56,9$		
$58,2$		
Moyenne.... $58,0$		

Les nombres de la première colonne correspondent à une même paire de couteaux, les nombres de la deuxième à une autre paire.

Or le poids commun des pendules est de $5^{k},2$ et le coefficient ε est, aux dix stations,

Supports en pierre de Lorraine.... $0,00000015$ (2 stations)
Supports en calcaire cristallin..... $0,00000018$ (1 station)
Supports en briques et ciment..... $0,00000060$ (7 stations)

Ce qui donne pour $p\varepsilon$:

$0,8$ en 2 stations,
$0,9$ en 1 station,
$3,1$ en 7 stations.

La valeur de $p\varepsilon$, déduite des observations, est donc vingt fois plus grande que la valeur mesurée directement.

La cause de cet écart considérable réside dans un glissement du couteau sur le plan de suspension, glissement extrêmement faible qui a échappé jusqu'à présent à tous les observateurs, bien que quelques-uns d'entre eux, comme Bessel et Oppolzer, s'en soient défiés et aient tenté infructueusement d'en découvrir l'existence.

Le couteau, taillé sous la forme d'un biseau très fin, pénètre dans le plan de suspension qu'il déforme en s'écrasant lui-même. Il se produit ainsi une sorte de cannelure de figure variable dans laquelle le couteau exécute un roulement de glissement analogue à celui d'un tourillon dans son coussinet.

Ce roulement se combine avec le roulement eulérien autour du point de contact, et les choses se passent comme si le pendule exécutait sa rotation autour d'un point situé sur le rayon de courbure du point de contact, à une distance du plan de suspension égale à $n\rho$, en désignant par ρ le rayon de courbure et par n une certaine constante qui est le coefficient de glissement.

L'analyse donne, en tenant compte de ce glissement, pour la durée théorique d'oscillation,

$$\tau^2 = \frac{\pi^2}{g} \lambda \left[1 + \frac{n(\rho + \rho')}{\lambda} \right].$$

Le glissement est révélé :

1° Par l'usure, en forme de canal, du plan de suspension au bout d'un très grand nombre d'oscillations;

2° Par l'examen microscopique direct des conditions du mouvement oscillatoire pendulaire.

Il peut être mesuré, pendant ce mouvement, à l'aide d'une fourchette très mobile, suspendue à un fil flexible, dont les bras embrassent le pendule et s'appuient, sans toucher le support, sur les extrémités libres de l'arête du couteau. Elles y sont appliquées, avec une très légère pression, par un petit excès de poids de la tête de la fourchette, laquelle porte une glace plane. Entre cette glace plane et une autre glace plane très voisine et parallèle, portée par le support, on établit les franges d'interférence d'une lumière monochromatique dont le déplacement permet de mesurer les excursions de la fourchette. Dans ce dispositif, le roulement eulérien s'exécute sur la fourchette comme sur le plan de suspension sans la déplacer, mais tout glissement du couteau sur le plan entraîne la fourchette et se manifeste par un mouvement des franges dans leur plan.

Pour des poids ne dépassant pas 5^{kg}, le glissement, agate sur agate, est proportionnel au poids.

Le glissement total est proportionnel à l'amplitude; par suite, le glissement élémentaire est proportionnel à la vitesse angulaire.

Le coefficient n est donc de la forme

$$n = A p,$$

et la correction de glissement, pour un pendule réversible de poids p et de longueur λ,

$$\Delta \frac{g}{\pi^2} = \Delta L = \frac{A p (\rho + \rho')}{\lambda}.$$

A Rivesaltes, avec quatre pendules différents, on a trouvé :

	m	kg	$\frac{\lambda}{\tau_m^2} =$ m	ΔL	L m
Pendule de 1 et de 5,2...			0,993373	$+$ 57	0,993430
»	$\frac{1}{2}$	5,2...	316	$+$ 113	429
»	$\frac{1}{2}$	3,2...	358	$+$ 70	428
»	$\frac{1}{4}$	2,3...	332	$+$ 100	432

La correction de glissement accorde donc parfaitement les résultats divergents des observations.

En supposant les couteaux égaux, ce qui est très près de la vérité, on tire des nombres ci-dessus

$$n\rho = 28^{\mu},$$

ce qui, pour 30′ d'amplitude, donne

$$n\rho\theta = 0^{\mu},22;$$

le glissement, directement mesuré à l'amplitude de 30′, a été trouvé de

$$0^{\mu},20.$$

C'est une précieuse vérification de la théorie.

Il est vraisemblable que c'est à la différence des poids des appareils oscillants, de la nature de leur suspension et de leur longueur qu'il faut attribuer la plupart des désaccords entre les pesanteurs absolues mesurées en un même lieu avec des instruments différents ou les divergences des mêmes pesanteurs transportées de diverses stations d'observation en une station centrale à l'aide de mesures relatives.

Enfin le glissement du couteau permet de rendre compte très simplement de la différence constatée et jusqu'ici inexpliquée entre les coefficients d'élasticité statique et dynamique.

Sur la demande de M. GUILLAUME, M. Defforges donne les valeurs de L trouvées récemment à Paris et à Breteuil (Bureau international des Poids et Mesures) :

1888. Breteuil (dans l'air)....... 0,9939574 ⎱ 0,9939579
  »   »   (dans le vide)..... 584 ⎰

1889. Paris (Observatoire) (vide). 0,9939618 ⎱ 0,9939614
1890.   »   » . 610 ⎰

La réduction de Breteuil à Paris est de $+ 0^{m},00000031$.
On a donc, finalement,

L à Paris (Observatoire), par Breteuil.... 0,9939610 ⎱ 0,9939612
  »   mesure directe.. 0,9939614 ⎰

La valeur correspondante de g, à l'altitude de 60^{m} à Paris, est

$$g = 9^{m},81000,$$

et au niveau de la mer par la formule due à Bouguer

$$\frac{dg}{g} = \frac{3}{4}\frac{h}{R}\frac{\delta}{\Delta},$$
$$g = 9^{m},81010$$

avec une erreur évaluée à $\pm 0,00005$.

M. Lippmann ayant demandé à M. Defforges quelle peut être la part de l'écrasement du couteau dans le glissement apparent décelé par le déplacement de la fourchette pendant l'oscillation, celui-ci répond que les études de M. Plantamour sur l'écrasement de l'arête montrent que la variation qui en résulte sur la longueur est de l'ordre du micron et que le micron en est la limite supérieure dans les conditions de poids habituelles des appareils oscillants. En supposant nul l'écrasement du couteau sur les bras de la fourchette, sa part d'influence dans le glissement apparent est représentée par le rapport de la variation de longueur qu'il produit au rayon de courbure ρ. Or, $n\rho = 28^\mu$, n étant inférieur à 1 : le rapport en question est donc notablement inférieur à $\frac{1}{28}$. Il est impossible de mesurer le glissement avec une pareille précision, sa valeur habituelle n'étant que de $0^\mu,2$.

Un tel glissement donne pour le pendule de Brunner de $0^m,50$ une correction de 113^μ à la longueur du pendule à secondes fournie par les observations. Les erreurs de la mesure directe du glissement seraient donc multipliées par 565, si l'on s'en servait pour le calcul de la correction. Il faudrait pouvoir mesurer avec certitude le millième de frange, ce qui est actuellement et sera sans doute encore longtemps impossible. C'est donc la méthode différentielle seule qui peut fournir avec quelque exactitude la valeur de la correction due au glissement. L'observation directe ne peut avoir d'autre but que de mettre le phénomène en évidence.

Egalité de potentiel des couches électriques qui recouvrent deux dépôts électrolytiques d'un même métal en contact;

Par M. G. Gouré de Villemontée.

Des plaques d'un même métal ne présentant au contact aucune différence de potentiel m'étaient nécessaires, il y a quelques années, pour une série de recherches.

Un Mémoire étendu de M. Pellat (*Annales de Chimie et de Physique*, 5e série, t. XXIV, p. 5 et suivantes) établissait alors les variations considérables que produisent les altérations chimiques les moins perceptibles et le travail mécanique le plus faible sur la *valeur de la différence de potentiel des couches électriques qui recouvrent deux métaux en contact*. L'impossibilité d'obtenir dans le commerce un métal dans un état défini résulte immédiatement des études de M. Pellat. J'ai essayé de préparer les métaux par électrolyse. L'article suivant est le résumé des expériences faites pour déterminer la valeur de la différence de potentiel des couches électriques qui recouvrent deux dépôts électrolytiques d'un même métal, préparés dans des conditions déterminées, en contact.

I. *Préparation des dépôts.* — Les métaux déposés par électrolyse ont été

nickel, fer, zinc, cuivre.

Les dépôts ont été formés sur des plaques de cuivre ou de laiton et sur de la grenaille de plomb la plus fine du commerce. Les bains ont été préparés avec des sels purs dissous dans l'eau distillée.

Dans les premières expériences, j'ai eu soin de disposer parallèlement dans les bains à l'aide de niveaux l'anode et la plaque sur laquelle le dépôt devait être fait. Mes premières mesures m'ont montré l'inutilité de ces précautions. Toutes les pièces peuvent être suspendues comme on le fait dans l'industrie pour la galvanisation.

II. *Courants de galvanisation.* — Les courants ont été produits, dans une première série d'expériences, par des piles, dans une seconde série ([1]) par une machine dynamo. Les limites entre lesquelles ont été prises les différences de potentiel aux pôles de la pile ou aux bornes de la machine et les intensités des courants sont résumées dans le Tableau suivant :

Dépôts.	Différences de potentiel.		Intensités des courants.	
	volts	volts	amp	amp
Nickel........	6	21	0,2	6
Fer..........	1	6	0,05	0,2
Zinc..........	4	»	0,18	»
Cuivre.......	4	40	0,18	24

Les limites entre lesquelles ont été comprises les densités des courants de galvanisation ont été :

([1]) La seconde série d'expériences a été faite au laboratoire de Physique de l'École Normale supérieure.

Dépôts.	Densités des courants.	
Nickel................	0,06	1,62
Fer.................	0,01	1,06
Zinc.................	0,02	0,26
Cuivre..............	0,015	13,63

Les dépôts de cuivre avec les courants de densité supérieure à 0,99 ont été obtenus seulement sur la grenaille de plomb. Les grains étaient placés sur des corbeilles rectangulaires basses en laiton à fond horizontal, de manière à couvrir le fond. L'anode était une plaque de cuivre horizontale disposée au-dessus des corbeilles. Les dépôts de cuivre ont lieu seulement sur la face supérieure des grains en face l'anode. Il est nécessaire de retourner les grains en les agitant pour cuivrer toute la surface. En cherchant à abréger la durée du cuivrage, j'ai été amené à essayer l'emploi de courants de plus en plus intenses. Les dépôts produits avec de grandes intensités n'étaient pas adhérents sur le laiton ou sur des lames de plomb. Les dépôts pulvérulents sur ces lames étaient enlevés par le lavage et l'essuyage.

La densité du courant dans le cas du cuivrage des grains de plomb a été calculée en prenant, pour surface recevant le dépôt, la surface du fond de la corbeille. Cette approximation est légitimée par les remarques suivantes : le diamètre des grains est très petit, les grains couvrent le fond de la corbeille, le dépôt se forme seulement sur l'hémisphère supérieur.

Les limites de température ont été :

Nickel...............	20°	34°
Fer.................	12,15	21
Zinc.................	11	16
Cuivre	10,75	40

La composition des bains a été :

NICKELAGE.

Bain 1 (formule de Roseleur).

Sulfate double de nickel........................	1200^{gr}
Sel excitateur...............................	600^{gr}
Eau distillée	20^{lit}

Bain 2.

Sulfate de nickel...................................	124^{gr}
Citrate de nickel..................................	93
Acide benzoïque	31
Eau distillée	4^{lit},5

FERRAGE.

Bain 1.

Chlorhydrate d'ammoniaque......................	40^{gr}
Sulfate de protoxyde de fer	12^{gr}
Eau distillée	1^{lit}

Bain 2.

Sulfate de fer.....................................	124^{gr}
Citrate de fer.....................................	93
Acide benzoïque	31
Eau distillée......................................	4^{lit},5

ZINCAGE.

Chlorure de zinc...................................	800^{gr}
Carbonate de soude....	800
Bisulfite de soude	800
Cyanure de potassium............................	1200
Eau distillée	40^{lit}

CUIVRAGE.

Sulfate de cuivre................................			1^{kg}
Eau distillée....................................			4^{lit}
Eau acidulée au $\frac{1}{10}$	Acide sulfurique... 223^{gr}	Eau distillée....... 1777^{gr}	2^{lit}

Les pièces à la sortie des bains ont été lavées immédiatement sous un filet d'eau courante, tamponnées rapidement avec un linge blanc sec et lavées avec de l'alcool à 90° au moyen de linges préparés avec les précautions suivantes. De vieux linges, très souples et très propres à la suite d'un lessivage ordinaire, sont placés pendant plusieurs jours dans un cristallisoir avec de l'eau de conduite fréquemment renouvelée, ensuite dans de l'eau distillée. Ces opérations ont pour but d'enlever les dernières traces de savon. Ces précautions si minutieuses, prises antérieurement par M. Pellat (*loc. cit.*) sont indispensables pour obtenir des résultats constants.

III. *Méthode d'observation.* — La méthode suivie pour déterminer la différence de potentiel au contact de deux plateaux consiste à former, avec les deux plaques à étudier ou la grenaille cuivrée répandue uniformément sur un disque de métal, un condensateur dont les armatures sont réunies par un fil pouvant contenir une force électromotrice variable. La force électromotrice qu'il est nécessaire d'ajouter pour rendre nulle la charge du condensateur est égale et de signe contraire à celle qui existe entre les plateaux.

L'ensemble de l'appareil est représenté par la *fig.* 1 : A et B

Fig. 1.

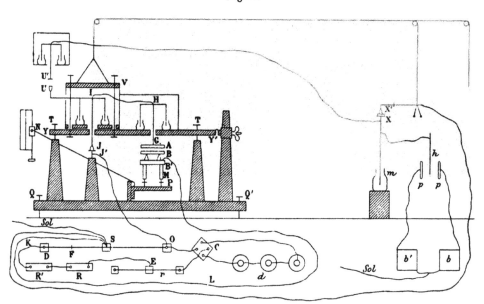

sont les plateaux du condensateur reliés par les tiges et fils G, H, I, J, J', O, S, L, B'. Les tiges GH, IJ sont soutenues par des supports isolants à acide sulfurique. Des plaques d'ébonite sont employées pour isoler le reste de l'appareil. Au moment d'une mesure, l'isolement et l'écart du plateau A sont obtenus par le déplacement d'une tringle qui détache le talon de platine J de l'enclume J', un arrêt fixé à la tringle mobile entraîne YY', et, par suite, le plateau A. Le mouvement est arrêté par le contact des talons de platine U et U' qui établissent la communication de A avec la feuille de l'électromètre Hankel isolé au moment de l'écart des contacts JJ'.

La force électromotrice ajoutée entre les plateaux A et B est réalisée en intercalant entre ces plateaux une longueur variable OS d'un fil de platine homogène, entre les extrémités O et F duquel on maintient une différence de potentiel constante égale à 1^{volt},435. Cette différence de potentiel constante est obtenue en opposant à l'aide de résistances convenables une dérivation prise sur le circuit de trois éléments Daniell à un élément Latimer Clark ([1]).

L'approximation est mesurée par la valeur minima de la différence de potentiel qu'il est nécessaire d'établir entre les plateaux A et B rendus identiques pour obtenir une déviation observable de la feuille de l'électroscope. La sensibilité a été augmentée en formant une image de la feuille d'or avec une lentille et en pointant l'un des bords de l'image avec le microscope. Cette disposition permet d'employer des grossissements plus forts sans être gêné par la position du microscope ([2]).

IV. · *Description d'une expérience.* — Toute série d'expériences est précédée des opérations suivantes :

Lavage avec alcool et linges préparés, comme il a été dit, des plateaux du condensateur, montage de ces plateaux à l'aide de pièces métalliques qui permettent d'éviter tout contact avec les doigts. Lavage avec alcool des contacts JJ', UU', XX'. Vérification de l'établissement d'une différence de potentiel de un Latimer Clark entre O et F. Vérification de l'immobilité de la feuille de l'électromètre, lorsque les plateaux de l'électromètre sont alternativement au sol et chargés par la pile. Vérification de l'isolement du plateau du condensateur qui sera chargé par la force électromotrice additive. Vérification de la possibilité de maintenir ce plateau isolé pendant une minute sans déperdition appréciable d'une charge produisant une déviation de dix divisions du micromètre.

([1]) Une disposition semblable avait été prise auparavant par M. Pellat, *Ann. de Chim. et de Phys.* (*loc. cit.*).

([2]) Cette description est le résumé de développements publiés dans un Mémoire présenté comme Thèse à la Faculté des Sciences de Paris, en juillet 1888, intitulé : *Recherches sur la différence de potentiel au contact d'un métal et d'un liquide.*

Les vérifications préliminaires effectuées, on mesure les charges prises par le condensateur lorsque aucun courant ne traverse le fil OS. Si la déviation est nulle, on établit successivement entre O et S des différences de potentiel de $+ 0^{volt},01$ et $- 0^{volt},01$ et l'on cherche si les déviations sont de signes contraires. Les deux dernières expériences permettent de constater le bon état de l'appareil et l'exactitude de la première mesure.

V. *Résultats*. — Les conditions de formation des dépôts électrolytiques étudiés sont résumées dans les Tableaux suivants, les numéros des bains en rappellent la composition. Toutes les données relatives aux deux dépôts dont on a mesuré la différence de potentiel sont inscrites sur une même ligne horizontale. Les conditions relatives à la préparation des dépôts pris pour terme de comparaison sont réunies sous la première accolade. Les conditions de préparation des dépôts formant la seconde armature du condensateur sont placées sous la seconde accolade.

Nickel.

	Dépôt pris pour terme de comparaison.			Dépôt comparé.	
Bain.	Densité du courant.	Date du nickelage.	Bain.	Densité du courant.	Date du nickelage.
1	1,14	1er juin	1	1,14	1er juin
	»	»		1,62	»
				0,35	»
			»	0,08	»
			2	0,06	7 juillet

Fer.

	Dépôt pris pour terme de comparaison.			Dépôt comparé.	
Bain.	Densité du courant.	Date du ferrage.	Bain.	Densité du courant.	Date du ferrage.
1	0,10	5 août	1	0,009	3 août
	1,06	»		»	»
»	1,08	19 octobre		0,08	19 octobre
	»	»	»	0,05	»
			»	0,02	»
			2	0,01	15 novembre

Zinc.

	Dépôt pris pour terme de comparaison.			Dépôt comparé.	
Bain.	Densité du courant.	Date du zincage.	Bain.	Densité du courant.	Date du zincage.
1	0,08	23 novembre	I	0,08	23 novembre
..	»	»		0,05	»
				0,02	»
			»	0,26	30 novembre

Cuivre.

	Dépôt pris pour terme de comparaison.			Dépôt comparé.	
Bain.	Densité du courant.	Date du cuivrage.	Bain.	Densité du courant.	Date du cuivrage.
1	0,20	3 mars	1	0,20	3 mars
	»	»		»	5 mars
		8 août		»	8 août
		3 mars		0,015	3 mars
		8 août		0,02	8 août
		»		0,03	»
		»		0,05	4 août
		3 mars		0,06	3 mars
»	»	»		0,06	29 mars
				0,06	30 mars
	»	»		0,67	22 mai
»	0,79	5 décembre 1891	»	0,14	5 décembre 1891
	»	»		0,36	»
				0,63	»
			»	0,99	17 décembre 1891
				1,99	»
			»	3,98	4 janvier 1892
			»	5,11	6 janvier »
			»	6,81	2 janvier »
			»	10,23	6 janvier »
			»	13,63	2 janvier »

La différence de potentiel entre deux dépôts électrolytes inscrits sur une même ligne horizontale, a toujours été trouvée nulle.

Les conclusions sont les suivantes : *La différence de potentiel au contact de deux dépôts électrolytiques d'un même métal est indépendante de la densité du courant, de la température et de la composition des bains employés pour produire le dépôt.*

En comparant les dates des dépôts, on voit que l'égalité de potentiel a été constatée entre deux dépôts :

De nickel préparés à deux époques distantes de 37 jours
De fer   »   »   de 27 jours
De zinc   de 7 jours
De cuivre   de 80 jours

Les dépôts peuvent donc être obtenus dans des conditions définies et dans un état permanent. La préparation des métaux par électrolyse permet ainsi de fixer la valeur de la différence de potentiel au contact de deux métaux placés dans un milieu isolant absolu sans action chimique sur eux, ou de préciser les conditions de début, relatives aux métaux, de la différence de potentiel de deux métaux plongés dans un milieu qui n'est pas un isolant absolu.

De l'influence du glissement de l'arête du couteau sur le plan de suspension dans les observations du pendule;

Par M. le commandant Defforges.

On a exposé ici même ([1]), en 1888, une méthode différentielle pour la mesure de l'intensité absolue de la pesanteur, qui, par l'emploi de deux pendules réversibles de même poids et de longueurs différentes, élimine à la fois l'influence de la courbure des couteaux et celle de l'entraînement du support par l'appareil oscillant.

En désignant par :

λ_1, λ_2 les longueurs des deux pendules, mesurées entre les arêtes des couteaux;

h_1, h'_1, h_2, h'_2 les distances des centres de gravité des deux pendules aux arêtes des couteaux;

p_1 et p_2 leurs poids respectifs;

([1]) *Séances de la Société française de Physique*, année 1888, p. 95.

ρ et ρ' les rayons de courbure moyens des couteaux dans les limites d'amplitude considérées;

T_1, T'_1, T_2, T'_2 les durées d'oscillation, poids lourd en bas et poids lourd en haut, des deux pendules oscillant sur les mêmes couteaux, dans les mêmes limites d'amplitude, et sur le même support d'élasticité ε,

on a, entre ces quantités, l'intensité g de la pesanteur et le rapport π de la circonférence au diamètre, les relations

$$\frac{h_1 T_1^2 - h'_1 T'^2_1}{h_1 - h'_1} = \frac{\pi^2}{g}\lambda_1\left(1 + \frac{p_1\varepsilon}{\lambda_1} - \frac{\rho - \rho'}{h_1 - h'_1}\right),$$

$$\frac{h_2 T_2^2 - h'_2 T'^2_2}{h_2 - h'_2} = \frac{\pi^2}{g}\lambda_2\left(1 + \frac{p_2\varepsilon}{\lambda_2} - \frac{\rho - \rho'}{h_2 - h'_2}\right).$$

et, retranchant membre à membre et introduisant les durées théoriques τ_1^2 et τ_2^2, pour abréger l'écriture,

$$\tau_2^2 - \tau_1^2 = \frac{\pi^2}{g}(\lambda_2 - \lambda_1) + \frac{\pi^2}{g}\varepsilon(p_2 - p_1) + \frac{\pi^2}{g}(\rho - \rho')\left(\frac{\lambda_1}{h_1 - h'_1} - \frac{\lambda_2}{h_2 - h'_2}\right)$$

ou, en remplaçant λ_1 et λ_2 par les quantités équivalentes $h_1 + h'_1$, $h_2 + h'_2$,

$$\tau_2 - \tau_1^2 = \frac{\pi^2}{g}(\lambda_2 - \lambda_1) + \frac{\pi^2}{g}\varepsilon(p_2 - p_1) + \frac{\pi^2}{g}(\rho - \rho')\left(\frac{h_1 + h'_1}{h_1 - h'_1} - \frac{h_2 + h'_2}{h_2 - h'_2}\right).$$

Il faut et il suffit, pour que les deux derniers termes du deuxième membre soient nuls, que

$$p_1 = p_2, \qquad \frac{h_1}{h'_1} = \frac{h_2}{h'_2}.$$

Donc on peut éliminer entièrement l'effet du support et celui du rayon de courbure des couteaux, en faisant osciller, dans les mêmes limites d'amplitude, sur le même support et avec les mêmes couteaux, deux pendules de même poids, de longueur différente et dont les centres de gravité sont semblablement disposés par rapport aux arêtes des couteaux.

L'intensité absolue de la pesanteur et la longueur L du pendule à secondes doivent être alors données, sans correction aucune, par la formule très simple

$$\frac{g}{\pi^2} = L = \frac{h(T_2^2 - T_1^2) - h'(T'^2_2 - T'^2_1)}{h - h'} = \tau_2^2 - \tau_1^2$$

$\dfrac{h}{h'}$ représentant la valeur commune des deux rapports

$$\frac{h_1}{h'_1}, \quad \frac{h_2}{h'_2}.$$

Les pendules de Brunner du Service géographique, décrits déjà dans ce Recueil, ont même poids à 1^{gr} près, 1^m et $0^m,5$ de distance entre les arêtes des couteaux et oscillent sur le même support avec les mêmes couteaux. Leurs centres de gravité sont placés aussi semblablement que possible par rapport aux arêtes des couteaux communs, mais pas assez exactement cependant pour qu'on puisse négliger entièrement la petite différence des rapports $\dfrac{h_1}{h'_1}, \dfrac{h_2}{h'_2}$. Mais, par l'échange des couteaux, on s'affranchit entièrement, suivant la méthode de Bessel, de leurs rayons de courbure, comme le montrent les formules qui suivent.

On a

Pendule de $0^m,5$.

$$\tau_1^2 = \frac{h_1 T_1^2 - h'_1 T_1'^2}{h_1 - h'_1} = \frac{\pi^2}{g}\lambda_1\left(1 + \frac{p\varepsilon}{\lambda_1} - \frac{\rho - \rho'}{h_1 - h'_1}\right)$$

avant l'échange des couteaux,

$$\tau_1'^2 = \frac{h_1 \mathfrak{C}_1^2 - h'_1 \mathfrak{C}_1'^2}{h_1 - h'_1} = \frac{\pi^2}{g}\lambda_1\left(1 + \frac{p\varepsilon}{\lambda_1} + \frac{\rho - \rho'}{h_1 - h'_1}\right)$$

après l'échange;

Pendule de 1^m.

$$\tau_2^2 = \frac{h_1 T_2^2 - h'_2 T_2'^2}{h_2 - h'_2} = \frac{\pi^2}{g}\lambda_2\left(1 + \frac{p\varepsilon}{\lambda_2} - \frac{\rho - \rho'}{h_2 - h'_2}\right)$$

avant l'échange des couteaux,

$$\tau_2'^2 = \frac{h_2 \mathfrak{C}_2^2 - h'_2 \mathfrak{C}_2'^2}{h_2 - h'_2} = \frac{\pi_2}{g}\lambda_2\left(1 + \frac{p\varepsilon}{\lambda_2} + \frac{\rho - \rho'}{h_2 - h'_2}\right)$$

après l'échange; et, en combinant deux à deux les valeurs de τ,

Pendule de $0^m,5$.

$$\tau_{m_1}^2 = \frac{\tau_1^2 + \tau_1'^2}{2} = \frac{\pi^2}{g}\lambda_1\left(1 + \frac{p\varepsilon}{\lambda_1}\right),$$

Pendule de 1^m.

$$\tau_{m_2}^2 = \frac{\tau_2^2 + \tau_2'^2}{2} = \frac{\pi^2}{g}\lambda_2\left(1 + \frac{p\varepsilon}{\lambda_2}\right).$$

On peut, de ces dernières expressions, tirer comme tout à l'heure :

$$\frac{g}{\pi^2} = L = \frac{\tau_{m_2}^2 - \tau_{m_1}^2}{\lambda_2 - \lambda_1}.$$

. Mais on peut aussi mettre en évidence l'entraînement du support par la différence

$$\frac{\lambda_2}{\tau_{m_2}^2} - \frac{\lambda_1}{\tau_{m_1}^2} = \frac{g}{\pi^2} p\varepsilon \frac{\lambda_2 - \lambda_1}{\lambda_2 \lambda_1},$$

qui, à cause de la petitesse de ε, en remarquant que $\frac{g}{\pi^2}$ est voisin de l'unité ainsi que $\frac{\lambda_2 - \lambda_1}{\lambda_2 \lambda_1}$, peut s'écrire, sans erreur pratique,

$$(\text{1}) \qquad \frac{\lambda_2}{\tau_{m_2}^2} - \frac{\lambda_1}{\tau_{m_1}^2} = p\varepsilon.$$

On rappellera enfin que l'étude de l'entraînement du support a conduit M. Plantamour à distinguer deux coefficients d'élasticité : le coefficient statique, obtenu par l'expérience statique en mesurant le déplacement très petit produit par un effort connu appliqué horizontalement au support au point de suspension du pendule, et le coefficient dynamique, donné par l'expérience dynamique, laquelle consiste à mesurer les déplacements du support, pendant les oscillations même, sous l'effort du pendule en mouvement, effort facile à calculer. Les expériences poursuivies il y a plusieurs années au Service géographique ont confirmé l'existence d'une différence bien nettement caractérisée entre les deux coefficients, qui s'élève à environ $\frac{1}{8}$ de la valeur de ε et qui paraît un peu plus faible quand l'élasticité du support est notablement augmentée.

N'ayant pu réussir à expliquer cette différence, on a cependant constaté, en faisant osciller le même pendule dans les mêmes conditions sur un support d'élasticité variable à la volonté de l'observateur, que c'est l'ε statique qui convient à la formule donnée par Peirce et Cellérier pour tenir compte de l'effet de l'entraînement du support sur la durée de l'oscillation

$$\frac{dT}{T} = \frac{1}{2} \frac{p\varepsilon h}{\lambda^2}.$$

Pour lever toute incertitude provenant de cette anomalie apparente, on a, dans les stations absolues, exécutées jusqu'aujourd'hui par le Service géographique, aux huit points de Breteuil (Bureau international des Poids et Mesures), Paris (Observatoire), Greenwich (observatoire), Marseille (observatoire), Alger (observatoire de Voirol), Nice (observatoire), Dunkerque (Rosendael) et Perpignan (Rivesaltes), rendu, par une construction très soignée des piliers, auxquels on a donné une grande masse, aussi bien que par la constitution robuste du support proprement dit des pendules de Brunner, le coefficient ε assez petit pour que la distinction entre l'ε statique et l'ε dynamique soit sans importance et n'influe pas sensiblement sur la correction finale appliquée à la longueur du pendule à secondes qui résulte des observations.

A Paris et à Nice, où les piliers étaient en pierre de taille, l'ε statique était respectivement

$$A\ \text{Paris}................... 0^m,00000015$$
$$A\ \text{Nice}................... 0^m,00000018$$

aux six autres stations, où les piliers étaient en briques cimentées, ε atteignait la valeur moyenne

$$0^m,00000060$$

avec de très faibles écarts d'une station à l'autre.

Le poids commun des pendules de Brunner étant de $5^{kg},2$, il est aisé de calculer, d'après les mesures statiques de ε, la valeur numérique de la quantité $p\varepsilon$.

$$A\ \text{Paris}................... p\varepsilon = \overset{m}{0},0000008 = \overset{\mu}{0},8$$
$$A\ \text{Nice}................... p\varepsilon = 0,0000009 = 0,9$$
$$\text{Aux autres stations}........ p\varepsilon = 0,0000031 = 3,1$$

Il est bien évident que le $\frac{1}{8}$ de ces quantités, lesquelles représentent, au facteur $\frac{L}{\lambda}$ près, les corrections à appliquer du chef du support aux valeurs obtenues aux différentes stations pour la longueur du pendule à secondes, peut être négligé sans inconvénient vis-à-vis des erreurs qui proviennent soit de la mesure de la longueur λ, soit de la durée théorique τ.

Mais, en toutes les stations précitées, la quantité $p\varepsilon$, déduite de la formule (1), ne s'accorde nullement avec la valeur calculée directement à l'aide des mesures de ε. On a trouvé :

Breteuil (observations dans l'air).........		$62^{\mu},5$	
» (observations dans le vide).......		$58,1$	
Paris »	....	$56,2$	
»	....	$55,2$	
Rivesaltes	....	»	$53,4$
Rosendael	....	$58,2$	
Greenwich	....	$58,5$	
Marseille	....	$56,9$	
Alger »	....	$58,2$	
Nice (observations dans l'air)............		»	$56,5$
		$58,0$	$55,0$

Les nombres de Breteuil, Paris, Rosendael, Greenwich, Marseille, Alger s'appliquent à une même paire de couteaux, ceux de Nice et de Rivesaltes à une seconde paire, peu différente de la première.

Ces nombres différaient trop de la valeur calculée directement pour que l'écart, d'ailleurs systématique, pût être mis sur le compte d'une erreur résiduelle de l'observation.

La réduction au vide ayant été étudiée avec le plus grand soin et dans le plus grand détail et appliquée aux durées observées, on ne pouvait pas mettre la différence sur le compte d'une élimination imparfaite de l'effet de l'air.

Une erreur systématique sur la longueur n'était pas admissible, les pendules ayant été mesurés et comparés à deux étalons différents du Bureau international, à Breteuil même, avec le concours du directeur du Bureau international, M. R. Benoît. D'autres mesures, d'ailleurs, exécutées à plusieurs reprises à l'aide d'un troisième étalon, avaient constamment confirmé les premières déterminations de la longueur des pendules.

Il fallut donc reconnaître que l'on était en présence d'une erreur non encore analysée et qu'il était nécessaire de préciser.

C'est l'examen au microscope (grossissant environ mille fois) des plans de suspension qui, après d'assez longues recherches, en a révélé la véritable origine.

Un des supports employés au Service géographique, utilisé spécialement pour des études, présentait, après 18 millions environ d'oscillations, au point même où porte le couteau, une sorte de cannelure creuse de 10^{μ} environ de largeur et de $0^{\mu},5$ de profondeur, tout à fait comparable aux entailles cylindriques pratiquées par les constructeurs sur les V des instruments méridiens pour recevoir les tourillons de la lunette.

Cette cannelure avait l'apparence d'une ébauche de coussinet dans lequel aurait roulé le couteau de suspension.

Elle avait été évidemment produite par le frottement du couteau sur le plan, mais, vu la dureté de la matière, cette usure relativement considérable semblait impliquer autre chose qu'un simple frottement de roulement, un frottement de glissement analogue à celui qui se produit entre un tourillon et son coussinet.

Ce glissement a pu être mis en évidence pendant le mouvement, d'abord par l'observation microscopique directe, puis par l'emploi d'un appareil spécial, qui a permis d'en mesurer l'étendue.

Pour l'observation directe, une section aussi nette que possible ayant été faite perpendiculairement à l'arête dans le couteau d'un lourd balancier d'horloge et un plan de suspension convenablement disposé, on a pointé un microscope de naturaliste sur le point de contact du couteau et du plan, l'axe optique de ce microscope étant très approximativement dans le prolongement de l'arête de contact. On a ainsi vu le couteau pénétrant d'une petite quantité dans le plan déformé.

Si le pendule est mis en mouvement, on perçoit très nettement, au moment du passage par la verticale, lorsque la vitesse angulaire devient maximum, une sorte de patinage du couteau dans le canal qu'il creuse, patinage qui s'affaiblit jusqu'à devenir insensible aux extrémités de l'oscillation, lorsque la vitesse angulaire tend vers zéro.

Le patinage d'une locomotive sur le rail représente très bien le phénomène, qui se traduit par le fait que la distance sur le plan de suspension des points extrêmes de contact du plan et du couteau au commencement et à la fin d'une oscillation entière est moindre que la même distance mesurée sur la section droite du couteau.

D'après ce qu'on vient de dire, il était naturel de supposer tout d'abord ce glissement proportionnel à la vitesse angulaire et, par conséquent, à $d\theta$.

Dès lors, le mouvement du pendule, pendant un temps élémentaire dt, en supposant le support rigide et complètement immobile, se compose de deux rotations effectuées, l'une, autour d'une des droites de contact du couteau et du plan de suspension, mouvement analogue au roulement d'une roue sur un pavé, l'autre, autour de la droite lieu des centres de courbure de l'élément cylindrique de contact, mouvement semblable à celui d'un tourillon dans ses coussinets. Si $d\theta$ est le déplacement angulaire total du pendule pendant le temps dt, les deux rotations font respectivement tourner le pendule d'angles qui ont pour expressions $m\,d\theta$ et $n\,d\theta$. On a d'ailleurs

$$m + n = 1.$$

Mais ces deux rotations autour de deux droites parallèles peuvent se composer en une seule, d'amplitude $d\theta$, autour d'une autre droite, parallèle aux deux premières et passant par un point qui divise le rayon de courbure de l'élément de contact, dans la section droite, dans le rapport $\dfrac{n}{m}$ et dont, par conséquent, la distance au-dessus du plan de suspension est égale à $n\rho$.

Tout se passe donc comme si l'axe instantané de rotation du pendule était relevé de $n\rho$ et comme si le pendule tournait autour de cet axe d'un angle $d\theta$ dans le temps dt. L'équation des moments prend dès lors la forme

$$\Sigma\,m\,r^2\,\frac{d^2\theta}{dt^2} = M\,[(h + n\rho)^2 + k^2]\,\frac{d^2\theta}{dt^2} = -\,M\,g\,(h + \rho)\sin\theta,$$

où k^2 est le moment d'inertie du pendule par rapport à un axe parallèle à l'arête du couteau et passant par le centre de gravité.

On en tire aisément pour un pendule réversible, en remarquant que

$$h + \frac{k^2}{h} = \lambda = h' + \frac{k^2}{h'}.$$

Autour du 1ᵉʳ couteau ..... $$T^2 = \frac{\pi^2}{g}\lambda\left(1 - \frac{\rho}{h} + \frac{2n\rho}{\lambda}\right)$$

Autour du 2ᵉ couteau ...... $$T'^2 = \frac{\pi^2}{g}\lambda\left(1 - \frac{\rho'}{h'} + \frac{2n'\rho'}{\lambda}\right)$$

et, pour la durée théorique, avant l'échange des couteaux,

$$\tau^2 = \frac{\pi^2}{g}\lambda\left[1 - \frac{\rho - \rho'}{h - h'} + \frac{2nh\rho + 2n'h'\rho'}{\lambda(h - h')}\right],$$

après l'échange

$$\tau_1'^2 = \frac{\pi^2}{g}\lambda\left[1 + \frac{\rho - \rho'}{h - h'} + \frac{2nh\rho' + 2n'h'\rho'}{\lambda(h - h')}\right].$$

La durée théorique moyenne est, dès lors, donnée par l'expression

$$(2) \qquad \tau_m^2 = \frac{\tau^2 + \tau_2'}{2} = \frac{\pi^2}{g}\lambda\left[1 + \frac{nh(\rho + \rho') - n'h'(\rho + \rho')}{\lambda(h - h')}\right].$$

Arrivés à ce point, il s'agit de connaître n et n'. Pour cela, il fallait mesurer le glissement.

L'appareil qu'on va décrire a permis d'en avoir une valeur au moins approchée.

Une fourchette légère en acier est suspendue par un fil métallique très fin à une colonne fixe portée par le support. L'une de ses extrémités porte une glace plane et présente un léger excès de poids, de telle façon que la fourchette tend toujours à basculer autour du point d'attache du fil, du côté de la glace. Les deux bras de la fourchette embrassent le pendule et vont s'appuyer sur l'arête du couteau de chaque côté des plans de suspension. La prépondérance de la tête de la fourchette est calculée de façon que les bras sont appliqués sur l'arête avec une pression qui n'excède pas quelques grammes.

La longueur du fil est réglée de manière que les bras de la fourchette soient dans un plan exactement parallèle au plan de suspension.

Le mode de suspension de la fourchette lui donne une extrême mobilité qui lui permet de suivre exactement tout déplacement de l'arête qui pourrait provenir d'un glissement latéral, tandis qu'elle reste forcément immobile si l'arête du couteau roule simplement sur les plans d'acier poli que présentent les deux bras.

Les déplacements de la fourchette sont décelés et mesurés par l'examen de franges d'interférence produites entre la glace portée par la fourchette et une glace fixe portée par le support même du pendule. Par suite de cette dernière disposition, l'entraînement du support se fait sentir également aux deux glaces et les mouvements relatifs de la fourchette par rapport au support sont seuls mis en évidence.

Pendant le roulement proprement dit, la fourchette, comme le plan de suspension, reste immobile, sauf le balancement du support, qu'elle partage avec lui. Mais, pendant le glissement, la fourchette, à cause de son extrême mobilité, reste adhérente au couteau et l'accompagne dans son mouvement.

L'appareil est très délicat et demande les plus grandes précautions, à cause de l'extrême petitesse de la quantité à mesurer.

Les nombres suivants correspondent à un couteau d'agate, appartenant aux pendules de Brunner, mais monté sur un pendule d'étude dont le poids était variable à la volonté de l'observateur.

Poids = $4,9^{kg}$	Ampl. $= 135'$	$\sigma = 0,8^{fr} = 0,5^{\mu}$	$\dfrac{\sigma}{p} = 0,16^{fr} = 0,10^{\mu}$
8,9	"	$1,1 = 0,7$	$0,12 = 0,08$
14,7	»	$1,5 = 0,9$	$0,10 = 0,06$
Poids $= 14,7$	Ampl. $= 135$	$\sigma = 1,5 = 0,9$	
	90	$1,0 = 0,6$	
	45	$0,5 = 0,3$	

Ces nombres, pris au hasard parmi un grand nombre d'autres, montrent :

1° Que le glissement total est proportionnel à l'angle, ce qui justifie l'hypothèse, faite au début de cette théorie, que le glissement élémentaire est proportionnel à la vitesse angulaire;

2° Que le glissement ne croît pas proportionnellement au poids. Ce résultat était facile à prévoir. Le glissement dépend, en effet, de l'écrasement et de la déformation de l'arête, qui ne sauraient croître proportionnellement au poids. Cependant, jusqu'à des poids ne dépassant pas de beaucoup 5^{kg}, les couteaux auxquels se rapportent les expériences ci-dessus comportent un glissement assez exactement proportionnel au poids.

3° Le glissement est le même, poids lourd en bas et poids lourd en haut pour un pendule réversible : il ne paraît donc dépendre que de la vitesse angulaire et $n = n'$.

En réunissant dans la même formule l'influence du support et l'effet du glissement, on aura, pour un pendule réversible,

$$\tau_m^2 = \frac{\pi^2}{g}\lambda\left[1 + \frac{n(\rho + \rho') + p\varepsilon}{\lambda}\right].$$

Dans le Tableau de la page 45, d'après la théorie précédente,

4

les résidus de l'observation doivent représenter la quantité

$$n(\rho + \rho') + p\varepsilon.$$

En les corrigeant des valeurs calculées de $p\varepsilon$ et admettant, comme tout à l'heure, que $\rho = \rho'$, on trouve aisément

$$2\,n\,\rho = 56^{\mu}.$$

Il faut remarquer que l'expression théorique du glissement linéaire total, pour une amplitude θ, est $n\,\rho\theta$.

Il est donc possible, ayant déduit $n\rho$ des observations entreprises pour la mesure de la pesanteur, de calculer *a priori* la valeur du glissement pour une amplitude donnée. Si le nombre ainsi obtenu concorde avec le glissement observé, ce sera à la fois une vérification de l'exactitude des mesures et une confirmation de la théorie.

Or, dans les stations énumérées plus haut, la valeur moyenne du glissement, mesuré à l'aide de l'appareil à fourchette, a été trouvée, à l'amplitude de 3o′, égale à

$$0^{\mu}, 20.$$

Le glissement calculé, pour $\theta = 3\text{o}'$, $n\rho = 28^{\mu}$, est

$$0^{\mu}, 22.$$

C'est aussi satisfaisant que possible, si l'on considère la petitesse des quantités dont il s'agit et la difficulté qu'on rencontre à les mesurer.

Le glissement ainsi mis en évidence et représenté par une formule, il était intéressant d'en montrer expérimentalement l'influence en mesurant, en une même station, avec des pendules de poids et de longueurs divers, l'intensité absolue de la pesanteur.

En limitant à 5^{kg} le poids des appareils oscillants, on peut, comme il a été dit plus haut, poser

$$n = A\,p,$$

et, comme la longueur du pendule à secondes est, en fonction du glissement et de l'élasticité du support,

$$L = \frac{g}{\pi^2} = \frac{\lambda}{\tau_m^2}\left[1 + \frac{n(\rho + \rho') + p\varepsilon}{\lambda} \right].$$

En désignant par δL la correction due au glissement et au support réunis, on peut écrire, $\frac{\lambda}{\tau_m^2}$ étant voisin de l'unité,

$$\delta L = [A(\rho + \rho') + \varepsilon]\frac{p}{\lambda}.$$

Cette correction est donc proportionnelle au poids du pendule d'expérience et inversement proportionnelle à sa longueur. Les valeurs, fournies en une même station, pour la longueur du pendule à secondes par les divers appareils oscillants, devront donc différer entre elles de quantités de la forme

$$\frac{M\,p}{\lambda},$$

et pouvoir être accordées entre elles avec précision à l'aide d'une correction de cette forme.

C'est ce que l'expérience a pleinement confirmé. A la station de Rivesaltes, les mesures ont été faites à l'aide de quatre pendules de même forme, oscillant, successivement, à l'aide des mêmes couteaux, sur le même support (dans le vide) et dont les poids et les longueurs étaient :

Numéros.	Poids.	Longueur.
	kg	m
1	5,2	1
2	5,2	$\frac{1}{2}$
3	3,2	$\frac{1}{2}$
4	2,3	$\frac{1}{4}$

On a trouvé :

Numéros.	$\frac{\lambda}{\tau_m^2}$	δL	L
	m		m
1......	$= 0,993373$	$= + 0,000057$	$= 0,993430$
2....	316	113	429
3....	358	70	428
4...	332	100	432

L'accord des quatre valeurs de L est tout à fait satisfaisant.

De tout ce qui précède, il faut retenir ce fait, d'une véritable importance, que la mesure de l'intensité absolue de la pesanteur par le pendule est sujette, du fait de la suspension, à une erreur sensible qui dépend de la constitution même de l'appareil oscillant, notamment de son poids et de sa longueur.

C'est là très vraisemblablement la cause des divergences des valeurs obtenues pour g en une même station, à des époques différentes et par des observateurs différents. C'est aussi l'explication de la difficulté qu'on a éprouvée jusqu'à ce jour à accorder entre elles, par le moyen d'observations relatives, les valeurs de g obtenues en des lieux différents par les plus habiles observateurs, tels que Borda, Biot, Kater, Bessel, etc.

Un travail de discussion et de revision s'impose. Il devrait consister à recueillir des données précises concernant le poids et la longueur des appareils anciennement employés, la pression exercée par millimètre courant sur les arêtes des couteaux par les divers pendules, la matière et la forme probable des arêtes. On tenterait d'en déduire la correction de glissement. Il est malheureusement à craindre que quelques-unes de ces données, celles particulièrement qui ont trait à la figure de l'arête des couteaux, ne soient impossibles à retrouver aujourd'hui.

Le glissement fournit une explication très simple de la différence signalée plus haut ([1]) entre l'ε statique et l'ε dynamique. Lorsque, sous l'effort du pendule en mouvement, le support fléchit et s'écarte de la verticale, c'est par l'arête de contact du couteau avec le plan de suspension que se transmet l'effort. S'il y a glissement, intermittent ou continu, le support échappe momentanément ou en partie à l'action entraînante du pendule, et, tandis que celui-ci se déplace de la quantité $p\varepsilon\frac{h}{\lambda}\theta$ ([2]) qu'indique la théorie, le support, pendant le glissement, demeure en arrière et ne se déplace que d'une fraction de cette quantité. Si $\frac{\varepsilon'}{\varepsilon}$ représente cette fraction, il est clair que le coefficient d'élasticité fourni par l'expérience dynamique sera précisément ε'. Il ressort nettement de ce raisonnement que, comme l'avait déjà montré l'expérience, c'est le coefficient statique ε seul qui doit entrer dans la formule de Peirce et Cellérier, puisqu'il correspond bien à l'excursion réelle du couteau du pendule causée par la flexion du support.

[1] *Voir* p. 42 et 43.
[2] *Séances de la Société de Physique,* année 1888, p. 115.

SÉANCE DU 3 FÉVRIER 1893.

PRÉSIDENCE DE M. LIPPMANN.

La séance est ouverte à 8 heures et demie.
Le procès-verbal de la séance du 20 janvier est lu et adopté.

Est élu Membre de la Société :

M. ROBERT (E.-C.), Ingénieur des Arts et Manufactures, à Paris.

M. LUCIEN POINCARÉ communique, au nom de M. A. BATTELLI, les principaux résultats des recherches remarquables que ce savant a entreprises sur les *propriétés thermiques des vapeurs.*

Depuis près de trois ans, M. Battelli a institué tout un ensemble de recherches sur les propriétés des vapeurs; il se propose de mesurer, sur des corps parfaitement purifiés ou tout au moins sur des échantillons toujours identiques à eux-mêmes, les constantes physiques nécessaires à connaître, pour pouvoir utilement comparer les données de l'expérience aux résultats fournis par la Thermodynamique; ces données sont très nombreuses. Jusqu'à présent M. Battelli a étudié les lois de compressibilité et de dilatation des trois corps : l'éther sulfurique, le sulfure de carbone et l'eau. Les expériences sur l'éther sont déjà relativement anciennes : on les laissera de côté dans la Communication; les expériences sur le sulfure de carbone et la vapeur d'eau ont comporté deux parties : dans la première, M. Battelli a déterminé les éléments de l'état critique de ces deux corps; ces expériences ont été publiées il y a déjà deux ans, aussi se contentera-t-on de les rappeler; dans la seconde partie, M. Battelli a comparé la façon dont se comportent en réalité le sulfure de carbone et l'eau à la façon dont ils se comporteraient s'ils suivaient les lois de Gay-Lussac et de Mariotte; il en a étudié la compressibilité et la dilatation dans un intervalle de température et de pression beaucoup plus large qu'il n'avait été fait jusque-là : ce sont surtout ces expériences toutes récentes et encore inédites en France sur lesquelles on insistera.

Le sulfure de carbone et l'eau sont purifiés avec le plus grand soin par une série de distillations effectuées en présence de réactifs chimiques: pour l'eau en particulier, la distillation ne saurait toutefois s'effectuer à température élevée dans des appareils de verre qui seraient attaqués; la distillation se fait dans le vide et les vapeurs sont condensées dans le vide, de façon à être bien assuré qu'aucune trace d'air ne sera dissoute dans le liquide recueilli dans de petites ampoules de verre.

Les expériences demandent, en somme, l'évaluation exacte du volume occupé par la masse totale du corps, introduit dans un réservoir convenable, à une température bien déterminée, sous une pression connue et variable à volonté. Le réservoir sera, le plus souvent, un tube de verre divisé en millimètres et calibré avec les soins qu'on apporte aujourd'hui au calibrage du tube d'un thermomètre. Le corps à étudier sera introduit dans le tube primitivement rempli de mercure; un système ingénieux et simple permet d'introduire une quantité plus ou moins grande et bien exactement pesée de liquide, de façon à avoir une sensibilité à peu près invariable. Le tube est chauffé dans des enceintes où l'on peut disposer soit des mélanges réfrigérants, soit faire circuler des vapeurs qui maintiennent constante une température évaluée avec des couples thermo–électriques comparés au thermomètre à air. On tient compte dans l'évaluation du volume des variations de volume du tube, de la forme du ménisque, du mercure et aussi du volume occupé par un petit miroir d'acier dont l'aspect comparé à celui de miroirs identiques placés à côté, mais en dehors du tube, permettra de saisir le moment où la vapeur devenue saturante se condensera dans l'appareil. Pour produire la pression, on a préféré renoncer à des systèmes de pompe qui ne tiennent qu'imparfaitement et produisent des condensations ou des détentes trop brusques. Le tube rempli de mercure est relié à un appareil plein d'éther que l'on chauffe plus ou moins; c'est la dilatation de ce liquide qui comprime le mercure. L'appareil à éther est disposé dans une enceinte convenablement chauffée; un dispositif simple permet d'en faire varier la température et par suite la dilatation par degrés insensibles. La pression est mesurée à l'aide d'un manomètre à air comprimé et calculée à l'aide des Tables de M. Amagat; les résultats étaient comparables, car on avait pris la précaution de se placer dans des conditions identiques à celles où a opéré ce très habile expérimentateur.

Pour l'eau, à cause de l'attaque du verre, on devra remplacer le tube de verre par un tube d'acier (que l'on n'a pas besoin de dorer intérieurement); le volume occupé par la masse totale sera connu par les dénivellations du mercure examinées dans un tube de verre qui fait communiquer le tube d'acier au système destiné à produire la pression. On peut aussi remplacer l'enceinte où l'on chauffait le tube par une sorte de marmite de Papin à mercure, où la soupape réglée par une vis micrométrique permet de faire varier la pression et par suite la température d'ébullition.

Tous les résultats expérimentaux ont été consignés par l'auteur dans des Tables; il les a représentés aussi par de nombreuses courbes. Le sens des divers phénomènes est le même pour les deux corps. On signalera tout d'abord une particularité intéressante : dans les premiers moments de la condensation à une température donnée, la tension de la vapeur est généralement plus petite que la tension maxima; il n'y aurait donc pas de point anguleux dans l'isotherme, mais une courbe de raccordement entre la partie rectiligne et la partie qui se rapproche de la forme d'une hyperbole équilatère. L'auteur a comparé les résultats de ses expériences à la formule bien connue d'Herwig $\dfrac{p v}{p' v' \sqrt{T}} = \text{const.}$ ($p v$ étant relatifs à l'état gazeux, $p' v'$ à l'état de vapeur saturante); cette formule, dont on tirerait des conséquences curieuses, ne se trouve vérifiée ni pour l'eau, ni pour le sulfure de carbone, et les conséquences que l'on en tire ne sont non plus exactes. Les coefficients de dilatation, sous pression constante, diminuent quand la température croît; la différence $\frac{pv}{p'v'} - 1$ va en augmentant pour chaque température quand on s'approche de la saturation, et au voisinage de la saturation augmente avec la température. La formule qui représente le mieux tout l'ensemble des résultats est de beaucoup la formule de Clausius, mais modifiée et mise sous la forme

$$p = \frac{RT}{v - \alpha} - \frac{m T^{-\mu} - n T^v}{(v + \beta)^2}.$$

Les formules de Hirn, Rankine, Van der Waals, etc. ne conviennent qu'à des intervalles plus restreints.

La formule de Biot représente bien les tensions maxima; toutefois, pour l'eau, il faut en prendre trois différentes. L'auteur a pu représenter la pression de la vapeur d'eau à volume constant par une formule $p = bT$, à deux constantes a et b qu'il a calculées pour des volumes de 3^{cc} à $200\,000^{cc}$ (pour 1^{gr} de substance).

Les tensions maxima de la vapeur d'eau trouvées sont bien d'accord avec celles déterminées par Regnault; l'accord est très satisfaisant aussi avec les nombres fournis par MM. Cailletet et Collardeau, à hautes températures; les différences atteignent cependant jusqu'à 3^{atm}. M. Battelli a trouvé qu'il existait bien un point critique nettement caractérisé par un point d'inflexion dans l'isotherme avec tangente parallèle à l'axe des volumes, où, par conséquent, les deux densités de la vapeur saturante et du liquide sont les mêmes (pour l'eau à $364°,3$, sous $194^{atm},61$, le volume étant $4^{cc},812$ pour 1^{gr}; pour le sulfure de carbone, $273°,05$, sous $72^{atm},860$, $2^{cc},651$). Cette partie des expériences est, comme on l'a dit, déjà assez ancienne; les nombres pour l'eau, très concordants avec ceux de MM. Cailletet et Collardeau, ont été obtenus vers la même époque et publiés un peu antérieurement même. On peut, en terminant, signaler que, dans l'hypothèse où il se formerait dans le sulfure de carbone et l'eau des groupes de molécule double, il faut admettre que le nombre de pareils groupes dans le premier moment de la condensation croît rapidement quand la température s'élève et qu'au-dessus d'une certaine température ($250°$ pour le sulfure, $320°$ pour l'eau), il doit dans la même hypothèse se former nécessairement aussi des groupes de trois, quatre, etc. molécules.

M. CORNU fait remarquer que les divergences observées par l'auteur au point de jonction des isothermes de la vapeur et du liquide pourraient bien être attribuées aux conditions expérimentales. La condensation d'une vapeur au point de saturation est toujours un phénomène délicat qui peut être déterminé par des forces extrêmement faibles et généralement négligeables (capillarité, poussières, rayonnement inégal des parois, etc.). Il est probable qu'au voisinage du point critique où l'équilibre est instable, ces forces acquièrent une importance particulière suffisante pour expliquer, au moins en partie, la perturbation signalée. On remarquera d'ailleurs que cette perturbation agit précisément dans le sens bien connu des causes précitées : la *condensation est facilitée*, c'est-à-dire s'opère, toutes choses égales d'ailleurs, sous une pression plus faible que dans les conditions normales.

M. ANGOT expose le résultat des essais qu'il a entrepris pour arriver à photographier facilement et sûrement les nuages, et en particulier les nuages les plus légers, ceux qui appartiennent à la famille des cirrus.

Ces nuages et le bleu du ciel agissent à peu près également sur les plaques photographiques ; pour obtenir les nuages, il faut donc éteindre la lumière du ciel. On a proposé divers procédés : écrans colorés, appareil polariseur placé devant l'objectif, etc. On a fait subir aussi aux plaques photographiques différentes préparations ; mais, pour que la photographie des nuages puisse être à la portée de tous, il faut employer des plaques qui se trouvent toutes préparées dans le commerce.

On arrive sûrement au résultat cherché en prenant les plaques orthochromatiques Lumière sensibles au jaune et au vert et en plaçant devant ou derrière l'objet un écran coloré formé d'une cuve de verre à faces parallèles contenant une dissolution de 175^{gr} de sulfate de cuivre et 17^{gr} de bichromate de potasse dans une quantité d'eau convenable (suivant l'épaisseur de la cuve) additionnée d'un peu d'acide sulfurique. On peut remplacer cette cuve, ce qui est encore plus commode, par un verre jaune dont la teinte a été choisie au spectroscope de manière qu'elle arrête presque complètement les rayons bleus et violets.

Dans ces conditions, en employant un objectif grand angulaire de Prazmowski, peu lumineux, de 158^{mm} de foyer, et ayant comme ouverture $\frac{1}{18}$ de sa distance focale, on peut obtenir des clichés très vigoureux de nuages même très faibles avec une durée de pose variant, suivant la lumière, de $0^s,5$ à 1 seconde. Tous les procédés de développement conviennent et il n'y a aucune précaution spéciale à prendre.

M. Angot discute ensuite les conditions dans lesquelles la Photographie peut être employée à la mesure de la hauteur des nuages et de leur vitesse.

Il termine en projetant, avec le concours de M. Molteni, une collection des différentes espèces de nuages.

SÉANCE DU 17 FÉVRIER 1893.

Présidence de M. Joubert.

La séance est ouverte à 8 heures et demie.
Le procès-verbal de la séance du 3 février est lu et adopté.

Est élu membre de la Société :

M. Boisard (Louis), Agrégé des Sciences physiques, Professeur à l'École
Monge, à Paris.

Sur la variation de la tension de vapeur au voisinage du point critique. — M. Raveau montre qu'on peut obtenir une valeur approchée du coefficient μ qui figure dans la formule de Clausius

$$\left(p + \frac{c}{T^\mu (v + \beta)^2} \right)(v - \alpha) = RT,$$

au moyen de *deux* déterminations de la pression de saturation au voisinage de la température critique. La comparaison de deux expressions de la quantité de chaleur dégagée par unité de volume dans une transformation à pression constante montre que les deux dérivées $\frac{d\pi}{dT}$ (π étant la pression de saturation) et $\frac{dp}{dT}$ (à volume constant) sont égales au point critique. Or la seconde de ces quantités a pour valeur (après *réduction* de l'équation)

$$4 + 3\mu ;$$

deux observations donneront une valeur approchée de $\frac{d\pi}{dT}$, d'où l'on tirera μ.

Le calcul appliqué aux données fournies par les expériences de MM. Amagat, Cailletet et Colardeau, Battelli et Sydney Young a montré que la valeur de μ est très voisine de 1, conformément à la première formule de Clausius. M. Stoletow avait d'ailleurs remarqué déjà que la valeur réduite du quotient $\frac{d\pi}{dT}$ est généralement voisine de 7. Toutefois, pour six éthers étudiés récemment par M. Young (qui a eu l'obligeance de communiquer à M. Raveau des résultats inédits), les écarts sont trop notables (de 6,5 à 7,8) pour qu'on puisse considérer le fait comme général.

La formule de Van der Waals qui correspond à μ = 0 est insuffisante.

En terminant, M. Raveau annonce que M. Young a reconnu l'inexactitude des résultats qu'avait fournis sa méthode de détermination du volume critique et qu'il a adopté la méthode de MM. Cailletet et Mathias (voir le *Compte rendu* de la Séance du 4 novembre 1892). M. Raveau, s'appuyant sur les résultats qu'il a obtenus récemment au sujet de la détente adiabatique, a donné de la défectuosité de la méthode une explication que M. Young a déclaré entièrement satisfaisante.

Perfectionnements à la méthode de M. Mouton pour l'étude du spectre calorifique. — M. Carvallo expose des perfectionnements qui ont pour effet de rendre les observations dix fois plus précises et environ six fois plus rapides que celles de M. Mouton. Ce savant a fait faire à l'Optique un progrès considérable, en fixant dans l'infrarouge des repères qui remplacent les raies de Fraunhofer et permettent de graduer un spectroscope calorifique. La méthode est celle-ci :

Une lame de quartz Q, parallèle à l'axe, est placée entre un polariseur P et un analyseur A. La section principale de A est parallèle à celle de P; celle de la lame Q est à 45° des deux premières. Un faisceau de lumière traverse le système P, Q, A. Analysé à sa sortie par un prisme ou un réseau, il donne un spectre cannelé de Fizeau et Foucault.

M. Mouton prend comme repères les *franges noires* de ce spectre. Dans l'infrarouge, c'est en y promenant une pile thermo-électrique linéaire qu'on détermine les positions des minima d'intensité. Le choix de ces *minima* donne aux repères peu de précision : il vaut beaucoup mieux choisir les points où *cette intensité varie le plus vite.* Ces points sont ceux pour lesquels la lame de quartz introduit entre son rayon ordinaire et son rayon extraordinaire une différence de phase $\varphi = \dfrac{1}{4}$. Les intensités i et i' des deux images fournies par l'analyseur A sont alors les moitiés de l'intensité incidente I fournie par le polariseur P. Plus généralement, on a

$$i = \mathrm{I}\cos^2\pi\varphi, \qquad i' = \mathrm{I}\sin^2\pi\varphi.$$

L'idée vient alors de mesurer d'un coup $i - i'$ en recevant les deux images de l'analyseur sur les deux parties d'une pile thermo-électrique linéaire différentielle. Cette pile a été construite par la maison Carpentier. Il faut en outre un analyseur biréfringent qui écarte les deux images émergentes de quantités égales au-dessus et au-dessous du rayon incident. Le prisme de Wollaston ne peut pas convenir, à cause des dimensions exigées par l'appareil. M. Carvallo a calculé un analyseur formé d'un prisme en spath et d'un prisme en verre dont l'indice de réfraction est la moyenne entre les indices des deux rayons fournis par le prisme de spath. Cet analyseur a été très bien réalisé par les soins de M. Pellin. Des observations de comparaison ont été faites sur l'indice ordinaire du spath d'Islande par trois méthodes : 1° celle de M. Mouton; 2° on mesure séparément i et i'; 3° on mesure $i - i'$ avec la pile différentielle. Les deux dernières méthodes donnent des résultats très concordants. Leur précision est comparable à celle des déterminations optiques à l'aide des raies fournies par les sources monochromatiques; les erreurs accidentelles sont environ dix fois plus faibles que dans la méthode de M. Mouton. Quant aux erreurs systématiques, elles demandent une étude minutieuse dont M. Carvallo indique les grandes lignes.

M. Carvallo présente à la Société un Traité de Mécanique qu'il vient de publier et dont il signale les parties originales.

M. Guillaume présente un nouvel ébullioscope destiné aux observations en voyage et construit sur ses indications par M. Huetz, à Sèvres. La plupart des instruments de ce genre construits jusqu'ici sont, ou trop petits, ou trop difficilement transportables. Dans le nouvel instrument, on a sacrifié la double enveloppe de vapeur dans la partie supérieure du tube, et on ne l'a conservée qu'autour de la moitié inférieure du thermomètre, où elle est seule nécessaire. Ce dispositif a permis de construire un tube à coulisse que l'on allonge à volonté. La chaudière est portée par un cercle de laiton placé à l'intérieur d'un trépied. Le thermomètre est supporté par une petite pince à ressort et traverse un diaphragme formé d'une lame de caoutchouc tendue à l'extrémité d'un tube. Pour l'emballage, on place la lampe dans la chaudière, on descend celle-ci au fond du trépied, et on la cale au moyen du cercle qui sert à la supporter pendant l'expérience, et qui est maintenu dans les montants du trépied par un mouvement à baïonnette. On a allégé l'instrument en employant de l'aluminium pour la chaudière et les tubes. Des expériences poursuivies depuis 1887 ont montré que les déterminations de la pression atmosphérique peuvent être faites au moyen du thermomètre avec des erreurs *maxima* de $0^{mm},3$ pour une seule observation, et avec des erreurs ne dépassant pas $0^{mm},1$ sur une moyenne de cinq observations consécutives. On peut donc les employer avec avantage à la comparaison des baromètres de station.

M. Guillaume montre ensuite les diagrammes de la pression atmosphérique à l'intérieur d'un bâtiment fermé. Par un vent violent, le baromètre éprouve, en quelques secondes, des variations de $0^{mm},3$ à $0^{mm},4$. Les relations entre les variations de la pression dans un bâtiment et les véritables variations loin de tout obstacle sont évidemment très compliquées, et l'on ne pourrait encore rien déduire de ces diagrammes au point de vue météorologique; mais ils montrent combien il est quelquefois difficile de faire des comparaisons barométriques précises. Les graphiques de la pression ont été obtenus au moyen du *statoscope* de M. Richard, barographe à air très sensible, donnant 1^{cm} par millimètre de pression mercurielle. M. Guillaume expose le fonctionnement du statoscope.

Perfectionnement à la méthode de M. Mouton pour l'étude du spectre calorifique;

Par M. E. Carvallo.

1. Méthode de M. Mouton ([1]). — Ce qui manque dans le spectre calorifique, ce sont des repères commodes pour remplacer les raies de Fraunhofer qu'on utilise dans le spectre visible et ultraviolet.

M. Mouton y supplée de la façon suivante :

Une lame de quartz Q, parallèle à l'axe, est placée entre un polariseur P et un analyseur A (*fig.* 1). La section principale de A

Fig. 1.

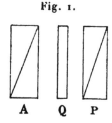

A   Q   P

est parallèle à celle de P. La section principale de la lame Q est à 45° des deux premières. Un faisceau de rayons lumineux parallèles entre eux et perpendiculaires à la lame Q traverse le système PQA. Il est analysé à la sortie de A par un prisme ou un réseau. On obtient un spectre cannelé de Fizeau et Foucault. M. Mouton prend comme repères les franges noires de ce spectre cannelé et il enseigne à trouver leurs longueurs d'onde, leurs indices de réfraction pour une matière quelconque et l'épaisseur de la lame de quartz.

Dans le spectre calorifique, on promène une pile thermoélectrique linéaire en communication avec un galvanomètre. Les positions de la pile qui répondent aux minima d'intensité indiqués par le galvanomètre sont celles des franges noires. C'est cette

---

([1]) *Ann. de Chim. et de Phys.*, 5ᵉ série, t. XVIII; *Journal de Physique*, 1ʳᵉ série, t. VIII, p. 3g3.

méthode que j'ai utilisée dans ma thèse (¹) pour étudier la loi de dispersion dans le spath d'Islande.

2. *Inconvénients de la méthode.* — J'ai déjà signalé les inconvénients de cette méthode. Elle est longue et pénible ; la précision est peu satisfaisante, les erreurs pouvant monter à quelques unités du quatrième chiffre décimal, ce qui les rend environ dix fois plus fortes que celles du spectre visible. Je me suis proposé d'améliorer la méthode de M. Mouton, en recherchant les meilleures conditions d'observation et analysant les diverses causes d'erreur. Comme je l'ai exposé dans un Mémoire sur la polarisation rotatoire du quartz, c'est toujours une méthode de mesure mauvaise en principe, celle qui consiste à fixer la position d'un maximum ou d'un minimum. Et, en effet, ces points sont mal déterminés, la fonction mesurée ne variant pas sensiblement dans leur voisinage. Il faut, au contraire, s'attaquer aux valeurs pour lesquelles la fonction mesurée varie le plus vite. Quels sont donc les points du spectre cannelé qui répondent à cette condition? Nous allons les découvrir et les caractériser par le calcul.

3. *Calcul des intensités dans le spectre cannelé.* — Supposons que, la section principale du polariseur étant parallèle à celle de l'analyseur, la section principale de la lame de quartz soit à 45° des deux premières. Soient (*fig.* 2) OP l'amplitude de la vibration

Fig. 2.

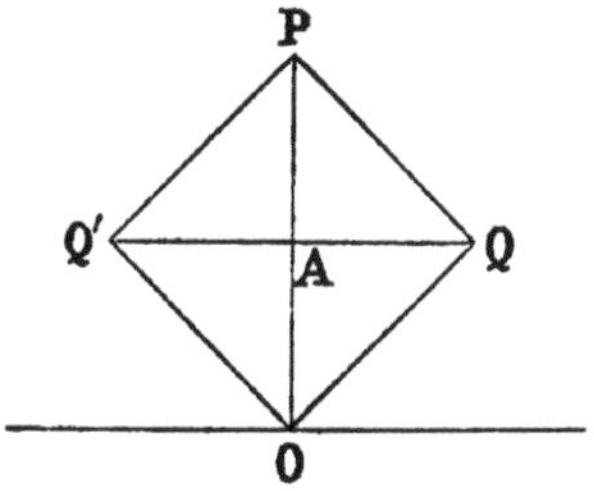

lumineuse du polariseur, OQ et OQ′ ses composantes suivant les directions des deux vibrations ordinaire et extraordinaire de la lame de quartz. Soit enfin OA la composante de OQ et aussi

(¹) *Annales de l'École Normale,* Supplément pour 1890.

de OQ′ suivant la variation de l'analyseur. On a

$$OA = \frac{OP}{2}.$$

Dans l'analyseur, la vibration lumineuse est la résultante des deux vibrations, d'amplitude égale à OA, et qui proviennent des vibrations OQ et OQ′ du quartz.

Or ces deux vibrations ont subi, par le fait de leur passage à travers la lame de quartz, une certaine différence de phase φ déterminée pour chaque valeur de la longueur d'onde λ et variable avec λ. Si donc la première vibration est représentée par la formule

$$x = OA \cos 2\pi \frac{t}{T},$$

l'autre sera représentée par

$$x' = OA \cos 2\pi \left(\frac{t}{T} + \varphi \right).$$

La résultante de ces deux vibrations a pour expression

$$x + x' = OA \left[\cos 2\pi \frac{t}{T} + \cos 2\pi \left(\frac{t}{T} + \varphi \right) \right] = 2 OA \cos 2\pi \left(\frac{t}{T} + \frac{\varphi}{2} \right) \cos \pi \varphi.$$

L'intensité de cette radiation, à la sortie de la lame de quartz, est

$$i = (2 OA)^2 \cos^2 \pi \varphi.$$

Or $2 OA = OP$ est l'amplitude de la vibration incidente. $(2 OA)^2$ est alors l'intensité de la lumière incidente. Je la désigne par I. J'obtiens alors la formule

(1) $$i = I \cos^2 \pi \varphi,$$

qui fait connaître le rapport de l'intensité i de la lumière émergente à l'intensité I de la lumière incidente, en fonction de la différence de phase φ que la lame de quartz établit entre son rayon ordinaire et son rayon extraordinaire.

4. *Définition précise des repères dans le spectre cannelé.* — La méthode de M. Mouton consiste, nous l'avons vu, à prendre pour repère les minima d'intensité du spectre cannelé : ce sont les points pour lesquels on a $i = 0$. Ils sont donnés par la formule

$$\cos^2 \pi\varphi = 0,$$

d'où

$$\varphi = k + \tfrac{1}{2};$$

où k prend toutes les valeurs entières de zéro à l'infini. D'après les idées exposées au n° **2**, nous prendrons au contraire comme repères les points du spectre où la dérivée

$$\frac{d\frac{i}{I}}{d\varphi} = -\pi \sin 2\pi\varphi$$

est maximum en valeur absolue. Ce sont les points donnés par la formule

(2) $$\sin 2\pi\varphi = \pm 1 \qquad \text{ou} \qquad \varphi = k \pm \tfrac{1}{4},$$

où k prend toutes les valeurs entières.

Nos repères sont les points du spectre cannelé pour lesquels la lame de quartz introduit entre les rayons ordinaire et extraordinaire une différence de phase égale à $\frac{1}{4}$, à un entier près.

En ces points, la formule (1) donne, pour le rapport de l'intensité émergente à l'intensité incidente,

$$\frac{i}{I} = \cos^2 \frac{\pi}{4} = \frac{1}{2}.$$

On arrive ainsi à cette méthode d'observation :

Les sections principales du polariseur et de l'analyseur étant rendues parallèles :
1° *Mettre celle du quartz à 45° des deux premières et mesurer l'intensité i reçue par la pile.*
2° *Mettre la section principale du quartz parallèle aux deux premières et mesurer l'intensité I.*
Les repères dans le spectre cannelé sont les positions de la pile pour lesquelles on a $\frac{i}{I} = \frac{1}{2}$.

C'est la méthode de M. Mouton, sauf que l'inventeur prenait

pour repères les points où l'on a $\frac{i}{I} = 0$. Outre les avantages exposés au n° **2**, nos repères ont encore celui de se prêter à une méthode d'observation meilleure. La voici :

5. *Nouvelle méthode d'observation :*
1° *Observer i comme précédemment* (n° **4**).
2° *Au lieu de tourner la lame de quartz de 45°, comme le fait M. Mouton, tourner le polariseur de 90° et mesurer la nouvelle intensité i'.*

On voit, comme au n° **3**, qu'on aura

(3) $$i' = I \sin^2 \pi\varphi.$$

Les repères sont donc caractérisés par

$$i - i' = 0.$$

Des formules (2) et (3) on tire encore celle-ci

(4) $$\frac{i - i'}{i + i'} = \cos 2\pi\varphi,$$

que j'emploie dans les observations.

Avant d'exposer les avantages de la nouvelle méthode, je vais donner, comme exemple, l'application que j'en ai faite en déterminant l'indice de réfraction pour la longueur d'onde $\lambda = 1^\mu,44$ et le rayon ordinaire du spath d'Islande.

6. *Exemple d'application de la nouvelle méthode.* — La lame de quartz employée est une de celles qui ont été étudiées par M. Mouton. D'après les recherches de ce savant, elle a pour épaisseur 369 microns. Pour la longueur d'onde $\lambda = 1^\mu,44$ (¹), elle introduit entre les deux rayons une différence de phase

$$\varphi = \frac{9}{4} = 2 + \frac{1}{4}.$$

Si donc on place le système interférentiel PQA (*fig.* 1) devant

---

(¹) Ce nombre résulte des travaux de M. Mouton. Il demanderait sans doute à être repris avec les perfectionnements apportés ici à sa méthode.

la fente d'un goniomètre sur lequel on a placé un prisme en spath d'Islande, on pourra, par notre méthode, déterminer l'indice de réfraction ordinaire du spath pour cette longueur d'onde $\lambda = 1^\mu,44$. Voici le Tableau des nombres observés :

Spectre dévié à gauche (3 mars 1892).

Cercle.	i.	i'.	$\cos 2\pi\varphi$.
	mm	mm	
229.46	53,9	31,3	+0,265
49	43,0	40,8	+0,026
52	31,9	51,3	—0,233

La première colonne de ce Tableau fait connaître la position de la pile par la lecture qui lui correspond sur le cercle du goniomètre ([1]). Les colonnes i et i' donnent les intensités calorifiques définies aux nos 3 et 5. Elles sont mesurées en millimètres d'une

Fig. 3.

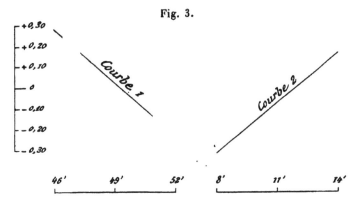

échelle sur laquelle on observe par réflexion la déviation de l'aiguille du galvanomètre ([2]). On en déduit par le calcul les valeurs de $\cos 2\pi\varphi = \dfrac{i - i'}{i + i'}$ qui figurent dans la dernière colonne. Voici maintenant deux courbes qui ont pour abscisses les lectures du cercle et pour ordonnées les valeurs de $\cos 2\pi\varphi$; la courbe 1 est relative à l'image déviée à gauche; la courbe 2 répond à l'image déviée à droite.

([1]) Ce cercle est celui qui m'a servi dans ma thèse (*Ann. de l'École Normale*, Supplément pour 1890). Son vernier donne la demi-minute et permet d'évaluer à l'estime le quart de minute d'arc.

([2]) Pour plus de détails, voir mon Mémoire *Sur la polarisation rotatoire du quartz* (*Ann. de Chim. et de Phys.*, 6e série, t. XXVI, mai 1892).

On voit avec quelle précision elles donnent, pour $\cos 2\pi\varphi = 0$, les lectures $229°49',3$ et $130°11',9$.

La différence de ces deux nombres donne, pour le double de la déviation, $2\Delta = 99°37',4$. Tous calculs faits, dans le détail desquels je ne veux pas entrer ici, je trouve pour l'indice de réfraction

$$n = 1,63639.$$

Deux autres déterminations, faites dans des conditions différentes (¹), ont donné

$$1,63641 \quad \text{et} \quad 1,63643.$$

La moyenne de ces trois nombres est

$$1,63641 \, (²).$$

On voit combien chaque observation diffère peu de la moyenne. Les écarts sont de l'ordre des erreurs accidentelles, qu'on rencontre dans de bonnes déterminations faites sur les raies de Fraunhofer dans le spectre visible.

La supériorité de notre méthode ressortira mieux de la comparaison de l'exemple précédent avec un exemple d'application de la méthode de M. Mouton.

7. *Exemple d'application de la méthode de M. Mouton.* — Dans ma thèse, j'ai déterminé par la méthode de M. Mouton l'indice de réfraction ordinaire du spath pour la longueur d'onde $\lambda = 1^\mu,45$ au moyen d'une lame de quartz d'épaisseur 247^μ. Voici les nombres trouvés :

(¹) En particulier, la largeur des fentes a varié de $0^{mm},8$ à $1^{mm},5$.
(²) Ce nombre ne doit pas être regardé comme définitif, tant que je n'ai pas terminé l'étude des erreurs systématiques de ces observations. C'est le travail que je poursuis en ce moment.

Image déviée à gauche (25 juillet 1888).

Cercle.	$\dfrac{i}{\mathrm{I}}$.
229.46................	0,32
48......................	0,27
5o......................	0,23
52..	0,21
54........	0,22
56...	0,23
58.....................	0,23
230. o.....................	0,27
2.................	0,31

La première colonne donne les positions de la pile repérées sur le cercle gradué du goniomètre. La deuxième colonne fait connaître les valeurs du rapport $\frac{i}{\mathrm{I}}$ des intensités i et I mesurées comme il est dit au n° **4.**

Au moyen de ces nombres, j'ai construit la courbe 3. La courbe 4

Fig. 4.

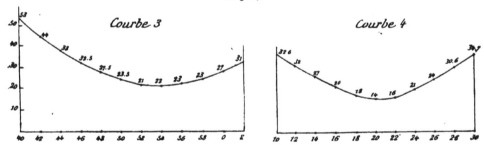

a été obtenue de même pour l'image déviée à droite. On voit avec quelle indécision ces courbes donnent, pour les positions des minima d'intensité

$$229°54' \quad \text{et} \quad 130°20'.$$

On en déduit pour le double de la déviation $2\Delta = 99°34'$ et pour l'indice de réfraction

$$n = 1,63613.$$

Une autre détermination moins nette a donné

$$n = 1,63655.$$

L'écart de ces deux observations est de 42 unités du cinquième chiffre décimal.

8. *Comparaison des deux méthodes.* — Comme il était prévu, la nouvelle méthode est beaucoup plus précise que celle de M. Mouton. Les écarts accidentels sont environ dix fois plus forts dans celle-ci que dans celle-là. De plus, alors qu'il me fallait au moins quatre heures, et généralement davantage, pour obtenir les mesures d'indices qui figurent dans ma thèse, les déterminations que je donne au n° 6 n'ont jamais demandé plus d'une heure.

Cependant on peut faire mieux encore. Si l'on remarque, en effet, que le cercle de mon goniomètre permet de lire, comme dernière subdivision, la demi-minute, on voit que la méthode comporte plus de précision que le cercle lui-même. Elle constitue, par la lecture de l'échelle du galvanomètre, une sorte de vernier ou microscope donnant, dans les exemples ci-dessus, les $0',2$. On fait mieux à la pile qu'on ne pourrait faire avec le même cercle et par le pointé optique des raies de Fraunhofer, car on met avec plus de précision deux traits en coïncidence (celui du cercle et celui du vernier) dans la méthode de la pile, qu'on ne fait une lecture quelconque du cercle après un pointé optique.

De tout cela résulte que notre précision est limitée ici, non pas par la méthode même, mais par notre cercle. On peut affirmer sans crainte que la seule limite imposée à ces observations par la pile est, comme pour les raies de Fraunhofer, l'imperfection de l'appareil optique. Il en résulte la nécessité d'analyser avec soin toutes les erreurs systématiques de ces déterminations.

9. *Erreurs systématiques.* — Elles se décomposent en trois :

1° Celles qui dépendent du goniomètre. Elles sont étudiées dans ma thèse.

2° Celles qui viennent de la largeur des fentes. Elles s'étudient comme je l'ai exposé dans mon Mémoire sur la polarisation rotatoire du quartz, dans le spectre calorifique.

3° Celles qui viennent du système interférentiel P, Q, A (*fig.* 1, n° 1).

C'est cette étude que j'ai maintenant entreprise par la théorie et par l'expérience. Dans le cours de cette étude, j'ai été conduit à un nouveau perfectionnement de la méthode et à une nouvelle disposition expérimentale dont je pense tirer un grand profit. J'espère pouvoir donner prochainement le résultat de ces nouvelles recherches.

SÉANCE DU 3 MARS 1893.

PRÉSIDENCE DE M. JOUBERT.

La séance est ouverte à 8 heures et demie.
Le procès-verbal de la séance du 17 février est lu et adopté.

Sont élus membres de la Société :

MM. BERNARD, Préparateur de Physique au Lycée de Bastia.
GAUDIN (G.), Ancien élève de l'Ecole Polytechnique, Professeur au Collège Stanislas.
LEJEUNE (L.), Ingénieur des Arts et Manufactures, associé à M. E. Ducretet, à Paris.

Le D^r D'ARSONVAL continue l'exposé de ses recherches sur les effets physiologiques des courants à haute fréquence. Les courants employés dans les expériences dont il va être question sont de tension relativement basse mais de grande intensité (de $\frac{1}{2}$ à 2 ampères), car ils portent au blanc une lampe à incandescence absorbant 110 volts et 8 dixièmes d'ampère. Le dispositif pour obtenir ces courants est des plus simples. Deux petites bouteilles de Leyde sont montées en cascade. Leurs armatures intérieures sont réunies au secondaire d'une forte bobine de Ruhmkorff et des étincelles éclatent périodiquement entre les boules terminant ces armatures. Les armatures externes sont réunies par un gros fil de cuivre nu, roulé en solénoïde de 15 à 20 spires, isolées par l'air.

Au moment où l'étincelle éclate entre les armatures internes, le solénoïde est traversé par une décharge brusque, *nullement préparée*, donnant lieu à des oscillations extrêmement énergiques. Dans ces conditions, la self-induction du solénoïde devient prépondérante; aussi, en prenant ses extrémités comme pôles, peut-on obtenir des étincelles beaucoup plus longues que celles qui éclatent entre les armatures internes. C'est M. Lodge qui a récemment attiré l'attention des physiciens sur ces phénomènes en partie connus, mais mal interprétés. C'est ce courant, dérivé de tout ou partie seulement du solénoïde, que M. d'Arsonval envoie à travers les tissus dans une première série d'expériences. Les résultats sont les suivants : 1° action nulle sur la sensibilité et la motricité; ces courants ne sont pas sentis, bien que leur intensité soit suffisante pour allumer une lampe prenant

2 ampères et tenue entre deux personnes complétant le circuit; 2° diminution de l'excitabilité aux courants ordinaires dans toutes les parties traversées par le courant à haute fréquence; 3° production des zones d'*analgésie* aux points d'application des électrodes qui doivent être constituées par des tampons mouillés; la sensibilité à *la douleur seule* est supprimée en ces points pour une période variant de 1 à 20 minutes environ; 4° action remarquable sur les nerfs qui font varier le calibre des vaisseaux (nerfs vaso-moteurs). Sous l'influence de ces courants les vaisseaux se *dilatent* à tel point que sur un animal parcouru par ces courants la pression artérielle peut diminuer de plus du quart de sa valeur. Ces courants *pénètrent* donc et leur innocuité ne vient nullement de ce qu'ils s'écoulent à la surface, mais bien de ce que ces périodes vibratoires ne sont pas d'accord avec la période propre aux nerfs sensitifs, comme l'a soutenu M. d'Arsonval en 1890, dans ses leçons du Collège de France. Dans une autre série d'expériences, M. d'Arsonval place le corps à influencer *dans le solénoïde*, mais sans aucune communication avec lui. Dans ces conditions, l'être vivant se comporte comme un conducteur fermé sur lui-même et son corps est le siège de courants induits très énergiques à cause de la fréquence. Les échanges gazeux respiratoires et la nutrition sont profondément modifiés, ainsi que les phénomènes de fermentation dus, soit à la levure de bière, soit à différents micro-organismes. Ces études se poursuivent actuellement et M. d'Arsonval prie la Société d'excuser tout ce que sa communication hâtive peut présenter d'incomplet. Il termine en disant qu'il considère comme justifiée par ces faits l'hypothèse qu'il avait émise en 1890 à savoir que, conformément à ce qui a lieu pour le nerf auditif et le nerf optique, toutes les terminaisons nerveuses (et probablement tous les tissus) répondent seulement à des excitations présentant un rythme et une fréquence déterminés.

Ces résultats, dit M. d'Arsonval, montrent de quelle importance est, pour l'avenir de la Médecine, l'alliance de la Physique et de la Physiologie constituant sous le nom de *Physique biologique* une branche autonome de la Science.

M. Guillaume a repris la détermination de la variation thermique de la résistance du mercure, mesurée déjà par de nombreux observateurs, mais toujours comme partie accessoire d'un travail plus étendu; jusqu'ici aucune recherche spéciale n'avait été faite sur ce point particulier.

La méthode consistait à comparer un étalon mercuriel (horizontal) amené successivement à diverses températures, à un autre étalon de même forme maintenu à température constante. Les deux étalons étaient intercalés successivement dans la même branche du pont. La résistance était, dans une première série de mesures, exprimée en fonction de la résistance d'une portion de fil de laiton exactement étalonné; dans une seconde série, elle était ramenée à l'égalité par des dérivations convenables. Les appareils étaient, en partie, ceux qui avaient servi à M. Benoît dans son travail sur la construction de l'ohm; de nouveaux appareils avaient été obligeamment prêtés par M. Carpentier; tous étaient d'une exécution irréprochable. Les contacts étaient éliminés par une combinaison particulière; ils dérivaient de la forme indiquée par M. Benoît, et consistaient en une capsule de platine soudée à l'extrémité d'une barre de cuivre et coiffée d'une calotte en verre retenant toujours du mercure autour du platine. Dans une première recherche, les tubes de résistance débouchaient directement dans les flacons terminaux; dans les mesures définitives, ils aboutissaient dans une tubulure latérale et étaient entièrement soustraits à l'effet thermique des tiges de contact.

On a exécuté, par chacune des méthodes, trente-deux comparaisons complètes, réparties entre 0° et 61°.

Les résultats sont les suivants :

(*a*) Variation apparente de la résistance du mercure dans le verre en fonction des thermomètres en verre dur :

Par le fil

(1) $$r_t = r_0 (1 + 0,0008754\, t + 0,000001\,062\, t^2);$$

Par les dérivations

(1') $$r_t = r_0 (1 + 0,0008767\, t + 0,000001\,047\, t^2).$$

On remarque que les apports des termes en t et t^2 se compensent sensiblement dans les deux formules.

(*b*) *Idem*, en fonction de l'échelle normale (moyenne des deux séries),

(2) $$r_T = r_0 (1 + 0,0008809\, T + 0,000000\,999\, T^2);$$

en déplaçant l'origine des températures, on réduit très exactement cette formule à

$$R_{T+60} - R_{60} = R_0 T (1000 + T) 10^{-6}.$$

(*c*) Variation réelle de la résistance du mercure en fonction de l'échelle normale (moyenne)

(3) $$\rho_T = \rho_0 (1 + 0,0008881\, T + 0,000001\,010\, T^2).$$

MM. Kreichgauer et Jäger ont trouvé dernièrement, à l'Institut physico-technique de l'Empire d'Allemagne,

(3') $$\rho_T = \rho_0 (1 + 0,0008827\, T + 0,000001\,26\, T^2).$$

Les formules (3) et (3') se croisent vers 22°; dans tout l'intervalle des mesures de MM. Kreichgauer et Jäger, elles concordent à 0,00003 près. La discussion de ces mesures montre que le coefficient du terme en T^2 est probablement trop fort et qu'un coefficient sensiblement plus faible représenterait mieux les expériences; en adoptant 0,00000101 et en recalculant le premier coefficient de manière à faire concorder le mieux possible la nouvelle formule avec (3'), on trouve

$$(3'') \qquad \rho_T = \rho_0(1 + 0,0008884\,T + 0,000101\,T^2),$$

formule pratiquement identique à (3). Cette concordance est d'autant plus remarquable que toutes les circonstances des mesures (forme des étalons, purification du mercure, verre, méthode de comparaison) étaient différentes dans les recherches faites à Charlottenbourg et à Breteuil.

En réduisant les déterminations de l'ohm au moyen des résultats précédents, on augmente légèrement la valeur trouvée par la plupart des observateurs. Dans une discussion très approfondie publiée récemment par l'Institut physico-technique, M. Dorn a adopté les formules ci-dessus. Il donne comme valeur la plus probable de l'ohm 106,28 à 106,29.

M. Brenot présente un très intéressant appareil construit pour la méde cine vétérinaire et appelé par lui le *zoocautère*.

C'est un thermocautère à essence minérale, basé sur l'incandescence du platine, mais muni de plusieurs perfectionnements.

Les pointes sont en platine iridié. Elles sont donc d'une sûreté considérable et résistent mieux au service prolongé qu'on leur demande; de plus (et ceci est la partie originale de l'appareil), l'allumage se fait à la base de la pointe, et, par un transport de chaleur que l'auteur n'explique pas, mais qu'il signale à l'attention des membres de la Société, l'incandescence se propage petit à petit de la base à l'extrémité de la pointe où elle se maintient. Un robinet à réglage, placé sur le tube venant de la poire soufflante, sert à régler l'incandescence et à le faire varier du rouge au bleu.

Action physiologique des courants alternatifs à grande fréquence;

Par M. A. d'Arsonval.

Dans des travaux antérieurs j'ai fait connaître l'action physiologique des courants alternatifs de forme sinusoïdale à basse fréquence. J'ai montré également, dans le cas d'une excitation unique, l'influence capitale de la forme de l'onde électrique que j'ai appelée *Caractéristique de l'excitation*. J'ai poursuivi ces recherches systématiques sur les effets de l'électricité en me demandant ce que deviennent les phénomènes d'excitation neuro-musculaire lorsqu'on augmente indéfiniment le nombre des oscillations électriques dans l'unité de temps. Le présent travail a pour but de résumer les phénomènes que j'ai pu jusqu'ici constater en excitant les tissus par des courants à fréquence graduellement croissante. Nous avons vu qu'avec des ondes sinusoïdales très étalées, le nerf et le muscle ne sont pas excités ; il n'y a, dans ce cas, ni douleur ni contraction musculaire et le passage du courant s'accuse néanmoins par des modifications profondes de la nutrition se traduisant par une absorption plus grande d'oxygène et une production plus considérable d'acide carbonique. En changeant la forme de l'onde, chaque onde électrique produira une secousse musculaire. En augmentant leur nombre, non seulement le nombre des secousses ira en augmentant, mais les diverses contractions iront en se fusionnant de plus en plus jusqu'au moment où le muscle restera en contraction permanente. Le muscle est alors tétanisé ; il faut pour cela de 20 à 30 excitations à la seconde pour les muscles de l'homme. Lorsque le muscle est tétanisé, si l'on augmente le nombre des ondes on augmente également l'intensité des phénomènes d'excitation, mais cela n'a pas lieu indéfiniment, comme on serait tenté de le croire. A partir d'un maximum qui a lieu entre 2 500 et 5 000 excitations par seconde, on voit au contraire les phénomènes d'excitation décroître avec le nombre des oscillations électriques d'une façon indéfinie. Il en résulte ce phénomène surprenant qu'avec des oscillations suffisamment rapides on peut faire passer à travers l'organisme des courants qui ne sont nullement perçus, alors qu'ils seraient foudroyants si l'on abaissait la fréquence. J'avais pressenti ce résultat dès 1888 au cours de mes recherches sur la bobine d'induction, mais je ne pus en donner une première démonstration que dans mon cours du Collège de France (1889-90), en employant l'alternateur que je vais décrire. Je vis alors clairement que l'excitation diminuait avec la fréquence, mais je ne pus supprimer complètement tout phénomène d'excitation avec l'alternateur en question. Je n'atteignis ce résultat qu'en décembre 1890 en substituant à ma machine, qui ne pouvait guère donner plus de 10000 excitations par seconde, l'admirable appareil que le Dr Hertz venait de combiner et qui peut donner plusieurs *billions* d'excitations électriques dans une seconde.

J'ai employé trois dispositifs différents pour produire des ondes périodiques : 1° la bobine d'induction dite *bobine de Ruhmkorff*; 2° un alternateur sans fer dont le dispositif principal a été indiqué par M. Gramme en 1870; 3° la décharge oscillante des condensateurs.

1° *Bobine.* — De la bobine je dirai peu de chose, sinon que c'est un instrument des plus infidèles, avec lequel on peut à peine espérer atteindre 2000 excitations par seconde, que l'on emploie comme interrupteur soit le trembleur, soit un interrupteur automatique. Cela tient à la présence du fer doux du noyau qui, s'il se désaimante rapidement, demande au contraire un temps assez long pour s'aimanter : ce temps d'aimantation limite rapidement le nombre des ondes qu'on peut obtenir; les ondes dues à l'aimantation sont, en outre, très différentes de celles que produit la désaimantation. De plus, la forme de ces ondes est inconnue et change lorsqu'on veut augmenter leur nombre.

2° *Alternateur.* — Il faut donc rejeter complètement tous les appareils dans lesquels les courants sont produits par les variations d'aimantation du fer. Ce résultat est obtenu avec l'appareil suivant. Il se compose d'un inducteur et d'un induit. L'inducteur est formé d'une bobine cylindrique en fer, munie de deux grandes joues, en fer, de 50^{cm} de diamètre. Cette bobine peut tourner rapidement autour de son axe monté sur pointes. Autour de l'axe est roulé un fil de cuivre isolé qui, traversé par un courant constant, polarise une des joues nord et l'autre sud. A la face interne des joues, et près de leur bord, sont implantées cent chevilles en fer qui se font vis-à-vis deux à deux en laissant entre chaque couple nord-sud un petit espace libre de 1^{cm} environ. Dans cet espace libre on maintient, au moyen d'un support fixe, une petite bobine circulaire *sans fer,* ayant la forme d'une galette constituant le circuit induit. En mettant la grosse bobine en mouvement, chaque paire de pôles qui passe devant la bobine fixe y induit une double onde sinusoïdale dont on gradue l'énergie, pour une même vitesse de rotation, en modifiant l'intensité du courant qui crée le champ magnétique inducteur. Cet appareil permet de modifier, soit le nombre de périodes par seconde, soit la forme de l'onde. Il a le grand avantage de fournir un nombre d'ondes variable sans en altérer la forme. Il suffit, en effet, tout en laissant la vitesse de rotation constante, d'enlever les chevilles polaires de deux en deux pour diminuer le nombre des courants engendrés pendant un tour complet de l'inducteur. Avec une seule paire de chevilles polaires on n'a qu'une période par tour; avec 100, on en a 100 dans le même temps et les ondes produites ont la même forme, puisque les pôles qui passent devant la bobine fixe ont la même vitesse et la même aimantation. Avec cet appareil, j'ai pu aller jusqu'à 10000 alternances à la seconde.

3° *Décharge des condensateurs.* — C'est le phénomène utilisé par le Dr Hertz pour produire des ondulations électriques extrêmement rapides. Ce phénomène a été découvert par Feddersen et étudié, il y a plus de 40 ans, par Helmholtz et Sir W. Thomson, qui en ont donné la loi mathématique. Il consiste en ceci : Si l'on opère la décharge d'une bouteille de Leyde au moyen d'un conducteur, deux cas très différents peuvent se présenter suivant les valeurs relatives de la capacité C, du coefficient de self-induction L et de la résistance R du système. Si l'on a $R > \sqrt{\frac{4L}{C}}$, la décharge est continue ; dans le cas contraire, elle est oscillatoire. Dans le cas de la décharge oscillatoire, les oscillations sont isochrones et leur amplitude décroît suivant les termes d'une progression géométrique. Le mouvement d'un liquide dans des vases communiquants fait bien comprendre ce qui se passe avec la bouteille de Leyde. Suivant la résistance offerte au mouvement du liquide, le niveau reprend sa position d'équilibre ou bien d'une manière lente et sans la dépasser, ou à la suite d'une série d'oscillations, à amplitude décroissante, qui absorbent toute l'énergie par suite des frottements. On peut mesurer le nombre et la durée des oscillations en examinant la décharge au moyen d'un miroir tournant. Lorsque la résistance est négligeable, la durée d'une oscillation est donnée par la formule de Thomson $T = 2\pi \sqrt{LC}$, en fonction de la capacité C et de la self-induction L du système.

On peut par conséquent donner à T les valeurs les plus différentes en modifiant L et C. Le Dr Hertz a atteint 1 billio-
nième de seconde, et mon ami, M. Potier, a pu abaisser la période
oscillatoire jusqu'à faire rendre à la bouteille de Leyde un son
musical perceptible à l'oreille. Dans mes premières expériences, je
me suis servi du vibrateur de Hertz; plus tard j'ai employé le dispositif plus puissant signalé par MM. Elihu Thomson et Tesla.
Enfin, dans mes recherches récentes, j'ai trouvé grand avantage à
employer exclusivement l'appareil suivant, dont les expériences
de M. Lodge, à propos des paratonnerres, m'ont donné l'idée.
Soit A, A' (*fig.* 1) les armatures internes de deux bouteilles de

Fig. 1.

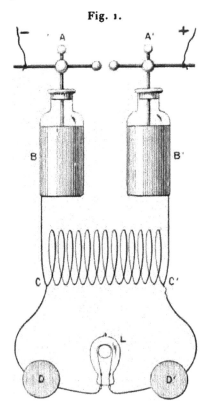

Leyde montées en cascade. Les armatures sont réunies à une
source d'électricité à haut potentiel (machine de Holtz, bobine de
Ruhmkorff ou transformateur). Les armatures externes B, B' sont
réunies entre elles par un solénoïde CC' composé d'un gros fil de
cuivre faisant 15 à 20 tours. Chaque fois qu'une étincelle part entre

A, A', un courant oscillant extrêmement énergique prend naissance
dans le solénoïde, à tel point qu'en prenant comme pôles ses extrémités C, C', on obtient un courant qui peut allumer au blanc une
forte lampe à incandescence L, tenue entre deux personnes D, D'.
L'étincelle qu'on obtient entre C, C' est beaucoup plus longue que
celle qui éclate entre A, A'. Cela tient à ce que, dans ce cas, la
décharge des armatures extérieures B, B' se fait d'une manière *soudaine,* tandis que celle des armatures intérieures A, A' est *préparée,*
la différence de potentiel entre les boules allant en croissant jusqu'à ce que l'étincelle éclate. Dans ces conditions, la résistance du
solénoïde CC' joue un rôle secondaire, tandis que sa self-induction
devient prépondérante. On peut rapprocher les effets produits par
les décharges très brusques de ceux donnés en Mécanique par
les forces instantanées, ainsi que le fait remarquer très judicieu-
sement M. Joubert. Placez un bloc de coton-poudre sur une plaque
d'acier; il brûle lentement si on l'allume; il brise au contraire la
plaque si on le fait détoner au moyen du fulminate de mercure.

Fig. 2.

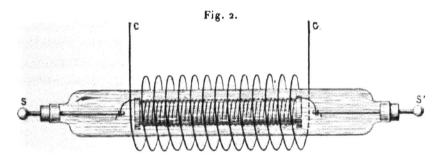

La même énergie pourtant a été mise en jeu dans les deux cas;
mais, dans le second, la pression développée par les gaz est tellement soudaine que la résistance de l'air devient comparable à celle
de l'acier. C'est la différence qui existe dans l'appareil décrit ci-
dessus entre la pression électrique développée *graduellement* en
A, A' *soudainement* au contraire en C, C', du moment où la bouteille se décharge. Si l'on veut augmenter la tension du courant, il
suffit de plonger dans le solénoïde une bobine comprenant un
plus grand nombre de tours. Cette bobine est logée dans un tube
de verre plein d'huile (*fig.* 2), qui l'isole complètement. On
obtient ainsi facilement un torrent d'étincelles de 15^{cm} à 20^{cm} de
longueur.

Effets physiologiques des courants à haute fréquence. — On peut utiliser de deux façons différentes les courants ainsi obtenus : 1° soit en leur faisant traverser *directement* les tissus qu'on veut soumettre à leur action; 2° soit en plongeant ces tissus dans l'*intérieur* du solénoïde, mais sans aucune communication avec lui.

Dans ce second cas, les tissus placés dans le solénoïde sont le siège de courants induits extrêmement énergiques, grâce à la fréquence de la source électrique. Ils se comportent comme des conducteurs fermés sur eux-mêmes et sont parcourus par des courants d'induction d'une grande intensité. Au point de vue physiologique, les effets obtenus sont sensiblement les mêmes dans les deux cas. Voici les principaux : action nulle sur la sensibilité générale et sur la contractilité musculaire. C'est le phénomène le plus frappant. On a des courants capables de porter à l'incandescence une série de lampes électriques. Ces lampes, placées entre deux personnes D, D′ (*fig.* 1), complétant le circuit, s'allument sans que l'on ressente aucune impression sensorielle. Si le courant est très fort, on éprouve simplement un peu de chaleur aux points d'entrée et de sortie du courant. J'ai pu faire traverser mon corps par des courants de plus de *trois mille* milliampères, alors que des courants d'une intensité dix fois moindre seraient extrêmement dangereux si la fréquence, au lieu d'être de 500000 à 1 million par seconde, était abaissée à 100, comme cela a lieu pour les courants alternatifs industriels.

On s'est beaucoup inquiété de l'explication à donner de ce résultat paradoxal, que j'ai le premier signalé dans mes Leçons du Collège de France (1890) et à la Société de Biologie (25 février, 25 avril et 2 mai 1891) (¹). — Dans mes Communications à la Société de Biologie j'avais émis deux hypothèses : 1° ou bien ces courants, à cause de leur énorme fréquence, passent exclusivement à la surface du corps (on sait en effet que les courants à grande fréquence ne *pénètrent pas* et s'écoulent à la surface des conducteurs comme le fait l'électricité statique); ou bien 2° les nerfs

(¹) Voir *l'Industrie électrique* (25 avril 1892), *la Lumière électrique* (16 avril 1892) et *l'Électricien* (16 avril 1872).

sensitifs et moteurs sont organisés pour répondre seulement à des vibrations de fréquence déterminée. C'est ce que nous voyons, par exemple, pour le nerf optique, dont les terminaisons sont aveugles pour les ondulations de l'éther d'une période *inférieure* à 497 billions par seconde (rouge) et *supérieure* à 728 billions par seconde (violet).

Le nerf acoustique se trouve dans le même cas pour les vibrations sonores. En deçà et au delà de certaines périodes vibratoires, les sons musicaux n'existent plus et l'oreille reste insensible à ces excitations. On verra ci-dessous que le corps humain ne se comporte pas comme un conducteur métallique. Les courants à haute fréquence, au lieu de s'écouler par la surface du corps, pénètrent dans l'organisme et vont influencer des centres nerveux profondément situés, soit directement, soit en produisant des courants induits. Que ces excitations soient directes ou induites, la somme d'énergie qui traverse l'organisme reste la même et la conclusion est la même dans les deux cas. En employant un courant à haute fréquence, l'organisme est traversé, sans manifester aucune réaction, par des courants dont l'énergie le détruirait si la fréquence était abaissée. On peut expliquer cette innocuité par l'absence d'excitation ou mieux encore en admettant que ces courants exercent sur les centres nerveux et sur les muscles cette action particulière si remarquable étudiée par M. Brown-Séquard sous le nom d'*inhibition*. L'expérience démontre en effet de la manière la plus frappante cette action inhibitoire des courants à haute fréquence, comme nous allons le voir.

1° Les tissus traversés par ces courants deviennent rapidement *moins excitables* aux excitants ordinaires. Cette diminution se traduit même par une *analgésie* remarquable qui frappe les points par où le courant pénètre dans le corps. Cette analgésie persiste, suivant les cas et les sujets, de une à vingt minutes;

2° Le système nerveux vaso-moteur est fortement influencé. Si l'on place par exemple un manomètre à mercure dans la carotide d'un chien, on voit la pression atérielle tomber de plusieurs centimètres sous l'influence de ce genre d'électrisation. On peut constater le même phénomène chez l'homme à l'aide du sphymographe de Marey. Il y a donc inhibition manifeste du système nerveux vaso-moteur en dehors de toute sensation consciente. Ce fait prouve que les courants à haute fréquence pénètrent profondément dans l'organisme, comme je l'affirmais plus haut.

3° En continuant un temps assez long, on voit, chez l'homme, la peau se vasculariser et se couvrir de sueur, conséquence naturelle de l'action sur les vaso-moteurs. On arrive au même résultat en plaçant le sujet sur un tabouret isolant en communication avec une des piles de la bobine à haut potentiel (*fig.* 2), le second pôle étant en communication avec une plaque métallique isolée supportée à une certaine distance de la tête. Le sujet est soumis de la sorte à l'action d'un champ électrique oscillant.

4° En soumettant un animal entier à ces courants, soit directement, soit en le plongeant dans le solénoïde, on constate une augmentation dans l'intensité des combustions respiratoires. Le thermomètre montre qu'il n'y a pas élévation de la température centrale. L'excès de chaleur produit est perdu par rayonnement et évaporation, ainsi qu'on le constate (en plaçant l'animal dans un des calorimètres que j'ai décrits antérieurement dans ce Recueil, année 1886, p. 89).

5° Pour étudier l'action de ces courants sur la cellule vivante, j'ai employé la levure de bière, et, en collaboration avec M. Charrin, le bacille pyocyanique. Des recherches cliniques sont entreprises de divers côtés, à mon instigation.

Les résultats que je viens de signaler brièvement et ceux déjà obtenus en clinique me donnent le droit d'espérer que nous possédons, dans ces diverses modalités de l'énergie électrique, des ressources thérapeutiques considérables. Depuis de longues années, j'étudie l'action des agents physiques sur les phénomènes de la vie et j'espère que ces expériences serviront à démontrer objectivement que l'alliance de la Physique et de la Physiologie permet aujourd'hui de constituer, sous le nom de *Physique biologique*, une science bien autonome.

SÉANCE DU 17 MARS 1893.

La séance est ouverte à 8 heures et demie.
Le procès-verbal de la séance du 3 mars est lu et adopté.

Sont élus Membres de la Société :

MM. COLLIGNON, Ancien élève de l'École Polytechnique, à Dijon.
GUYE (Ch.-E.), Docteur ès Sciences, à Genève (Suisse).
LEQUEUX (P.), Ingénieur des Arts et Manufactures, à Paris.
MOUREAUX (Th.), Météorologiste à l'observatoire du Parc Saint-Maur.

M. ROWLAND adresse ses remercîments à la Société pour sa nomination de membre honoraire.

Creuset électrique de laboratoire, à aimant directeur; de E. DU-CRETET et L. LEJEUNE. — MM. E. Ducretet et L. Lejeune présentent à la Société le creuset électrique, qu'ils ont créé en vue des recherches et des essais de laboratoire; le premier type, qu'ils ont fait connaître en 1892, était avec charbon vertical, il dérivait du four électrique de Siemens.

Le modèle actuel de MM. E. Ducretet et L. Lejeune est encore vertical, mais ses charbons sont obliques, mobiles dans leur monture métallique; il est facile de les amener en contact ou de les écarter l'un de l'autre.

Comme dans le premier type, l'ensemble forme un espace clos à parois réfractaires recevant le creuset mobile; des conduits servent à la circulation des gaz et à l'introduction des matières soumises à l'action électro-thermique de l'arc électrique.

Les phénomènes peuvent être directement observés, les parois du creuset électrique étant avec fermetures mobiles garnies de mica.

Le creuset mobile peut être déplacé de l'extérieur de l'appareil au gré de l'opérateur; suivant les matières à réduire, il est en charbon, plombagine, magnésie, chaux, ou métallique.

L'arc qui jaillit entre les deux charbons est transformé, à distance, en une flamme allongée, formant chalumeau électrique, par suite de l'action directrice d'un aimant placé près de l'appareil. On peut ainsi diriger l'arc sur la matière contenue dans le creuset mobile et l'amener graduellement au maximum de température. MM. E. Ducretet et L. Lejeune donnent ainsi une application nouvelle à un phénomène connu, déjà utilisé par Jamin dans sa lampe électrique.

Le petit modèle, avec un courant de 12 ampères et 55 volts, permet la réduction d'oxydes et la fusion des métaux les plus réfractaires en quantité plus que suffisante pour leur analyse chimique ou spectrale. Toutes les expériences classiques et essais de laboratoire qui exigent une température élevée peuvent être réalisées avec cet appareil.

M. Moissan par ses remarquables travaux, a montré le parti que les chi-

6

mistes et les industriels peuvent tirer de l'application de la méthode élec-
trothermique. MM. Joly et Vèzes, à l'Ecole Normale supérieure, avec cet
appareil, ont pu amener à l'état métallique, sans oxydation, le ruthénium
et l'osmium, en les soumettant en vase clos, en présence de gaz convenables, à la température très élevée que donne l'arc électrique.

Le même appareil, en plus grandes dimensions, avec un courant plus
intense, permet d'agir sur une plus grande quantité de matières.

MM. E. Ducretet et L. Lejeune remercient leur ingénieur, M. Roger,
de son bon concours pour la construction de ces appareils et leur mise en
expérience.

Sur les globes diffuseurs transparents : M. Frédureau étant absent,
M. de Coincy expose en son nom son invention de globes diffuseurs transparents. Cette invention a fait l'objet d'une Note présentée à l'Académie des
Sciences dans sa séance du 12 décembre 1892, au nom de M. Frédureau,
par M. Potier, membre de l'Institut.

M. de Coincy donne lecture de divers extraits de cette Note :

« La lumière de l'arc électrique éblouit les yeux et donne des oppositions
violentes d'ombre et de lumière. Les points de l'espace placés au-dessous
du foyer, c'est-à-dire précisément là où il y a besoin de lumière, sont
obscurcis par les ombres des supports, des cendriers et des charbons eux-
mêmes.

. . . .

» Les globes que j'emploie remédient aux deux graves inconvénients
indiqués ci-dessus.

» Ils se composent, en principe, d'enveloppes en verre ou en cristal transparent, munies sur leur surface extérieure d'anneaux prismatiques parallèles et perpendiculaires à l'axe du globe. Leur forme générale rappelle
donc celles des anneaux catadioptriques des phares, mais la répartition de
lumière qu'ils produisent est toute différente. Les faces de ces anneaux
sont de révolution autour d'un axe vertical, et calculées de manière à
produire :

» 1° La concentration de la lumière vers la zone de l'espace situé au-
dessous du foyer, par la réflexion des rayons du foyer intérieur sur la face
supérieure transparente des anneaux;

» 2° La diffusion, par les réflexions et réfractions diverses produites par
l'action réciproque des anneaux les uns sur les autres.

» Ces anneaux sont établis notamment suivant les deux systèmes établis
ci-après :

» 1° *Faces supérieures* en paraboloïdes de révolution, les paraboloïdes
successifs ayant un même foyer, qui est le centre du globe.

» *Faces inférieures* planes, perpendiculaires à l'axe. Les rayons sont
réfléchis par la face supérieure sur la face inférieure et sortent sans dispersion.

» 2° *Faces supérieures* coniques, formant, avec les rayons issus du foyer, un angle au moins égal à l'angle limite.

» *Faces inférieures.* — Ces faces devraient, pour éviter toute dispersion, être taillées suivant des portions de tore ; mais il est suffisant, en pratique, de les tailler suivant des surfaces coniques ayant le foyer lumineux comme sommet.

» Il résulte de cette disposition d'anneaux prismatiques en série parallèle :

» 1° Que le point lumineux est transformé, pour l'œil placé extérieurement, en un large faisceau supportable à la vue, dont la longueur est égale à celle du globe ;

» 2° Que les rayons lumineux sont, d'une manière générale, réfléchis dans la zone inférieure de l'espace, *sans dispersion*, et qu'il y a ainsi un cône inférieur de *lumière* au lieu d'un cône d'*ombre ;*

» 3° Que le reste de la lumière est diffusé dans l'espace, suivant une loi continue, et qu'on évite ainsi l'opposition excessive des ombres.

. . . .

» Ces globes ont, en outre, l'avantage de modifier la tonalité de la lumière et de la rendre beaucoup moins fatigante pour les yeux ; l'arc voltaïque devient non seulement supportable, mais agréable, même dans les appartements.

» Les explications ci-dessus s'appliquent également aux lampes à incandescence d'un usage si répandu actuellement. Pour celles-ci, on peut varier les formes ; on peut donner aux enveloppes les formes sphérique, conique, ovoïde, cylindro-sphérique, hémisphérique. C'est une simple question de calculs d'angle et de moule.

» Le résultat obtenu est toujours le même, c'est-à-dire :

» Transformation du filament lumineux en un large faisceau de la hauteur de l'enveloppe ;

» Distribution de la lumière dans la zone inférieure de l'espace et, en même temps, diffusion importante qui modifie l'impression produite sur l'œil et permet, sans fatigue pour la vue, l'emploi de foyers plus intenses et, par suite, plus économiques. »

M. DE COINCY développe cette description résumée, et pour faire mieux comprendre les avantages de cette solution toute nouvelle du problème si complexe de l'éclairage public ou privé, fait fonctionner des lampes à incandescence et des arcs voltaïques munis de globes. Il montre notamment, en projetant sur un tableau, la lumière d'une lampe à incandescence de 50 bougies, soit nue, soit munie d'un globe hémisphérique, la concentration considérable de lumière produite par ce demi-globe. Il allume ensuite successivement : une lampe Cance de 5 ampères avec un globe de 13ᶜᵐ ; divers globes de 13ᶜᵐ ; un globe de 35ᶜᵐ renfermant cinq lampes à incandescence de 50 bougies, une série de lampes à incandescence de 50, 32 et 16 bougies, soit nues, soit munies de demi-globes

projecteurs; une série de lampes projecteurs de couleur pour signaux et
une lampe de bureau de 32 bougies avec globe diffuseur de 33ᶜᵐ.

M. de Coincy termine en insistant sur la diffusion et sur la différence
de tonalité de la lumière, qui permettent, sans fatigue pour les yeux,
l'emploi de foyers lumineux plus intenses que ceux usités habituellement
et, par suite, plus économiques.

Discussion sur la Communication de M. Frédureau. — M. A. BLONDEL,
sans vouloir critiquer l'intéressant exposé de M. de Coincy ni les divers
appareils de M. Frédureau, fait remarquer que, si ceux-ci réalisent bien
une distribution de la lumière conforme au desideratum spécial de leur
auteur, ils ne présentent pas, à proprement parler, l'effet de *diffusion* au
sens ordinaire de ce mot. Le léger élargissement de la portion lumineuse
de chaque anneau à profil rectiligne provient seulement des imperfections
du verre et de la forme des lignes focales conjuguées du foyer lumineux,
lignes qui sont l'axe de l'anneau et un cercle perpendiculaire. Quant aux
petits projecteurs analogues aux appareils holophotaux, ils présentent en
chaque point de leur surface éclairante un éclat intrinsèque égal à celui de
la source elle-même, en vertu d'une propriété connue.

Une enveloppe n'est réellement « diffusante » que si elle transforme, en
chacun de ses points, un pinceau de rayons incidents parallèles en un faisceau conique très divergent, dont la composition se représente, comme
on le sait, à l'aide d'une « indicatrice de diffusion » : c'est grâce à cet
effet qu'elle permet de substituer à une source éblouissante une surface
lumineuse plus étendue et d'éclat beaucoup plus faible. En même temps,
l'emploi des enveloppes diffusantes augmente l'effet d'illumination; les
globes très clairs qui réduisent les pertes de lumière ne produisent souvent
aucun bénéfice réel au point de vue de l'éclairement apparent, parce que
la pupille, soumise à un éclat plus vif, se diaphragme davantage.

Malheureusement les globes ordinaires absorbent une quantité de lumière d'autant plus grande qu'ils sont plus diffusants; et ils modifient
d'une manière souvent désavantageuse la loi de distribution naturelle des
rayons, comme le montre M. Blondel à l'aide de courbes photométriques
relevées sur des arcs à courants continus ou alternatifs, avec différents
types de globes opales ou dépolis.

On peut éviter le premier inconvénient sans renoncer au principe de la
diffusion, en substituant à la diffusion naturelle la *diffusion dioptrique*,
c'est-à-dire en employant une enveloppe de verre transparent, couverte
d'un réseau de petits éléments réfracteurs divergents, produisant sur tout
le globe une infinité de petits points lumineux très faibles et très rapprochés qui paraissent presque confondus en une seule surface lumineuse,
d'autant plus douce qu'elle est plus étendue. Une première solution de ce
problème, obtenue à l'aide de *cannelures orthogonales* sur les deux faces
des enveloppes, a été indiquée dès 1883 par M. Pelham Trotter; mais celui-
ci n'a pas cependant su éviter complètement les pertes de lumière que

peuvent produire les enveloppes en verre transparent elles-mêmes quand on omet certaines précautions. Une autre solution, fondée sur l'emploi d'*éléments lenticulaires* estampés sur la surface extérieure, a été récemment imaginée par M. Psaroudaki, qui avait en outre retrouvé la première sans connaître les travaux de M. Trotter. Enfin M. Blondel en a imaginé une troisième, consistant dans l'emploi de surfaces doublement ondulées ou *gaufrages à double courbure.*

On peut, en second lieu, si l'on ne se préoccupe pas de la diffusion, distribuer la lumière suivant telle ou telle loi donnée, à l'aide de zones parallèles, de types variés, placées à la surface des enveloppes. C'est ainsi que M. Frédureau emploie des *anneaux catadioptriques* à profils paraboliques ou rectilignes renvoyant la lumière au-dessous du globe, et que M. Trotter a employé des *zones dioptriques* calculées d'après un profil unique, comme les lentilles à échelons, de façon à distribuer la lumière uniformément sur le sol jusqu'à la limite de la portée, ce qui semble la meilleure condition pour l'éclairage public. M. Blondel estime que chacune de ces solutions peut trouver des applications suivant les circonstances et les besoins particuliers, mais que, dans bien des cas, elles n'assureraient pas la diffusion suffisante.

C'est pour associer celle-ci d'une manière parfaite avec la distribution suivant telle ou telle loi donnée, en particulier l'éclairement uniforme du sol, qu'il a poursuivi, en collaboration avec M. Psaroudaki, l'étude de la diffusion dioptrique qui les a conduits à la détermination de deux types de globes : l'un qui est une transformation du système Trotter, comme on peut s'en rendre compte par le modèle présenté, l'autre dont le principe est absolument nouveau. Tous deux offrent à l'œil non pas une ligne lumineuse comme les appareils de M. Frédureau, ou une croix lumineuse comme les lanternes de M. Trotter, mais une large surface éclairante paraissant couvrir presque tout le globe; ils figureront à la prochaine exposition de la Société (¹). M. Blondel présente en outre les graphiques de distribution de la lumière de l'un de ces globes, qu'il a relevés au Laboratoire central d'Électricité.

M. DE COINCY fait observer que les globes de M. Frédureau ne présentent pas, comme le dit M. Blondel, une ligne lumineuse, mais bien un large faisceau lumineux, comme on peut le constater facilement, dans les appareils qui fonctionnent sous les yeux de la Société. Cet élargissement n'est pas dû aux imperfections des surfaces, mais à la dimension du foyer lumineux et dans une certaine mesure à la formation de caustiques de réflexion.

Sans entrer dans la discussion de la différence invoquée par M. Blondel

---

(¹) Ils ont été placés à la porte d'entrée de l'Exposition, sur 2 lampes Cance de 8 ampères.

entre la diffusion *naturelle* et la diffusion *dioptrique*, M. de Coincy
explique que M. Frédureau a simplement donné le nom de *diffuseurs* à
ses globes, non pas parce qu'ils correspondent plus ou moins à la théorie
présentée par M. Blondel, mais parce qu'ils *diffusent* en réalité la lumière
dans le local ou ils sont placés, c'est-à-dire à cause de leur résultat pratique.

Il ne suffit pas d'ailleurs dans nos problèmes industriels de résoudre une
question scientifique, il faut aussi résoudre une question industrielle. Or
les surfaces lenticulaires estampées, indiquées par M. Blondel, nécessitent
d'après lui-même l'emploi de poinçons-matrices dont les très petites surfaces doivent être taillées à la loupe.

M. Blondel répond qu'en effet il s'est occupé personnellement de la
question au point de vue scientifique et non industriel.

M. de Coincy ajoute que l'assimilation invoquée par M. Blondel entre
les globes Frédureau et le système des phares n'existe pas. Ce ne sont pas
des phares, mais plutôt des antiphares.

Sur la demande de M. Lippmann, M. Blondel explique que les stries et
les angles de la surface du verre moulé sont le siège d'effets particuliers de
diffusion, qui, après essais, ont fait renoncer pour les phares à l'emploi
d'un système analogue.

Creuset électrique de laboratoire;

Par MM. E. Ducretet et L. Lejeune.

Cet appareil est destiné aux recherches et essais de laboratoire.
Le premier type que nous avons fait connaître en 1892 était
à charbon vertical : il dérivait du four électrique de Siemens.

Le modèle actuel est avec charbons obliques (*fig.* 1) mobiles
dans leur monture métallique GG'; il est facile de les amener en
contact ou de les écarter l'un de l'autre. Comme dans le premier
type, l'ensemble forme un espace clos à parois réfractaires R recevant le creuset mobile Cr. Des conduits servent à la circulation
des gaz ou à l'introduction des matières soumises à l'action de
l'arc électrique.

Les phénomènes de fusion et de réduction peuvent être directement observés, les parois de cet appareil étant à fermetures mobiles
garnies de mica. Ils peuvent être projetés, ainsi que M. Troost
l'a démontré en réalisant des expériences, avec notre appareil,

sur le zirconium et le thorium (*Comptes rendus des séances de l'Académie des Sciences,* 29 mai 1893, p. 1225).

Le creuset mobile Cr se déplace de l'extérieur au gré de l'opérateur ; la sole sur laquelle il est posé est commandée par la tige Re. Ce creuset, suivant les matières à réduire, est en charbon, plombagine, magnésie, chaux ou en pierre calcaire, etc., ou métallique.

Fig. 1.

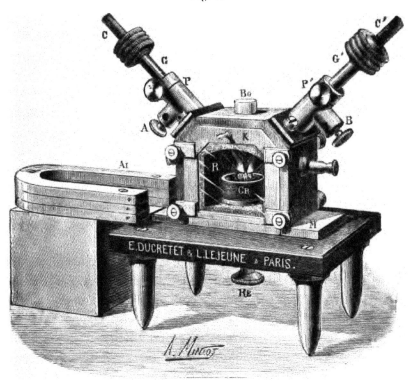

L'arc qui jaillit entre les deux charbons C, C′ est transformé, à distance, en une flamme allongée formant un véritable chalumeau électrique par suite de l'action directrice d'un aimant Ai placé près de l'appareil. On peut ainsi diriger l'arc au-dessus de la matière contenue dans le creuset. Cette disposition que nous avons imaginée est une application nouvelle d'un phénomène connu, déjà utilisé par Jamin dans sa lampe électrique.

Ce petit modèle, avec un courant de 12 ampères et 55 volts aux bornes, permet d'obtenir la réduction d'oxydes et la fusion des

métaux les plus réfractaires en quantité suffisante pour leur analyse chimique ou spectrale. Toutes les expériences classiques et
les essais de laboratoire qui exigent une température très élevée
peuvent être réalisés avec ce petit appareil. Le modèle moyen,
de laboratoire, permet d'utiliser le courant électrique que peuvent
produire 8 chevaux-vapeur. Les crayons CC′ sont avec une monture permettant une circulation d'eau autour d'elle.

M. Moissan, par ses remarquables travaux, a montré le parti
que les chimistes et les industriels peuvent tirer de cette méthode,
utilisant la température très élevée que donne facilement l'arc
électrique. Cette température, déterminée par M. Violle, serait
d'environ 3500° C., point de volatilisation du carbone.

MM. Joly et Vèzes, à l'École Normale supérieure, avec notre
creuset électrique, ont pu amener à l'état métallique, sans oxydation, le ruthénium et l'osmium, en les soumettant en vase clos, en
présence de gaz convenables, à la température très élevée de l'arc.
Avec le chalumeau oxhydrique, le ruthénium s'oxyde en fondant
et l'osmium se vaporise à l'état d'acide osmique. Il en est de même
pour tous les métaux difficilement fusibles et facilement oxydables
(*Comptes rendus des séances de l'Académie des Sciences*,
27 février et 13 mars 1893).

Le tungstène, le titane, le chrome, le manganèse, l'uranium, etc.
peuvent être réduits dans l'arc ; les alliages du fer avec le carbone et ces corps peuvent être étudiés, mais il est indispensable
d'opérer en vase clos avec circulation de gaz, disposition qui
caractérise nos creusets de laboratoire ; ils constituent de véritables
outils nécessaires aux chimistes, physiciens, métallurgistes pour
leurs essais et recherches.

SÉANCE ANNUELLE.

RÉUNIONS DES MARDI 4 ET MERCREDI 5 AVRIL 1893,

à 8 heures très précises du soir.

Éclairage électrique du vestibule et du grand escalier par la **Société Cance.**

Éclairage électrique de la grande salle au moyen des lampes **Cance** et des globes diffuseurs transparents de........ **M. Frédureau.**

Éclairage électrique de la salle du Conseil au moyen des lampes à incandescence et des globes diffuseurs de.. ..... **M. Frédureau.**

Éclairage de l'entrée au moyen des globes réfracteurs de **MM. Psadouraki et Blondel.**

Photographies de nuages .... **M. Angot.**

Électromètre absolu appartenant au laboratoire d'Enseignement physique de la Sorbonne .... **MM. Bichat et Blondlot.**

Balance de Coulomb. — Electromètre à quadrant de cours . **M. Boudréaux.**

Nouvel optomètre de **M. Mergier.** — Verres de contact. — Verres toriques ; etc..................................... **MM. F. Benoist et L. Berthiot et Cⁱᵉ.**

Photomètre. — Appareil olfactométrique. — Appareil servant à mesurer le volume d'une goutte de liquide, de **M. E. Mesnard.** — Régulateur de **M. Etienne**................ **M. G. Berlemont.**

Hémérographe, nouvelle chambre claire perfectionnée ..... **M. le Comᵗ Blain.**

Arc étalon, nouvel étalon secondaire pour la photométrie des lampes à arc, construit par **M. Werlein.** — Oscillographe à électro-aimant, pour l'étude des oscillations électriques lentes, construit par la Société l'**Éclairage électrique.** Globes réfracteurs de **MM. Psaroudaki et Blondel**........ **M. Blondel.**

Machines à calculer..................................... **M. L. Bollée.**

Le zoo-cautère. — Cautère avec pointe en platine iridié.... **M. Brenot.**

Prisme à liquide pour l'étude de la réflexion cristalline interne... **M. B. Brunhes.**

Dynamo-universelle pour les expériences et démonstrations de laboratoire. — Dynamo *Bébé*, n° 2, 5 volts, 20 ampères pour galvanoplastie. — Dynamo *Bébé*, n° 4, 100 volts, 4 ampères, Compound. — Moteur-ventilateur *Cob*, 100 volts.

— Moteur électrique, 110 volts, $\frac{1}{4}$ d'ampère. — Moteur
électrique 10 volts, 2 ampères $\frac{1}{2}$. — Moteur à gaz *Le
Marcel*, $\frac{1}{3}$ de cheval. — Moteur à Gaz *Le Maurice*, $\frac{1}{8}$ de
cheval... **E.-H. Cadiot et Cie**

Appareils pour l'étude de la chute des corps et la résistance
de l'air........ .... **MM. Cailletet** et
Colardeau.

Rhéostat à tambour fixe, à curseur tournant et à fil de diamètre variable. — Lampe Cance nouveau système........ **M. Cance.**

Boîtes de résistances à grande surface de refroidissement. —
Condensateur en mica argenté de M. **Bouty.** — Lignes
télégraphiques artificielles de M. **Anizan.** — Ampères-
mètres et volts-mètres sans aimants. — Galvanomètre
Deprez-d'Arsonval pour les cours. — Watts-mètres portatif.
— Ampère étalon **Pellat** avec amortisseur. — Ohmmètre
pour la mesure des isolements. — Clef de décharge nou-
veau modèle... **M. Carpentier.**

Appareil pour l'étude du spectre calorifique............... **M. Carvallo.**

Thermomètre à toluène à minima. — Actinomètre totaliseur
à boule bleue. — Thermomètre calorimétrique à déverse-
ment et à échelle arbitraire permettant d'apprécier le centième de degré. — Densimètre à eau de mer, de **M. Thou-
let,** permettant de déterminer la densité avec une erreur
inférieure à 5 unités de la cinquième décimale. — Appareil
à distiller le mercure, modèle de M. **Gouy**............... **M. V. Chabaud.**

Réfractomètre à gaz liquéfiés, permettant la mesure des indices des gaz liquéfiés et l'étude de leur variation avec la
température. — Réfractomètre interférentiel permettant
l'étude de la variation des indices des vapeurs et des gaz
liquéfiés avec la température et la pression............... **M. J. Chappuis.**

Emploi du téléphone pour démontrer l'existence d'interférences électriques dans le circuit fermé d'une source périodique.................... . ... **M. le cap. Colson.**

Phase-mètre à lecture directe, permettant de mesurer, par
simple lecture, la différence de phase entre une intensité
alternative et la différence de potentiel qui la produit.
(App. construit par MM. **E. Ducretet** et **L. Lejeune**...... **M. Claude.**

Horizon artificiel ou gyroscope collimateur dans le vide de
M. l'amiral **G. Fleuriais.** — Homéotrope de M. **E. Gossart.**
— Appareil de M. **E. Garnault,** pour montrer que, dans
l'expérience d'Œrstedt, la déviation de l'aiguille aimantée
est susceptible d'un maximum. — Enregistreur électrique
de la vitesse et de la direction du vent. — Enregistreur

électrique de la vitesse du vent. — Appareil pour l'analyse industrielle des gaz avec dispositif pour la combustion des gaz carbonés.. **M. A. Démichel.**

Avertisseurs d'incendie de la Ville de Paris................ **M. Digeon.**

Appareil pour la détermination directe du relief dans la Photographie stéréoscopique................................. **M. F. Drouin.**

Grand spectroscope goniomètre à quatre prismes. — Chambre noire photographique à magasin et sans verre dépoli, dans laquelle la mise au point est faite en dehors à l'aide de prismes réflecteurs et d'une lunette, permettant l'emploi d'objectifs photographiques quelconques.... .... **M. A. Duboscq.**

Creuset électrique de laboratoire, à aimant directeur, de **E. D.** et **L. L.** — *Ecrans* spéciaux employés avec ces creusets. — Appareil portatif, très sensible, pour la mesure rapide de l'isolement des câbles et des conducteurs; type **E. D.** et **L. L.** — Botte de piles (115 volts) portative, servant avec l'appareil pour la mesure de l'isolement. — Wattmètre de **MM. Blondlot** et **P. Curie**; nouveau modèle. — Petit appareil classique pour répéter les expériences de MM. **E. Thomson** et **Tesla** sur les courants *à haute tension et à grande fréquence*. — Mêmes expériences avec un *alternateur*, dispositif de M. le Dr **d'Arsonval**. — Appareil de M. **d'Arsonval** montrant les effets physiologiques *des courants à haute fréquence et leurs applications*. — Régulateur électrique Serrin, à point lumineux fixe; modèle spécial, pour la lanterne à projection, de **E. D.** et **L. L.** (Tous les organes sont visibles et à réglage rapide.) — Bobine de Ruhmkorff avec trembleur spécial, type **E. D.** et **L. L.** pour moteurs à gaz et l'analyse spectrale. — Dynamo pour expériences de cours, donnant des courants continus et, à volonté, des courants triphasés. Bâti avec organes de transmission.... **MM. E. Ducretet** et **L. Lejeune.**

Théodolite-boussole (modèle de M. **Teisserenc de Bort**).. . **M. Echassoux.**

Globes diffuseurs transparents................. .... **M. Fredureau.**

Machine de Wimshurst modifiée. — Galvanomètres apériodiques, Galvanomètres **d'Arsonval-Gaiffe.** — Botte de résistance à enroulement spécial sans self-induction ni condensation, de M. **Mergier.** — Nouveau rhéostat à double manette pour l'utilisation des courants de 100 volts en Médecine... **M. Gaiffe.**

Nouveau modèle d'hygromètre à condensation. — Appareil pour l'étude de la variation de la force électromotrice des piles avec la pression.................................. **M. Gilbault.**

Fils de quartz obtenus par le procédé de M. **Boys** . . . .   **Ch.-E. Guillaume.**

Pile galvano-caustique à disparition de liquide et accessoires. — Pile pour lumière médicale, 8 éléments. — Piles au bi- sulfate de mercure pour courant continu, 6, 12 et 24 éléments. — Appareils électrophysiologiques à chariot, grand et petit modèle. — Appareil à chariot avec deux bobines en boîte, forme cubique.— Bobine pour bain électrique à trembleur de vitesse variable. — Deux appareils d'induction à bobines sectionnées. — Photophore. — Laryngoscope. — Appareil trembleur à balancier de vitesse variable. — Divers acces- soires . . . . **M. J. Guenet.**

Hypsomètre de M. **Ch.-E. Guillaume.** — Micromètres . . . . . .   **M. Alph. Huetz.**

Analyseur chromatique ou hématospectroscope à verres co- lorés bleu et jaune produisant la condensation, l'atténua- tion et l'extinction du spectre du sang à la surface des téguments . . . . **M. A. Hénocque.**

Vibration d'un fil fin métallique traversé par un courant électrique continu. — Électrisation à distance à travers l'air (déperdition électrostatique). — Nouvel isolant. — Nouvelle machine électrostatique . . . . **M. D. Hurmuzescu.**

Appareil schématique relatif à l'étude des diélectriques hété- rogènes . . . . **M. Hess.**

Appareil à réfraction conique montrant ce phénomène dans un cristal d'arragonite et dans deux directions, et mettant par suite en évidence deux plans tangents singuliers de la surface générale de l'onde. — Divers instruments de mesure dont un focomètre de M. **Laurent** et un cercle de **Jamin** comportant l'application de la lame $\frac{1}{2}$ onde du pola- rimètre **Laurent** comme moyen de recherche des plans de polarisation . . . . **M. A. Jobin.**
                                                 (Successeur de M. Laurent.)

Ruthénium fondu. — Composés du ruthénium . . . . **M. Joly.**

Appareils de laboratoire en nickel pur de la **Compagnie française de fabrication du nickel** . . . . **MM. L'Épine et Cie.**

Potentiomètre de M. Limb (construit par M. GIANNOTTI, de Lyon . . . . **M. Limb.**

Photographies colorées du spectre sur couches bichroma- tées . . . . **M. Lippmann.**

Spécimens de photographies colorées obtenues par le pro- cédé de M. **Lippmann** . . . . **MM. Lumière.**

atmosphériques au centième de millimètre de mercure (25^{mm} de marche pour 1^{mm}). — Voltmètre à courant alternatif sans self-induction. — Évaporomètre **Houdaille**. — Petit baromètre enregistreur très portatif, à grande marche, pour nivellements rapides. — Actinomètre **Violle** pour le commandant Renard devant enregistrer la radiation solaire à 25 000^m d'altitude. — Anémomètre composante verticale à un fil. — Indicateur optique de vitesse. — Contrôleur de ronde pour les phares, à changement de papier mensuel. — Enregistreur à compteur différentiel du Dr **Regnard** pour l'étude de la respiration des animaux.................... **M. Jules Richard.**

Appareils pour l'étude de la Phonation.................... **M. l'abbé Rousselot**

Chronographe à bobine d'induction, avec régulateur Villarceau, de Bréguet. — Chronographe de longitude, mouvement de Bréguet.. **Service géograph. de l'Armée.**

Appareil pour répéter facilement l'expérience fondamentale de la vérification de la loi de Stokes.................... **M. Salet.**

Emploi du téléphone pour démontrer l'existence d'interférences électriques dans le circuit fermé d'une source périodique. — Photographies de nouveaux appareils pour l'étude des ondulations électriques dans l'air............ **MM. Sarasin et de la Rive.**

Photomètre de M. **Ch. Henry** spécialement destiné à la mesure des éclairements très faibles. — Lavis lumineux spécialement utile dans l'optique physiologique des intensités faibles.... .... **Société centrale de produits chimiques.**

Thermo-baromètre................................ ...... **M. Tainturier.**

Fontaines lumineuses. — Appareils électriques pour théâtre. — Dynamomètre médical. — Balance rhéostatique à commutation. — Galvanomètre astatique gradué en milliampères pour cabinet d'électrothérapie.................... **M. G. Trouvé.**

Ophtalmophakomètre. — OEil artificiel. — Images catoptriques de l'œil humain .... **M. Tscherning.**

Accumulateurs électriques....... .. .. **M. F. Verdier.**

Petit enregistreur clinique **Verdin**. — Spiromètre, modèle **Verdin**. — Cardiographe vertical et horizontal du cœur de la grenouille, modèle **Verdin-Vibert**. — Pneumographe, modèle **Verdin**. — Cardiographe double du cœur de la tortue, modèle du Dr **Soukanoff**, de Kieff. — Tambour récepteur de MM. **Marey** et **Rummo**. — Tambour récepteur de M. **Chauveau**..... .... **M. Verdin.**

SÉANCE DU 6 AVRIL 1893.

Présidence de M. Lippmann.

La séance est ouverte à 8 heures et demie.
Le procès-verbal de la séance du 17 mars est lu et adopté.

Sont élus membres de la Société :

MM. Bucquet (Maurice), Président du Photo-Club de Paris.
Dorgeot (Gabriel), Capitaine d'Artillerie à Saint-Servan.
Jeannel (G.), Professeur au Lycée de Bordeaux.
Jobin (A.), Ancien élève de l'Ecole Polytechnique (Successeur de M. Laurent), Constructeur d'instruments d'optique et de précision, à Paris.
Lugol, Professeur au Lycée de Pau.
Mousselius (Maximilien), Employé à l'Administration centrale des télégraphes, à Saint-Pétersbourg (Russie).
Petit (Paul), Professeur à la Faculté des Sciences de Nancy.
Pillon (André), Ingénieur des Arts et Manufactures (Successeur de M. Deleuil), Constructeur de balances et d'instruments de précision.
Velter (Jules), Ingénieur des Arts et Manufactures (Successeur de M. Deleuil), Constructeur de balances et d'instruments de précision.

M. le Secrétaire général dépose sur le Bureau un exemplaire du Catalogue de la Bibliothèque et adresse des remerciements à MM. Gauthier-Villars et fils qui ont offert gracieusement à la Société l'impression de ce Catalogue.

Sur les oscillations électriques de période moyenne. — M. P. Janet expose les premiers résultats d'une série de recherches qu'il a entreprises sur les oscillations électriques de période moyenne (de l'ordre du dix-millième de seconde par exemple). La disposition adoptée pour produire ces oscillations est la suivante : une batterie d'accumulateurs composée, suivant les cas, de 2 ou de 12 éléments en tension, fournit un courant qui traverse une résistance CD très grande et égale à R' et un court circuit AB. Aux deux bornes A et B du court circuit sont reliés : 1° un condensateur EF; 2° un circuit dérivé par rapport au condensateur AGHKB. Ce dernier, de résistance R, est composé d'une bobine de résistance r et de coefficient de self-induction L, et d'une autre résistance r sans self-induction prise sur une boîte. Au temps zéro on rompt le court circuit AB, le courant s'établit dans le circuit AGHKB, et, si les conditions de l'expérience sont convenables, le courant obtenu est oscillatoire.
Si l'on admet que le condensateur est parfait, c'est-à-dire qu'il présente une capacité (rapport de la charge au potentiel) constante même pendant la période variable, la théorie du phénomène s'établit sans peine. Pour l'étudier expérimentalement, on détermine en fonction du temps les dif-

férences de potentiel e_1 et e_2 qui existent aux deux extrémités soit de la bobine, soit de la résistance non inductive. L'appareil employé est le disjoncteur de M. Mouton. La description de la méthode ne saurait trouver place ici. Les fonctions e_1 et e_2 sont représentées par des courbes oscillatoires sur lesquelles on reconnaît immédiatement les principales circonstances prévues par la théorie : en particulier, la courbe e_1 passe par les maxima et minima de la courbe e_2. Pour pousser la comparaison plus loin, il faut connaître les valeurs numériques de R, R', L, C. Pour les trois premières quantités, il n'y a pas de difficulté; il n'en est pas de même pour C; le condensateur employé étant un condensateur à mica, il est loin d'être évident qu'il ait les propriétés d'un condensateur parfait. Il vaut mieux prendre la question en sens inverse, et se servir des courbes convenablement interprétées pour étudier, en fonction du temps, le rapport des charges aux différences de potentiel. On trouve alors que, à différences de potentiel égales, les charges sont plus grandes pour les potentiels décroissants que pour les potentiels croissants. Ce retard peut être attribué soit à l'hystérésis, soit à la viscosité du diélectrique. Devant renoncer ainsi à la notion simple de capacité, on peut néanmoins trouver une vérification satisfaisante de la théorie en remarquant que la différence des ordonnées des deux courbes précédentes divisée par le coefficient angulaire de la tangente à l'une d'elles représente le coefficient de self-induction de la bobine. C'est ce que l'expérience vérifie très exactement.

M. ÉDOUARD PEYRUSSON présente un accumulateur à grande surface formé de lames de plomb n'ayant qu'un demi-millimètre d'épaisseur, mais rendu cependant très robuste par des armatures en plomb antimonié qui lui donnent une grande solidité.

L'électrode positive formée d'une tige centrale, autour de laquelle rayonnent toutes les lames positives, est assurée d'une longue durée, parce que l'usure se produit de la circonférence au centre où elle ne pénètre que très lentement, si bien que la partie conductrice se trouve ainsi la dernière atteinte, contrairement à ce qui arrive habituellement. On peut donc, grâce à ce dispositif, utiliser cette électrode pendant la période de grande formation et alors que généralement elle est devenue inutilisable, ce qui a fait dire que « c'est alors qu'ils sont détruits que les accumulateurs sont réellement bons ».

L'électrode négative est formée de lames de plomb, également d'un demi-millimètre d'épaisseur, plissées et fendues de telle sorte que l'action électrique s'exerce sur les deux faces. Ces lames sont reliées entre elles par des bandes et deux anneaux, l'un supérieur et l'autre inférieur, en plomb antimonié, qui par des soudures autogènes constituent un tout rigide d'une grande résistance.

L'accumulateur ne comporte qu'une seule électrode positive ayant la forme d'un cylindre, et une électrode négative représentée par un cylindre creux dans lequel pénètre l'électrode positive; des couvercles en porcelaine maintiennent les deux électrodes à la distance de quelques millimètres et rendent tout contact impossible, si bien que la surveillance et l'entretien sont considérablement simplifiés.

La résistance intérieure de ces appareils est bien inférieure à ce qu'elle est habituellement, à cause, d'une part, de leur surface considérable et, d'autre part, de l'importance relativement beaucoup plus forte des parties conductrices. Enfin la capacité par kilogramme est beaucoup plus grande, comme cela doit résulter de l'emploi des lames de plomb d'un demi-millimètre d'épaisseur seulement; et, comme cela se produit pour tous les accumulateurs genre Planté, cette capacité va en augmentant jusqu'à l'usure complète, qui, pour les raisons qui viennent d'être indiquées, n'est à redouter qu'au bout d'un très long temps.

Étalons d'épaisseur en quartz taillés par M. Werlein, étudiés par M. J. Macé de Lépinay. — Ces étalons, en quartz parallèle à l'axe, ont 2, 4, 6, 8, 10 et 20^{mm} d'épaisseur. Chacun est en double; la moitié est destinée au Bureau international des Poids et Mesures, l'autre à la Faculté des Sciences de Marseille. Ils ont été tous tirés du même bloc de quartz, ainsi qu'un prisme à arêtes parallèles à l'axe.

La méthode employée repose sur l'observation des franges de Talbot; elle est identique à celle que M. Macé de Lépinay a précédemment appliquée; l'amélioration des appareils permet actuellement de mesurer directement jusqu'à 20^{mm} à 2 ou 3 centièmes de micron près.

Sur le trajet d'un faisceau de lumière solaire ([1]) issu d'une fente et tombant sur un réseau concave de Rowland, interposons l'une des lames, de sorte qu'elle soit traversée, en une région bien définie, par la moitié du faisceau. Le spectre est sillonné de bandes noires étroites (20 entre les deux raies D pour une lame de 20^{mm}). Posons

$$(1) \qquad P\,\frac{\Lambda}{2} = (N_t - V_t)e_t :$$

Λ longueur d'onde dans le vide,
N_t indice actuel absolu de la lame,
V_t indice absolu actuel de l'air,
P est une fonction continue de la longueur d'onde dont les valeurs entières impaires correspondent aux milieux des franges noires.

L'équation (1) permet de déterminer e_t et par suite e_0 si l'on connaît les valeurs des divers termes qui y figurent. Les seuls dont il est nécessaire de parler sont P et N_t; les autres sont connus (MM. Mascart, Benoît, Dufet).

([1]) Polarisé de manière à n'utiliser que le rayon ordinaire dans le quartz.

Mesure de P. — On observe au moyen d'un oculaire micrométrique les positions des deux raies D et des franges qui les encadrent. On trouve par interpolation la valeur de P qui correspond au milieu des deux raies D, si l'on connaît celle, entière et impaire, qui correspond à l'une des franges noires observées. Cette dernière s'obtient sans ambiguïté, en déterminant au moyen d'un sphéromètre Brunner, et par comparaison avec les anciens étalons, les épaisseurs approchées des lames aux points étudiés.

Mesure de N. — Le goniomètre employé a été construit spécialement par MM. Brunner : collimateur indépendant, cercle gradué répétiteur, deux microscopes à oculaires micrométriques, permettant de lire les 2′, et d'estimer le $\frac{1}{5}$ de seconde.

La grande difficulté était d'éliminer les erreurs dues à la courbure des faces du prisme. On a mis à profit les résultats des études de MM. Cornu, Macé de Lépinay, Carvallo. Le prisme était enfermé dans une boîte à double enveloppe pleine d'eau pour maintenir la température constante. Les quatre nombres suivants résultent d'expériences complètement indépendantes :

$$N_0 = 1,5447739$$
$$1,5447726$$
$$1,5447736$$
$$1,5447748.$$

Ils montrent que N — V est connu à $\frac{1}{600000}$ près environ. C'est le degré réel d'exactitude que comportent les mesures d'épaisseur par la méthode des franges de Talbot.

Sur les oscillations électriques de période moyenne;

Par M. P. JANET.

On sait depuis longtemps déjà que les courants qui naissent ou cessent dans un système de conducteurs, présentant des conditions convenables de capacité et de self-induction, peuvent affecter la forme oscillatoire; cette découverte capitale, due à Lord Kelvin et à von Helmholtz, prend de jour en jour une importance plus grande; c'est elle qui a été le germe des belles expériences de Hertz et à qui, par conséquent, nous serons prochainement redevables de la synthèse définitive destinée à unir dans une même explication les phénomènes de l'Optique et de l'Électricité;

c'est elle aussi qui a permis à Tesla de réaliser ses expériences si brillantes et si originales et d'ouvrir peut-être ainsi, dans le domaine de la pratique, un champ nouveau à la production artificielle de la lumière.

Ces récents travaux, que je viens de rappeler en quelques mots, ont porté l'attention de la plupart des physiciens du côté des hautes fréquences; on a pu, par des moyens purement électriques, réaliser des oscillations dont la durée ne dépasse pas $\frac{1}{100000000}$ de seconde, et étudier leurs propriétés; l'importance des résultats obtenus et à obtenir explique cette tendance, et il est probable que les savants qui se sont engagés dans cette voie y trouveront encore de nombreuses et fécondes découvertes. Néanmoins il nous a paru qu'il y avait encore quelque intérêt à reprendre l'étude des oscillations à périodes relativement lentes (quelques $\frac{1}{10000}$ de seconde environ). Les expérimentateurs qui se sont jusqu'ici occupés de telles oscillations, et parmi lesquels je citerai Feddersen, Blaserna, Bernstein, Schiller et Mouton, ont surtout cherché à déterminer avec précision leur période et leur décrément logarithmique, et ont en général négligé l'étude approfondie de leur forme, c'est-à-dire, en définitive, de la manière dont les différentes grandeurs électriques (intensité ou différence de potentiel) varient avec le temps; c'est à ce point de vue surtout qu'ont été instituées les expériences suivantes.

I. — Disposition générale des mesures.

L'appareil fondamental dans les recherches de ce genre est un disjoncteur convenable; le pendule interrupteur d'Helmholtz, qui d'ailleurs est un instrument délicat et compliqué, n'existe, à ma connaissance, dans aucun laboratoire français; je me suis arrêté au disjoncteur tournant de M. Mouton ([1]). Cet appareil se compose (*fig.* 1) de trois roues A, B, B montées sur le même axe auquel on peut donner un mouvement de rotation rapide à l'aide de la poulie C; une seule des roues B est utilisée dans les

---

([1]) Cet appareil, qui appartient au laboratoire de Physique de l'École Normale supérieure, m'a été confié, avec la plus extrême obligeance, par M. Violle.

recherches actuelles. La roue A (*fig.* 2), en bronze (¹), porte une
came excentrique *a* qui vient, à chaque tour, établir un contact
avec un couteau en platine iridié *b*. Ce couteau est lui-même

Fig. 1.

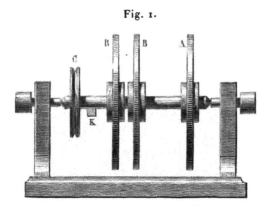

porté par une pièce massive D et peut recevoir de petits mouvements verticaux à l'aide d'une vis micrométrique *c* qui donne le
cinquantième de millimètre. Le courant entre par la borne *d* et
le ressort frotteur α, et sort par la borne *e*.

Fig. 2.

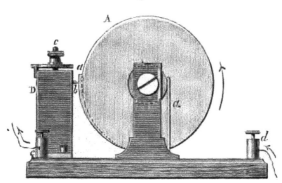

Tout ce système est soigneusement isolé. La roue B (*fig.* 3),
dans le modèle primitif, portait un long ressort *f* terminé par un
couteau. Je l'ai remplacé par un couteau fixe en platine vissé sur

---

(¹) Je décris l'appareil tel qu'il est actuellement, après quelques modifications
de détails que je lui ai fait subir.

la roue ; ce couteau établit à chaque tour un contact très court avec un autre couteau semblable g. Le couteau g est, dans le modèle actuel, muni de tous les moyens de réglage en hauteur et en

Fig. 3.

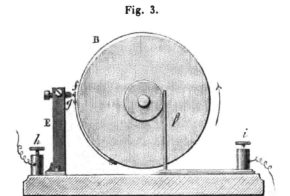

travers. Les communications sont prises au moyen des bornes h et i. Supposons que les choses soient réglées de telle sorte que le contact fg ait lieu au moment précis de la rupture en ab (c'est ce point que nous prendrons pour origine des divisions du micromètre). Soulevons la vis c d'une quantité l, et cherchons l'intervalle de temps qui s'écoule entre la rupture ab et le contact fg. Soient d la distance de a à l'axe (distance qui s'obtient aisément, l'appareil étant démonté, à la machine à diviser), n le nombre de tours par seconde. En une seconde, le point a parcourt un chemin $2\pi dn$; par suite, le temps qui s'écoule pendant qu'il parcourt le chemin l est $\dfrac{l}{2\pi dn}$. En observant que chaque division du micromètre vaut o,oo2, le temps correspondant au déplacement d'une division de la vis micrométrique est $\dfrac{1}{1000\,\pi dn}$. On a environ $d = 5$, de telle sorte qu'en adoptant la vitesse très modérée correspondant à $n = 2$, on peut évaluer avec la plus grande facilité $\frac{1}{30000}$ de seconde, et il est possible d'aller beaucoup plus loin.

La seule difficulté que l'on rencontre dans ces mesures de petits intervalles de temps est le maintien d'une vitesse constante pour l'appareil ; j'ai mis fort longtemps avant d'y parvenir ; le procédé auquel je me suis arrêté est le suivant : le moteur est une

petite turbine (*Chicago'stop*) qui fonctionne très régulièrement sous la pression normale des eaux de la ville ; cette turbine
met en mouvement, d'une part, le disjoncteur, après réduction
de vitesse convenable obtenue à l'aide d'une double poulie ; de
l'autre, un régulateur de Foucault. Ce régulateur a un double
but : il s'oppose d'abord aux petites variations accidentelles de
vitesse qui se produiraient constamment, de plus il sert d'indicateur pour maintenir la vitesse rigoureusement constante pendant toute la durée d'une série, et même pour retrouver la même
vitesse à plusieurs jours d'intervalle. Pour cela, un viseur à lunette
est pointé à poste fixe sur le régulateur et, au moyen d'un robinet
sensible placé sous la main de l'observateur, dans le voisinage
même des appareils de mesure électrique, on règle le courant
d'eau de telle sorte que le même point du régulateur vienne toujours se placer sous le fil du réticule. On peut ainsi, même pendant qu'une expérience est en train, intervenir constamment pour
maintenir la vitesse constante, le régulateur s'opposant d'ailleurs
à toute variation à courte période.

Voyons maintenant dans quelles conditions nous produirons
les oscillations à étudier. L'appareil que nous venons de décrire
est éminemment propre à produire, à un instant bien déterminé,
une rupture brusque, puis, après un temps très court et connu,
un contact instantané. Pour utiliser ces propriétés, nous avons
été conduit à la disposition suivante (*fig.* 4). Le circuit d'une
pile P se ferme sur une résistance $CD = R'$ très grande et un
court circuit AB. Aux bornes A et B du court circuit sont reliés :
1° un condensateur EF ; 2° un circuit dérivé AGHKB d'une résistance totale égale à R. Ce circuit lui-même comprend deux
parties : 1° une bobine GH de résistance r_1 et de self-induction L ;
2° une résistance r_2 prise sur une boîte et ne présentant pas de
self-induction sensible. Dans la plupart des mesures, on s'arrange
de sorte que $r_1 = r_2 = r$; la boîte ne donnant pas les fractions
d'ohm, on arrive à l'égalité rigoureuse au moyen d'un rhéostat
de Wheatstone. La température de la bobine est maintenue constante au moyen d'un serpentin où circule un courant d'eau continu. Cela posé, au temps o, on rompt brusquement le court
circuit AB, et l'on se propose d'étudier, en fonction du temps, les
différences de potentiel e_1 et e_2 qui existent : 1° entre G et H ;

2° entre **H** et **K**. Le rapprochement de ces deux fonctions du
temps permet, comme nous le montrerons plus loin, d'aborder un
certain nombre de questions intéressantes.

Fig. 4.

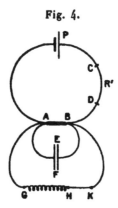

Voyons maintenant comment dans la pratique est réalisé ce
plan d'expériences. Le courant est fourni (*fig.* 5) par une batterie
d'accumulateurs P, sur laquelle on peut, au moyen du commutateur L, prendre 2 ou 12 éléments en tension, suivant les cas ; le

Fig. 5.

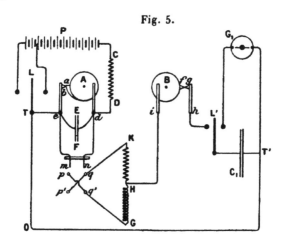

court circuit AB de la *fig.* 4 est obtenu au moyen de la came *a*
et du couteau *b* ; aux bornes *d*, *e* sont reliés : 1° le condensateur EF ; 2° le circuit dérivé GHK. Les godets à mercure *p*, *q*, *p'*, *q'*
permettent de faire entrer le courant soit par G, soit par H sans
changer le sens des charges du condensateur EF. Si l'on suppose
le point T relié à la terre, on voit que le point d'entrée du cou-

rant dans le circuit dérivé sera toujours au potentiel zéro. Supposons qu'il s'agisse d'étudier e_1 en fonction du temps (différence
de potentiel entre GH), on a soin de placer mn en pq, de manière que G soit au potentiel zéro, et alors tout revient à étudier
les variations du potentiel en H. Pour cela, le point T (et par
suite G) est mis en communication avec l'une des armatures d'un
condensateur auxiliaire C_1 de 1 microfarad. Le point H est mis
en relation avec l'autre armature de ce condensateur par l'intermédiaire du disque B, du contact instantané fg et de la clef à
décharge L'. Si x est le nombre de divisions dont on a tourné la
vis micrométrique à partir de l'origine, le condensateur C se
charge sous une différence de potentiel égale à celle qui existe
au temps $\dfrac{x}{1000\,\pi\,dn}$ entre les points G et H. On attend une minute
pour être assuré que la charge est complète, et l'on mesure cette
charge en déchargeant le condensateur c_1 dans le galvanomètre
G_1 ; on obtient une impulsion y, et l'on a

$$e_1 = k y_1.$$

On aurait de même

$$e_2 = k y_2.$$

Pour avoir au galvanomètre des impulsions du même ordre de
grandeur, le courant est emprunté en réalité, dans le premier cas,
à deux, dans le second à douze accumulateurs en tension, en
sorte que les grandeurs directement comparables sont y_2 et
$y_1 = 6 y_1'$, y_1' étant l'impulsion directement observée.

II. — Des oscillations électriques.

Admettons, pour un instant, que le condensateur EF soit un
condensateur parfait. Nous désignerons sous ce nom un condensateur tel qu'il existe, aussi bien pendant le régime variable que
pendant le régime permanent, un rapport rigoureusement constant
(capacité) entre ses charges et les différences de potentiel de ses
armatures. Soit C la capacité ainsi définie. Il est alors facile d'établir l'équation du courant dans la branche dérivée GHK ($fig.$ 4)
qui nous intéresse. Appelons, en effet, I l'intensité dans la
branche PB, i dans la branche BkGA, i' dans la branche BEF.

On a, à chaque instant,

(1) $$I = i + i'.$$

D'autre part, soit V le potentiel, au temps t, du point B et, par suite, de l'armature correspondante du condensateur qui lui est reliée par un conducteur sans résistance; soit E la force électro-motrice de P, et supposons, comme plus haut, A maintenu au potentiel zéro. On a les équations évidentes

(2) $$I = \frac{E - V}{R'},$$

(3) $$V = R i + L \frac{di}{dt}.$$

Soit Q la charge du condensateur :

$$Q = CV,$$

(4) $$i' = \frac{dQ}{dt} = C \frac{dV}{dt}.$$

Le problème revient à éliminer V, I, i' entre les équations (1), (2), (3), (4).

On obtient facilement l'équation différentielle du deuxième ordre

(5) $$CLR' \frac{d^2 i}{dt^2} + (CRR' + L) \frac{di}{dt} + (R + R')i = E.$$

On voit immédiatement que le courant sera oscillatoire si les racines de la caractéristique sont imaginaires, c'est-à-dire si l'on a

(6) $$(CRR' - L)^2 - 4CLR'^2 < 0.$$

Cette inégalité permet de se placer à coup sûr dans des conditions où les oscillations se produiront; si, en effet, on effectue les mesures dans des conditions telles que l'inégalité soit sûrement satisfaite (et, pour s'en assurer, il suffit d'avoir une connaissance même très grossière des quantités qui y entrent), on trouve que les différences de potentiel e_1 et e_2 sont oscillatoires ; elles sont représentées dans la *fig.* 6, qui est purement schématique. Cette première recherche nous fournit quelques particularités intéressantes : en premier lieu, nous pouvons vérifier ce fait, qui résulte immédiatement des lois fondamentales de l'induction, que la courbe e_1 passe exactement par les maxima et minima de la courbe e_2 ; en second lieu, la courbe e_1 présente des parties négatives, dans lesquelles il est curieux, quoique fort naturel d'ailleurs, de voir le courant remonter dans le sens des potentiels croissants.

Fig. 6.

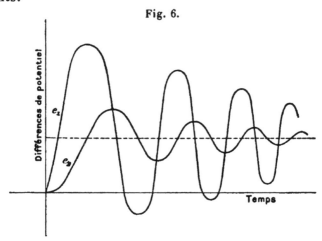

Revenons à l'équation (5).

Dans le cas où le courant est oscillatoire, l'intégrale générale de cette équation est de la forme

$$(7) \qquad i = i_0 + e^{-\alpha t}(\mathrm{A} \cos \beta t + \mathrm{B} \sin \beta t),$$

en posant

$$(8) \qquad \alpha = \frac{\mathrm{CRR'} + \mathrm{L}}{2\,\mathrm{CLR'}}, \qquad \beta = \frac{\sqrt{4\,\mathrm{CLR'^2} - (\mathrm{CRR'} - \mathrm{L})^2}}{2\,\mathrm{CLR'}}.$$

Pour déterminer les constantes A et B, nous observerons qu'à l'origine des temps on a $i = 0$; on a aussi $Q = 0$, d'où $V = 0$, et, d'après (3), $\left(\dfrac{di}{dt}\right)_0 = 0$. On doit donc avoir

$$(9) \qquad 0 = i_0 + \mathrm{A}.$$

D'autre part,

$$\frac{di}{dt} = -\alpha e^{-\alpha t}(\mathrm{A} \cos \beta t + \mathrm{B} \sin \beta t) + \beta e^{-\alpha t}(-\mathrm{A} \sin \beta t + \mathrm{B} \cos \beta t);$$

d'où

(10)
$$\left(\frac{di}{dt}\right)_{t=0} = -\,A\alpha + B\beta = 0.$$

De (9) et (10), on tire

$$A = -\,i_0, \qquad B = -\,\frac{\alpha}{\beta}\,i_0.$$

En portant ces valeurs dans (7), il vient

(11)
$$i = i_0\left[1 - e^{-\alpha t}\left(\cos\beta t + \frac{\alpha}{\beta}\sin\beta t\right)\right].$$

Telle est la valeur théorique de la fonction qui lie l'intensité i au temps. De là, nous tirons

$$u = \frac{i_0 - i}{i_0} = e^{-\alpha t}\left(\cos\beta t + \frac{\alpha}{\beta}\sin\beta t\right).$$

Cette fonction est intéressante à considérer, en ce sens qu'elle est indépendante de E et ne contient qu'un rapport d'intensités, ce qui nous dispense de toute mesure absolue. Les maxima et minima ont lieu pour les valeurs de t données par l'équation

$$\sin\beta t = 0, \qquad t = \frac{m\pi}{\beta}.$$

Les valeurs correspondantes de u sont

(12)
$$u = \pm\, e^{-m\frac{\alpha\pi}{\beta}} = (-1)^m e^{-m\frac{\alpha\pi}{\beta}},$$

m étant un entier quelconque.

Nous sommes maintenant en état de faire, au moins dans les grandes lignes, une comparaison entre la théorie et l'expérience. Les quantités qu'il est possible de déterminer expérimentalement avec précision sont les résistances et le coefficient de self-induction ([1]). On adoptait en général, pour les résistances, les valeurs

$$R = 500, \qquad R' = 20\,000.$$

([1]) Toutes les unités adoptées sont des unités pratiques.

Le coefficient de self-induction, mesuré soit par la méthode de Lord Rayleigh, soit par une méthode particulière, sur laquelle nous reviendrons plus loin, a pour valeur

$$L = 0{,}65.$$

Le condensateur employé étant non pas un condensateur à air, mais un condensateur à mica, nous devons faire les plus grandes réserves non seulement sur la valeur, mais encore sur l'existence même d'une capacité bien définie et indépendante de la charge pendant la période variable. N'attachons donc aucune importance à la valeur nominale de cette capacité, et tâchons de la déterminer expérimentalement (si elle existe). Pour cela, mesurons sur les courbes le premier maximum de u

$$u_1 = - e^{-\frac{\alpha \pi}{\beta}}.$$

Dans cette équation, nous pouvons considérer C comme la seule inconnue et résoudre par rapport à C : si l'on peut admettre pour C une valeur véritablement constante et indépendante de la charge, c'est à coup sûr celle-là qu'il faudra adopter. La valeur de C étant ainsi connue, on peut construire la courbe théorique de i en fonction du temps. Or, en opérant ainsi, on trouve, dans le cas où le condensateur employé est un condensateur à mica, que la courbe calculée s'écarte sensiblement de la courbe observée, tout en reproduisant les principales circonstances révélées par l'expérience. Il y a donc quelque phénomène dont nous n'avons pas tenu compte dans le calcul. En reprenant ce calcul, nous trouvons que le seul point discutable consiste à admettre l'existence d'un rapport constant (capacité), même pendant la période variable entre les charges et les différences de potentiel. Si un tel rapport n'existe pas, la théorie est infirmée ; la marche à suivre maintenant se présente donc d'elle-même ; nous allons nous efforcer de diriger nos calculs, en vue précisément de savoir si réellement, pendant la période variable, la capacité est constante ou non ; nous allons montrer qu'un examen judicieux des courbes précédemment obtenues nous amènera à la solution de cette question.

III. — Hystérésis et viscosité diélectrique du mica.

Proposons-nous d'évaluer à chaque instant : 1° la différence de potentiel V qui existe entre les deux armatures du condensateur EF ; 2° la charge Q de ce condensateur. Si le condensateur était *parfait* (*voir* plus haut), le rapport $\frac{Q}{V}$ devrait être constant et représenterait sa capacité ; nous avons à rechercher s'il en est ainsi :

1° On a

(13) $$V = e_1 + e_2 = k(y_1 + y_2).$$

2° L'équation (2) donne

(2) $$I = \frac{E}{R'} - \frac{V}{R'}.$$

Appelons I_0 l'intensité finale qui règne dans le circuit PBkGAP (*fig.* 4) lorsque le régime permanent est établi, et soit y_0 l'impulsion au galvanomètre due à la différence de potentiel qui existe alors entre H et k ; on a

(14) $$\frac{E}{R'} = I_0\left(1 + \frac{R}{R'}\right) = \frac{k}{r}y_0\left(1 + \frac{R}{R'}\right).$$

D'autre part,

(15) $$\frac{V}{R'} = \frac{R}{R'}(y_1 + y_2).$$

Tenons compte dans (2) des équations (14) et (15), il vient

$$I = \frac{k}{r}\left(1 + \frac{R}{R'}\right)y_0 - \frac{R}{R'}(y_1 + y_2).$$

D'ailleurs

$$i = \frac{k}{r}y_2;$$

par suite,

$$i' = I - i = \frac{k}{rR}[(R - R')y_0 - ry_0 - (R' + y_2)].$$

y_0 est une constante connue ; y_1 et y_2 sont donnés en fonction de la division x du micromètre, x étant proportionnel au temps.

Construisons une courbe ayant pour abscisse x et pour ordonnée la fonction connue de x

$$u = (R + R')y_0 - ry_1 - (R' + r)y_2.$$

Mesurons sur le papier quadrillé les aires q de cette courbe à partir de l'origine

$$q = \int_0^x u\,dx.$$

q est ainsi connu en fonction de x.

Posons d'autre part

$$v = y_1 + y_2.$$

Enfin construisons une dernière courbe en prenant pour abscisse v et pour ordonnée q. Si nous observons que v et q représentent, en unités arbitraires, les valeurs simultanées des différences de potentiel et des charges du condensateur, nous voyons que si, pendant la période variable, le condensateur présentait une capacité constante, cette courbe serait simplement une ligne droite passant par l'origine. Or, si l'on effectue la série de calculs indiqués, on trouve qu'il n'en est rien ; la courbe présente très nettement la forme suivante (*fig.* 7).

Fig. 7.

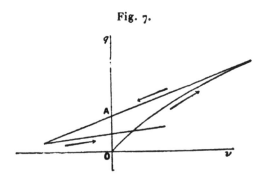

Il n'est pas inutile de remarquer, avant d'aller plus loin, que tous ces résultats sont obtenus sans aucune hypothèse ; les seules lois dont nous nous sommes servi dans nos calculs sont : la première loi de Kirchhoff et la loi d'Ohm. Nous n'avons même pas eu besoin d'avoir recours aux lois de l'induction.

Si nous examinons attentivement la courbe représentée dans la *fig.* 4, nous voyons qu'elle peut s'interpréter, indépendamment de toute hypothèse, de la façon suivante, qui est une pure traduction des faits :

Dans un condensateur à diélectrique solide, soumis à des oscillations rapides, il y a un retard des charges sur les différences de potentiel; autrement dit, à différences de potentiel égales, les charges sont moins grandes pour les potentiels croissants que pour les potentiels décroissants.

A quoi devons-nous attribuer ce retard? Un grand nombre de phénomènes physiques présentés par les solides offrent un caractère analogue. On peut les rattacher à deux causes : l'hystérésis et la viscosité; la première étant indépendante de la vitesse des cycles parcourus, la seconde, au contraire, dépendant uniquement de cette vitesse. Ces deux causes sont réunies ici, et notre étude actuelle ne permet pas de les distinguer l'une de l'autre; nous ne trancherons donc pas actuellement cette question délicate, tout en nous réservant d'y revenir plus tard, car il entre dans notre plan d'expériences de tenter de l'éclaircir au moyen de cycles lentement parcourus. Nous devons, cependant, rappeler ici que, en se fondant sur des comparaisons et des expériences fort ingénieuses, et en développant la théorie des diélectriques hétérogènes de Maxwell, M. Hess nie d'une manière absolue l'hystérésis des diélectriques pour ne conserver que leur viscosité. Mais, je le répète, l'expérience seule peut trancher cette question difficile.

IV. — Vérification de la théorie; nouvelle méthode de mesure des coefficients de self-induction.

Puisque nous devons renoncer, pour la période variable, à la notion de capacité, dans quel sens faudra-t-il chercher une confirmation expérimentale rigoureuse de la théorie des oscillations électriques?

La première idée qui se présente consiste à employer un condensateur à air : s'il existe un condensateur parfait, c'est, à coup sûr, celui-là. Il est vrai que deux physiciens anglais, Trowbridge et Sabine ([1]), attribuent même à l'air une certaine viscosité diélectrique. Mais c'est là une opinion qu'il ne faut pas considérer comme définitive; c'est encore à l'expérience qu'il faut avoir recours pour trancher la question, et c'est dans ce but que j'ai entrepris une nouvelle série de mesures, actuellement en cours d'exécution, sur un condensateur à air, par la méthode exposée plus haut (III).

Mais, même avec un condensateur à mica présentant toutes les complications de l'hystérésis ou de la viscosité, il n'est pas impossible d'obtenir des vérifications très précises de la théorie. C'est ce point que j'exposerai maintenant.

Reprenons les équations

$$e_1 = ri + L\frac{di}{dt}, \qquad e_2 = ri$$

ou

$$ky_1 = ri - L\frac{di}{dt}, \qquad ky_2 = ri.$$

Retranchons membre à membre, et remplaçons $\frac{di}{dt}$ par $\frac{k}{r}\frac{dy_2}{dt}$; il vient

$$L = r\frac{y_2 - y_1}{\dfrac{dy_2}{dt}}.$$

Ainsi le rapport

$$r\frac{y_2 - y_1}{\dfrac{dy_2}{dt}}$$

doit être constant, *en vertu des seules lois de l'induction,* et indépendamment de toute notion de capacité. Transformons ce rapport de manière à n'y laisser que les quantités données par l'expérience. Soit x la division de la vis micrométrique qui correspond au temps t; y_1 et y_2 sont des fonctions connues de x que nous pouvons représenter par deux courbes. Écrivons alors

$$L = r\frac{y_2 - y_1}{\dfrac{dy_2}{dx}\dfrac{dx}{dt}}.$$

([1]) *Phil. Mag.*, 1re série, t. XXX, p. 323.

Posons $\frac{dx}{dt} = a$. On a

$$a = 1000\pi \, dn ;$$

a est donc connu. Nous avons donc à vérifier simplement que le rapport

$$\frac{y_2 - y_1}{\frac{dy_2}{dx}},$$

c'est-à-dire le rapport de la différence des ordonnées des deux courbes au coefficient angulaire de la tangente à l'une d'elles, est constant. Cette constante, multipliée par $\frac{r}{a}$ qui est connu, donnera L. Nous sommes donc là en possession d'une nouvelle méthode de mesure des coefficients de self-induction.

Cette méthode, dans toute sa généralité, comporterait assez peu de précision. Nous emploierons de préférence l'artifice suivant.

Observons que, la fraction $\frac{y_2 - y_1}{\frac{dy_2}{dx}}$ devant rester constante, au maximum de son numérateur correspond nécessairement le maximum de son dénominateur. Il nous suffira donc de chercher d'une part le maximum de $y_2 - y_1$, de l'autre le coefficient angulaire maximum de la tangente à la courbe y_2, c'est-à-dire le coefficient angulaire de la tangente au point d'inflexion. La courbe y_2 dans les environs de ce point se confondant sensiblement avec une ligne droite, cette mesure pourra se faire graphiquement avec une grande précision. Nous obtenons de la sorte deux valeurs assurément simultanées de $y_2 - y_1$ et de $\frac{dy_2}{dx}$ sans avoir à nous préoccuper de savoir si ces valeurs correspondent bien à une même abscisse : nous sommes d'ailleurs dans de bonnes conditions expérimentales, ayant à mesurer deux grandeurs dans le voisinage d'un maximum. Nous avons à vérifier que la fraction

$$r \frac{(y_2 - y_1)_{max}}{a\left(\frac{dy_2}{dx}\right)_{max}}$$

est constante, et que cette valeur constante est précisément celle du coefficient de self-induction de la bobine GH.

8

Voici maintenant les résultats obtenus :

Capacité nominale du condensateur.	L.
mf	
0,1	,63
0,1	0,65
0,1	0,64
0,2	0,67
0,2	0,64
0,3	0,65
Moyenne........	0,65

Le même coefficient, mesuré par la méthode connue de Lord Rayleigh, a été trouvé égal à 0,65 (moyenne de plusieurs mesures concordantes). La vérification est donc aussi satisfaisante que possible.

Ainsi, nous avons pour ainsi dire dégagé, dans le phénomène complexe des oscillations troublé par l'hystérésis et la viscosité du diélectrique, les circonstances les plus simples, et nous avons reconnu que, tant qu'il est possible de ne pas toucher à la notion de capacité, la théorie se vérifie exactement; c'est à l'expérience maintenant de nous donner des renseignements plus complets sur le rôle exact de cette capacité dont la variation avec la charge et le temps complique si singulièrement les phénomènes.

Mesures optiques d'étalons d'épaisseur;

par M. Macé de Lépinay.

Les recherches dont je me propose d'entretenir la Société de Physique sont encore inachevées. Elles ont pour but l'étude complète d'une série d'étalons d'épaisseur, dont la moitié est destinée au Bureau international des Poids et Mesures ; les autres le sont à la Faculté des Sciences de Marseille. Ces étalons sont en quartz, parallèles à l'axe, tous tirés du même bloc, en même temps qu'un prisme à arêtes parallèles à l'axe, et ont été taillés avec une grande exactitude par M. Werlein. Leurs épaisseurs sont de 2, 4, 6, 8, 10 et 20^{mm}. Chacun d'eux est en double.

La méthode optique employée repose sur l'observation des franges de Talbot. Elle est identique comme principe à celle que j'ai décrite il y a quelques années (*Journal de Physique*, 2e série, t. V, p. 3o5), mais l'amélioration des appareils m'a permis d'une part d'accroître considérablement le degré de précision obtenu, et de l'autre d'étudier directement des lames de 20^{mm} d'épaisseur. L'emploi d'un autre réseau me permettrait, si cela était nécessaire, d'aller beaucoup plus loin.

Sur le trajet du faisceau de lumière qui traverse un appareil spectroscopique quelconque, introduisons une lame à faces parallèles, d'épaisseur e_t, d'indice N_t, de telle sorte qu'elle soit traversée normalement par la moitié du faisceau.

Le spectre obtenu est sillonné de franges noires, qui sont (à quelques particularités près, étudiées par Airy et M. Mascart, mais qui n'en modifient point les positions), dues à l'interférence des deux mouvements vibratoires qui ont traversé des épaisseurs égales, de la substance étudiée pour l'un, d'air, d'indice $v_{t,\text{H}}$ pour l'autre, et qui présentent en se croisant, dans le plan focal de la loupe d'observation, une différence de marche

$$\Delta = (N_t - v_{t,\text{H}})e_t.$$

Si nous posons

$$\Delta = P\,\frac{\Lambda}{2},$$

Λ étant la longueur d'onde dans le vide, P peut être considéré comme une fonction continue de la longueur d'onde Λ, fonction dont les valeurs entières impaires correspondent aux milieux des franges noires obtenues.

La relation

$$P\,\frac{\Lambda}{2} = (N_t - v_{t,\text{H}})e_t$$

nous permettra de calculer e_t et par suite e_o, si nous connaissons les valeurs numériques des divers termes qui entrent dans cette formule. Les seuls dont j'aurai à parler spécialement sont P et N_t; les autres : indice de l'air en fonction de la température et de la pression; variation de l'indice du quartz (rayon ordinaire) en fonction de la température; dilatation du quartz, sont connus avec toute la précision nécessaire grâce aux recherches de MM. Mascart, René Benoît et Dufet. Quant à Λ, j'ai admis provisoirement, pour la radiation utilisée (milieu du groupe D), la valeur

$$5,894722 \times 10^{-5} \text{ centimètres,}$$

qui résulte de mes propres recherches ([1]).

L'appareil employé, solidement installé sur des piliers en briques, est simplement constitué par une fente de 1^{mm} de hauteur, un réseau concave de Rowland, de 2^m de rayon, et un oculaire micrométrique. Le spectre, produit par diffraction normale, est assez étalé pour que l'on ait pu observer et mesurer des franges qui ont atteint le nombre de vingt entre les deux raies D. La lumière solaire renvoyée par un prisme à réflexion totale porté par un héliostat, traversait un gros foucault qui permettait de n'utiliser que le rayon ordinaire dans le quartz, puis une lentille de 95^{cm} de distance focale qui la concentrait sur la fente. L'image solaire ainsi obtenue étant exactement centrée sur la fente, et les observations se faisant au voisinage de midi, les longueurs d'onde ne se trouvent modifiées ni par la rotation de la Terre autour du Soleil, ni par celle de ce dernier sur lui-même (MASCART, *Optique,* t. III, p. 106).

Le quartz est recouvert de papier noir qui ne laisse à découvert qu'un millimètre carré au voisinage du milieu de l'un des bords. C'est l'épaisseur moyenne corrrespondante que l'on mesure ([2]). La lame était enfermée dans une boîte métallique percée d'ouvertures convenables et contenant le réservoir d'un thermomètre étalonné.

La marche d'une expérience consiste à relever au micromètre les positions des deux raies D, lorsque le faisceau traverse en totalité d'abord l'air, puis la lame; amenant ensuite cette dernière dans la position convenable, on relève les positions de

---

([1]) J'espère pouvoir, avant l'achèvement même de cette étude, mettre à profit les résultats des remarquables recherches de M. Michelson.

([2]) Une fois le travail de polissage achevé, les lames ont été rognées de 2^{mm} sur trois côtés pour atténuer les irrégularités des surfaces au voisinage des bords.

douze franges encadrant l'une et l'autre de ces raies. Soit x la valeur entière et impaire de P qui correspond à l'une de ces franges, on déduit de ces mesures, par interpolation, la valeur de P qui correspond à chacune des raies D et par suite à leur milieu. C'est ainsi que quatre déterminations relatives à l'une des lames de 2^{cm} ont conduit aux résultats suivants :

Milieu du groupe D.	$t.$	H.
P $= x + 28,041$	$23,22$	$76,04$
$x + 28,075$	$23,22$	$76,04$
$x + 28,029$	$23,02$	$75,97$
$x + 28,119$	$23,02$	$75,97$

On en déduit, en admettant

$$N_o = 1,5447737 \quad (\text{voir plus loin})$$

et

$$x = \quad 36859$$

les valeurs suivantes à $0°$ de l'épaisseur moyenne dans la région étudiée :

$$e_o = 1,9965.83$$
$$1,9965.88$$
$$1,9965.83$$
$$\overline{1,9965.85}$$

Moyenne...... $e_o = 1,9965.85$ $(^1)$

Les erreurs n'atteignent que quelques centièmes de micron. Les autres lames ont conduit à des résultats analogues.

Il est nécessaire d'entrer dans quelques détails au sujet de la détermination de x (nombre entier impair) et de N_o.

Celle de x ne présente aucune difficulté ; j'ai pu en effet éviter l'emploi de la méthode sûre, mais longue et pénible, que j'ai décrite antérieurement (*Journ. de Phys.*, 2e série, t. V, p. 405). Il m'a suffi de déterminer, par comparaison avec mes anciens étalons (en faisant usage du sphéromètre Brünner de la Faculté des Sciences de Marseille), les épaisseurs approchées des nouvelles lames aux points étudiés. Si l'on remarque qu'une erreur de 2 unités sur x

---

$(^1)$ Ce nombre doit être diminué de $0^\mu,04$ pour tenir compte de ce que la lame était traversée par un faisceau légèrement divergent.

correspond à une erreur de $1^\mu, 08$ sur l'épaisseur et que le sphéromètre permet de connaître cette dernière à $0^\mu, 20$ près environ, on voit que x est connu, dans chaque cas, avec une certitude absolue.

La détermination de l'indice est, de toutes, la plus délicate ; elle a nécessité trois mois d'études préliminaires.

La Faculté des Sciences de Marseille est redevable au talent bien connu des frères Brünner, et à une généreuse subvention du Ministère de l'Instruction publique, d'un magnifique goniomètre spécialement construit pour ces recherches. Il est à cercle répétiteur de 32^{cm} de diamètre, divisé en $5'$. Les lectures se font au moyen de deux microscopes à oculaires micrométriques, dont les tambours divisés permettent de lire directement les $2''$, et d'estimer les $0'', 2$. La lunette a 4^{cm} d'ouverture et 40^{cm} de distance focale. Le collimateur est indépendant, afin de permettre d'effectuer des lectures dans tous les azimuts, mais repose sur la même plate-forme que le reste de l'appareil. Une mesure complète d'un angle est conduite naturellement de manière à utiliser la totalité de la division du limbe, quoique les irrégularités, très faibles, en aient été étudiées en détail, ainsi que celles des divisions des deux micromètres.

Le prisme est bien taillé. En me repérant sur les déplacements en hauteur des images de la fente produites par réflexion sur les trois faces, j'ai pu constater que la somme des angles dièdres formés par les plans tangents aux centres de ces trois faces ne différaient pas de $0'', 01$ de $180°$. J'ai montré, dans un précédent travail, comment on pouvait, en partant de cette remarque et en prenant la moyenne des mesures d'indices effectuées en utilisant successivement les trois dièdres du prisme, éliminer l'influence des erreurs commises individuellement sur les valeurs des trois angles réfringents (*Journ. de Phys.*, 2e série, t. VI, p. 190). Je n'y reviendrai pas.

La principale difficulté, signalée par M. Cornu, étudiée par lui-même et par M. Carvallo, réside dans l'influence sur les mesures de déviations minima de la courbure des faces. J'ai mis à profit, pour la faire disparaître, les précieuses indications de M. Carvallo, en excentrant le prisme sur la plate-forme du goniomètre de telle sorte que l'axe du faisceau lumineux entrât et sortît par les centres des deux faces utilisées. La meilleure preuve de l'exactitude avec laquelle on peut faire disparaître cette cause d'erreur, est dans la concordance des nombres obtenus dans des expériences complètement indépendantes.

Une autre difficulté provient de l'influence de la température. Dans le cas des franges de Talbot, les effets de la dilatation de la lame lorsque la température s'élève et de la diminution simultanée de l'indice se compensent presque exactement ; il suffit alors de connaître la température à quelques dixièmes de degré près. Des précautions minutieuses sont au contraire nécessaires, lors des mesures d'indice, car ce dernier varie de 6 unités du sixième ordre décimal par degré centigrade. Le prisme repose sur un cylindre de bois, et est enfermé dans une boîte à double enveloppe pleine d'eau, dans laquelle plongent un agitateur et le réservoir d'un thermomètre étalonné. Cette boîte, recouverte d'une couche épaisse de feutre, n'était percée que des deux ouvertures nécessaires pour le passage de la lumière, ouvertures qui restaient fermées pendant deux heures au moins avant une mesure, par d'épaisses portes de bois que l'on n'ouvrait que pendant le temps strictement nécessaire. C'est grâce à ces précautions que l'on a pu obtenir les nombres suivants, résultant de séries complètement indépendantes d'expériences :

$$N_o = 1,5447739$$
$$1,5447726$$
$$1,5447736$$
$$1,5447748$$

On voit que la valeur de $N - v$ peut être considérée comme connue à $\frac{1}{600000}$ près environ.

Il reste encore, pour compléter l'étude de ces étalons, à déterminer, pour chacun d'eux, les courbes d'égale épaisseur. L'emploi, pour séparer convenablement les faisceaux interférents, des parallélépipèdes de Fresnel [1], me permettra, j'ai pu m'en convaincre, de mener à bien cette étude ; il ne s'agit plus d'ailleurs que d'effectuer des mesures différentielles.

---

[1] MASCART, *Journ. de Phys.* (1), t. III, p. 310.

Nouvelle disposition donnant une grande mobilité aux pièces d'une table d'Ampère;

Par M. J. Brunhes.

M. Nodot a présenté à l'Exposition annuelle de la Société française de Physique un nouveau dispositif de la table d'Ampère, où, grâce à une très grande atténuation du frottement des parties mobiles contre les parties fixes, les actions de la terre, des aimants et des courants sur les courants peuvent être mises en évidence même sous l'influence de forces peu considérables.

Pour obtenir ce résultat, on suspend le cadre mobile, qui doit se mouvoir autour de son axe vertical, à un crochet fixe B, par l'intermédiaire d'un fil de soie BC, saisi en C par un second crochet qui termine une tige de platine. Cette tige traverse une petite capsule dont le fond est formé par une lame de mica. Cette lame est percée en son centre d'un trou circulaire dont le diamètre a $\frac{2}{10}$ ou $\frac{3}{10}$ de millimètre de plus que celui de la tige. On pourra ainsi amener celle-ci à ne pas toucher les bords de l'orifice qu'elle traverse. Nous dirons tout à l'heure comment sont supportés la capsule et le crochet B.

Par son extrémité inférieure, la tige de platine est soudée dans l'axe d'une petite goupille qui présente en bas une cavité cylindrique dans laquelle s'engage une tige de cuivre qu'on peut rendre solidaire de la goupille à l'aide d'une vis de pression E.

La tige verticale de cuivre se contourne à 2^{cm} plus bas environ pour former un cadre métallique que traversera le courant. Ce cadre pourra être remplacé par plusieurs autres adaptés à la goupille de la même façon et destinés à effectuer les diverses expériences connues. Ils se termineront tous par une pointe verticale plongeant dans une capsule inférieure F, mais sans en toucher le fond.

Cette capsule métallique est placée au centre de la planchette qui sert de support à tout l'appareil; une lame de cuivre la relie à une borne métallique à laquelle vient se fixer l'un des fils de la pile. De cette façon, le mercure que nous verserons dans la cap

sule de manière à noyer l'extrémité inférieure de la tige de cuivre deviendra une des électrodes.

Fig. 1.

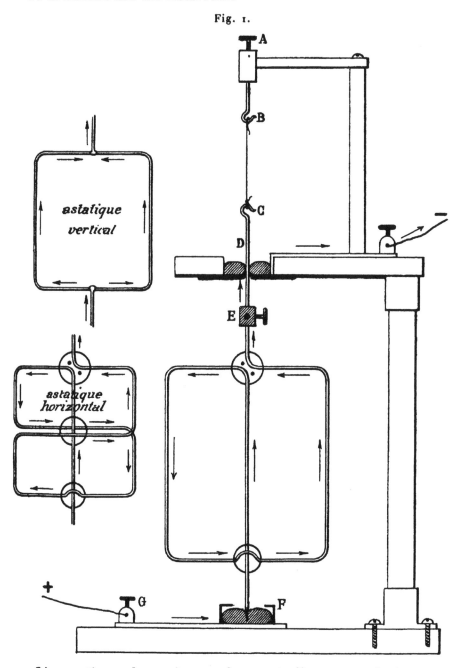

L'autre électrode est la capsule percée d'un trou, placée au-dessus du cadre, dont nous avons déjà parlé. Cette capsule est supportée par une potence fixée elle-même à la partie supérieure d'une colonne en ébonite. Celle-ci est implantée sur la planchette. Sur la potence est fixée une autre petite colonne de métal, que soutient une traverse horizontale. C'est à l'extrémité de celle-ci que s'engage dans une gaine métallique le petit cylindre AB terminé par le crochet auquel est suspendu le fil de soie. En faisant glisser le cylindre AB dans sa gaine, on peut élever ou abaisser le crochet B et, par suite, l'ensemble des pièces qui s'y rattachent.

Une borne métallique fixée sur la potence est reliée à la capsule supérieure par une lame métallique et par un fil de platine qui lui fait suite et vient plonger dans la capsule. Le trou dont est percée cette dernière est presque complètement fermé par la tige verticale de platine qui la traverse. On peut, dans ces conditions, verser dans la capsule du mercure qui, par un effet de capillarité, ne pourra pas s'échapper par l'orifice annulaire très étroit qui entoure la tige de platine. Le courant passera du mercure à cette tige ou inversement et celle-ci pourra tourner au sein du mercure en n'éprouvant qu'un très faible frottement; sans doute, le fil de soie peut alors subir une torsion, mais la réaction élastique qui en résulte est très faible. Le cadre métallique traversé par un courant et soumis à l'action de la terre, d'un aimant ou d'un autre courant, pourra donc obéir aux forces qui le solliciteront sans rencontrer d'autres obstacles que ceux qui résultent de la friction de la tige de platine contre le mercure et de la torsion du fil de soie.

Ce dispositif, analogue à celui que M. Nodot avait déjà mis à profit pour faire tourner un aimant de forme cylindrique sous l'action d'un courant, permet de répéter aisément des expériences qui exigeaient jusqu'ici l'emploi de courants assez puissants.

SÉANCE DU 21 AVRIL 1893.

PRÉSIDENCE DE M. LIPMANN.

La séance est ouverte à 8 heures et demie.
Le procès-verbal de la séance du 6 avril est lu et adopté.

Sont élus membres de la Société :

MM. BÉDART, Professeur agrégé de Physiologie à la Faculté de Médecine de Lille.
   DESCHAMPS (Dr Eugène), Professeur de Physique à l'École de Médecine de Rennes.
   FOURTIE (le Commandant), attaché au Service géographique de l'armée, à Paris.
   LACOUR (Alfred), Ingénieur civil des Mines, à Paris.
   PEYRUSSON (Édouard), Professeur de Chimie et de Toxicologie à l'École de Médecine et de Pharmacie de Limoges.

M. le Président remercie en ces termes les personnes qui ont pris part à l'Exposition annuelle.

« MESSIEURS,

» Nos séances de Pâques n'ont pas été moins intéressantes cette année que les précédentes, et elles ont attiré le mercredi soir surtout une affluence considérable de visiteurs.

» Nous devons à l'obligeance de la Société des Electriciens, qui a bien voulu changer un de ses jours de séance, d'avoir pu disposer pendant trois jours consécutifs de la grande salle de la Société d'Encouragement.

» L'éclairage électrique a été brillant, grâce à l'installation que la Société Cance nous a gracieusement fourni, et grâce aussi aux globes diffuseurs de M. Frédureau, et à ceux que MM. Psoudaraki et Blondel avaient disposés devant la porte d'entrée.

» Nous devons également des remercîments à MM. les Constructeurs qui ont pris la peine de nous apporter un grand nombre d'appareils nouveaux et intéressants, notamment à MM. Carpentier, Ducretet et Lejeune, Verdin, Gaiffe, Richard, Trouvé, Demichel, Digeon, Cadot, etc.

» Comme appareil de Physique mécanique nous avons vu celui qui a servi à MM. Cailletet et Colardeau à étudier la chute des corps dans l'air. En chaleur, le four électrique de MM. Moissan et Violle, ainsi qu'un modèle de four électrique habilement combiné par MM. Ducretet et Lejeune qui a servi à M. Joly pour ses recherches sur le ruthénium. L'appareil de M. Carvallo pour l'étude du spectre calorifique construit par M. Lutz. M. Chabaud nous a montré ses appareils thermiques et calorimétriques. M. le commandant Renard a exposé les dispositifs qui lui permettent d'observer les températures et les pressions à des hauteurs jusqu'ici inaccessibles.

» En Optique, M. Pellin a projeté les expériences de M. Mascart sur l'achromatisme des franges. M. Michelson a montré une partie du dispositif des remarquables expériences qu'il a exécutées au Pavillon de Breteuil sur la mesure des longueurs d'onde. M. Salet a exposé son appareil pour la vérification de la loi de Stokes, M. Chappuis un réfractomètre interférentiel, M. Jobin, successeur de M. Laurent, un appareil à réfraction conique, M. Tscherning ses appareils optométriques.

» En Electricité, comme toujours, la liste est longue des appareils que physiciens et constructeurs nous ont apportés. Je rappellerai les brillantes expériences de M. d'Arsonval faites avec des appareils construits par MM. Ducretet et Lejeune. L'emploi des téléphones par M. le capitaine Colson pour démontrer l'existence d'interférences électriques; l'électromètre absolu de MM. Bichat et Blondlot; les instruments de mesure exposés par M. Carpentier, le nouveau rhéostat et la lampe Cance nouveau système, les appareils d'électricité statique si parfaits de M. Boudréaux, l'heureux perfectionnement que M. Nodot a fait subir à la table d'Ampère, et l'appareil de M. Gilbault pour l'étude de la variation de la force électromotrice des piles avec la pression, les ingénieux appareils présentés par MM. Verdin, Gaiffe et par M. Trouvé.

» M. Limb nous a exposé le remarquable potentiomètre qu'il a fait construire par M. Giannotti, et M. Hurmuzescu a répété sa curieuse expérience d'un fil vibrant sous l'influence d'un courant continu.

» M. l'abbé Rousselot a répété avec détails de bien curieuses expériences sur la phonation et M. Bollée a montré ses intéressants modèles de machines à calculer.

» Comme supplément à l'Exposition de la Société de Physique, nos confrères ont été gracieusement invités par M. Ebel, ingénieur, à visiter l'usine du secteur électrique des Champs-Elysées.

» Enfin le jeudi soir 6 avril, séance réservée particulièrement aux communications de nos confrères des départements, nous avons entendu l'exposé du travail de M. Macé de Lépinay sur la mesure optique des longueurs, de M. Janet sur les oscillations électriques, de M. Peyrusson sur un accumulateur de grande capacité.

» Je crois être l'interprète de la Société en adressant nos remercîments aux Compagnies de chemin de fer qui ont libéralement facilité le déplacement de nos confrères de province par une réduction de place de 5o pour 1oo; 8o membres de la Société en ont profité cette année. »

M. le SECRÉTAIRE GÉNÉRAL donne lecture d'une Note de M. Adrien GUÉBHARD relative à une Communication de M. Chauveau à l'Académie des Sciences, résumée en ces termes par son auteur.

« Si l'on s'endort sur un siège placé obliquement devant une fenêtre laissant arriver, un peu de côté, sur les deux yeux à la fois, la lumière du ciel éclairé par des nuages blancs, les objets de couleur claire placés dans la chambre paraissent illuminés en vert pendant un très court moment lorsque les paupières se soulèvent au moment du réveil. »

M. Guébhard complète cette Communication en montrant que le sommeil n'est pas un facteur nécessaire, et qu'on peut remplacer la *durée* de fermeture des paupières qui en résulte par une *intensité* plus grande de la lumière extérieure : il cite à ce sujet des expériences faites par lui dans le midi, et réussissant bien, le sommeil étant simplement remplacé par une fermeture voulue des paupières pendant un certain temps.

Contribution à l'étude des égaliseurs de potentiel; par G. Gouré de Villemontée. — M. Gouré de Villemontée expose les expériences faites par lui pour déterminer le potentiel en un point de l'air et pour vérifier l'égalisation de potentiel des couches d'air qui recouvrent l'intérieur d'un conducteur creux et l'extérieur d'un autre conducteur : 1° par apports successifs d'une balle mobile au potentiel zéro à l'intérieur du premier conducteur et contact de la balle avec l'une des électrodes d'un électromètre ou avec un talon métallique relié par un long fil au second conducteur ; 2° par écoulement de limaille d'un vase relié au premier conducteur à travers un tube en communication métallique avec le second.

1° *Méthode des déplacements d'une balle mobile.* — Les potentiels à égaliser étaient les potentiels des couches d'air qui recouvrent : 1° les faces internes d'un tronc de pyramide en cuivre ; 2° la surface d'un disque de cuivre.

Tous les conducteurs employés dans ces différentes expériences avaient été recouverts d'un dépôt électrolytique de cuivre. La différence de potentiel au contact dans ces conditions est nulle (*Comptes rendus de l'Académie des Sciences*, t. CXV, p. 727).

L'auteur décrit sommairement deux séries d'expériences entreprises : 1° pour égaliser les potentiels d'un tronc de pyramide en cuivre et d'un disque de cuivre ; 2° pour mesurer avec un électromètre Hankel le potentiel en un point de l'air pris à l'intérieur d'un tronc de pyramide en cuivre maintenu à un potentiel donné. Les résultats d'expériences très nombreuses ont été négatifs.

M. Gouré de Villemontée discute les expériences et conclut : 1° à la nécessité de déplacements de la balle mobile beaucoup plus rapides que ceux qu'il a pu réaliser ; 2° à la nécessité de supprimer tout support isolant pour soutenir la balle mobile.

2° *Egalisateurs de potentiel par écoulement.* — L'auteur fait remarquer que les égalisateurs de potentiel par écoulement satisfont aux deux conditions précédentes, mais il ajoute que dans l'emploi de ces appareils on étend des théorèmes démontrés pour des conducteurs de forme invariable à des liquides qui coulent à l'intérieur de tubes mauvais conducteurs et qui se séparent en gouttes dans un gaz.

Les expériences de M. Gouré de Villemontée ont eu pour objet : 1° de réaliser un appareil à gouttes dans lequel tout frottement sur un corps mauvais conducteur et toute déformation du corps en mouvement sont

9

évités ; 2° de vérifier avec cet appareil la possibilité d'égaliser le potentiel d'un vase et d'un tronc de pyramide de cuivre par écoulement de grenaille de cuivre à travers ce tronc de pyramide ouvert aux deux bases.

Le vase en forme d'entonnoir est terminé par un tube dont l'extrémité s'ouvre à l'intérieur du tronc de pyramide. Aucun contact n'existe entre l'entonnoir et le tronc de pyramide. Les dimensions ont été choisies de manière à éviter les chocs de la grenaille contre les parois au moment de l'écoulement et à voir l'extrémité sous le plus petit angle possible depuis les ouvertures. Un bouchon en cuivre mû à distance par un manche isolant permet de vider l'entonnoir au moment où l'on veut observer les effets de l'écoulement. L'entonnoir, posé sur trois cales isolantes, est relié au plateau inférieur d'un condensateur dont le plateau supérieur est maintenu en communication avec le sol. Un jeu de commutateurs permet de rompre la communication avec l'entonnoir et d'en observer la charge avec un électromètre très sensible de Hankel. Le cuivrage par électrolyse de l'entonnoir, de grenaille de plomb très fine, des plateaux du condensateur et des faces internes du tronc de pyramide, permet d'obtenir des pièces métalliques ne présentant au contact aucune différence de potentiel (*Comptes rendus*, t. CXV, p. 727). Tout l'appareil est monté à l'intérieur de caisses dont les parois sont couvertes de feuilles d'étain reliées au sol.

On vérifie, avant et après chacune des séries d'expériences, que le déplacement des plateaux du condensateur et le jeu des commutateurs ne déterminent aucune charge : 1° dans le cas où l'entonnoir est vide ; 2° dans le cas où l'entonnoir rempli de grenaille est vidé à travers le tronc de pyramide maintenu au sol.

Deux méthodes ont été successivement suivies :

1° *Méthode d'opposition.* — On mesure la charge acquise par le condensateur lorsqu'on fait écouler la grenaille à travers la pyramide maintenue au potentiel V ; 2° on cherche la différence de potentiel, empruntée au circuit d'une pile constante, qu'il faut intercaler entre l'entonnoir et le condensateur pour rendre nulle la charge du condensateur au moment de l'écoulement.

La différence de potentiel ajoutée est égale et de signe contraire à la différence de potentiel produite par l'écoulement de la grenaille.

Les résultats ont été :

Potentiel V du tronc de pyramide.	Différence de potentiel intercalée entre l'entonnoir et le condensateur.
$+ 0^{volt},2$	$- 0^{volt},19$
$+ 0^{volt},2$	$- 0^{volt},21$

L'approximation des mesures ne pouvant pas dépasser $0^{volt},01$, les écarts sont dans les limites des erreurs d'observation.

2° *Méthode des charges alternatives.* — 1° On mesure la marche du condensateur porté au potentiel V par une dérivation prise sur le circuit d'une pile constante. 2° On évalue la charge que le condensateur, séparé de la dérivation et relié à l'entonnoir, prend par le fait de l'écoulement de la grenaille à travers le tronc de pyramide porté au potentiel V. 3° On répète la première mesure. L'égalité des déviations dans les expériences 1 et 3 permet de vérifier la constance de la capacité du condensateur et l'invariabilité de l'appareil pendant les expériences.

Les résultats sont résumés dans le Tableau suivant; les déviations sont évaluées en divisions du micromètre.

Potentiel de charge du condensateur ou de la pyramide.	Déviations de la feuille de l'électromètre par la décharge du condensateur chargé par		
	contact.	écoulement.	Différences.
volt	div		div
—0,1	— 9,7	— 9,5	+0,2
+0,1	+ 11	+ 11	0
—0,2	— 20	— 20	
+0,2	+ 24	+ 24	
—0,3	— 30	— 30	
+0,3	+ 30	+ 30	
—0,4	— 40	— 40	
+0,4	+ 50	+ 50	
—0,6	— 52	— 52	
+0,6	+ 70	+ 70	
+0,8	+110	+110	
+1	+120	+120	

L'erreur de lecture est inférieure à une demi-division. Une différence de potentiel de $0^{volt},1$ correspondant à une déviation de 10 divisions, l'erreur absolue dans les mesures est de $0^{volt},005$.

L'égalité des nombres de la deuxième et de la troisième colonne montre l'identité des charges prises dans les deux cas.

L'auteur discute les conditions des expériences et indique les soins qu'il est indispensable de prendre pour obtenir l'égalité des nombres indiqués, et conclut que : L'égalisation de potentiel d'un tube et d'un récipient de même métal, rempli de grenaille de ce métal, peut être obtenue en faisant écouler, du récipient à travers le tube, de la grenaille du métal.

3° *Expérience de vérification*. — M. Gouré de Villemontée termine sa communication en montrant comment il a vérifié la possibilité d'établir la même différence de potentiel entre les couches d'air qui recouvrent les surfaces d'un disque de cuivre et des lames de zinc, 1° en formant un condensateur avec le disque de cuivre et les lames de zinc; 2° en reliant le disque de cuivre à un entonnoir cuivré et en faisant écouler, comme il a été dit, de la grenaille cuivrée à travers une pyramide formée avec les lames de zinc de l'expérience précédente, conséquence de la conclusion énoncée plus haut.

M. P. Curie a étudié les *propriétés magnétiques des corps à diverses températures.*

Il expose d'abord les raisons qui l'ont déterminé à entreprendre ce travail. Les corps peuvent se diviser au point de vue de leurs propriétés magnétiques en trois groupes distincts : 1° les corps ferromagnétiques qui comprennent le fer, le nickel, le cobalt, le fer aimant ; 2° les corps faiblement magnétiques tels que le palladium, le platine, l'oxygène, le bioxyde d'azote, les sels de manganèse, de nickel, de fer, de cuivre, etc.; 3° les corps diamagnétiques. Existe-t-il un lien continu entre ces trois cas distincts? Un même corps peut-il, lorsque l'on modifie son état physique, faire partie successivement des trois groupes que nous venons de considérer, et, s'il en est ainsi, par quel mécanisme s'opère le passage d'un groupe à l'autre? Pour élucider cette question, il faut faire de nouvelles recherches en plaçant les corps dans des conditions aussi variées que possible au point de vue de la température, de la pression et de l'intensité du champ magnétique.

M. Curie cite une expérience de Faraday qu'il a répétée en étudiant de plus près les phénomènes. Cette expérience montre qu'au rouge, au-dessus de sa température de transformation, le fer est encore magnétique et peut être classé alors parmi les corps faiblement magnétiques (2° groupe).

Pour étudier les propriétés magnétiques d'un corps, on le place dans un champ qui n'est pas uniforme. La disposition du champ est telle que la force agissante soit dirigée normalement au champ. Soit H_y l'intensité du champ dirigé suivant l'axe des y, la force normale étant dirigée suivant l'axe des x. En désignant par K le coefficient d'aimantation spécifique, on a

$$f = m \, \mathrm{K} H_y \, \frac{dH_y}{dx}.$$

Dans la plupart des cas étudiés K était une constante, quel que soit H_y. On a alors grand avantage à choisir, pour placer le centre du corps, un point tel que $\left(H_y \, \dfrac{dH_y}{dx} \right)$ soit maximum. On détermine dans une étude préalable et pour l'endroit choisi les valeurs de H_y et de $\dfrac{dH_y}{dx}$ pour diverses valeurs de l'intensité du courant dans l'électro-aimant; mais on a soin de toujours faire varier le courant d'une façon continue entre $(+ 8)$ ampères et $(- 8)$ ampères par une suite de cycles identiques entre eux. La valeur du champ se détermine à l'aide d'un galvanomètre balistique et d'une petite bobine que l'on fait tourner de 180° dans le champ. La valeur de la dérivée $\dfrac{dH_y}{dx}$ peut s'obtenir à l'aide du galvanomètre balistique et d'une bobine dont le plan des spires est normal au champ. On fait subir pour cela brusquement à la bobine un très petit déplacement connu suivant l'axe des x. Mais il est préférable, en se basant sur la relation $\dfrac{d\mathrm{H}y}{dx} = \dfrac{d\mathrm{H}x}{dy}$ de placer le plan des spires normalement à l'axe des x et de déplacer la bobine suivant l'axe des y. Il n'est pas possible de déterminer par des mesures géométriques la surface de la bobine qui sert à prendre la dérivée, parce que cette bobine contient un assez grand nombre de spires de petit diamètre. On compare cette surface par une méthode électrique à celle d'une bobine formée de quelques spires de grand diamètre.

Pour mesurer la force qui agit sur un corps magnétique, on utilise le couple de torsion d'un fil métallique. Enfin, pour chauffer les corps en expérience, on se sert de petits appareils de chauffage électrique qui permettent d'élever la température jusqu'à 1400°. Un couple thermo-électrique Le Chatelier donne la température.

M. Curie décrit les expériences qu'il a faites avec l'oxygène : à chaque température, le coefficient d'aimantation spécifique de l'oxygène est constant, quelle que soit l'intensité du champ (entre 200 et 1350 unités)et quelle que soit la pression (entre 5 et 20 atmosphères).

La loi de variation avec la température est remarquablement simple : entre 20° et 450° le coefficient d'aimantation spécifique K_t varie en raison inverse de la température absolue; on a

$$10^6\,K_t = \frac{33700}{T}\,;$$

on en déduit pour le coefficient X_t d'aimantation d'un centimètre cube d'air

$$10^6\,X_t = \frac{2760}{T^2}\cdot$$

Cette formule sert à corriger les déterminations magnétiques faites dans l'air à toutes les températures.

Sur la vision verte observée par M. Chauveau;

Par M. A. Guebhard.

M. Chauveau a exposé à l'Académie des Sciences dans une Communication « sur l'existence de centres nerveux distincts pour la perception des couleurs fondamentales du spectre ([1]) » une expérience qu'il résume ainsi :

([1]) *Comptes rendus des séances de l'Académie des Sciences* du 28 novembre 1892, t. CXIV, p. 908-914.

« Si l'on s'endort sur un siège placé obliquement devant une fenêtre laissant arriver, un peu de côté, sur les deux yeux à la fois, la lumière du ciel éclairé par des nuages blancs, les objets de couleur claire existant dans la chambre paraissent illuminés *en vert* pendant un très court moment, lorsque les paupières se soulèvent au moment même du réveil. »

De cette observation M. Chauveau tire de savantes déductions, basées sur le rejet préalable de toute possibilité d'interprétation par la loi classique de Chevreul, et sur l'impossibilité qu'a éprouvée l'auteur à réaliser directement la vision verte à tout autre moment qu'au réveil.

Ayant eu moi-même l'occasion de noter l'observation en chemin de fer qui a servi de point de départ à M. Chauveau, je crois répondre au vœu formulé par celui-ci à la fin de son étude en signalant ici quelques autres expériences qui me sont personnelles.

1° En plein jour, c'est-à-dire au moment où la rétine, en complète activité circulatoire, est des moins bien disposées pour les expériences de persistance ou de contraste, j'ai pu obtenir fréquemment, sinon constamment, la vision momentanée *en vert* des objets blancs situés à l'intérieur d'une chambre à la fenêtre de laquelle je m'étais tenu un court instant (¹), les paupières fermées, exposé à la grande lumière du soleil (le soleil de midi et du Midi il est vrai), l'intensité de l'éclairement produisant ici, sur une rétine non reposée, le même effet que la durée, dans l'expérience de M. Chauveau, sur une rétine fraîche.

2° Le matin, lorsque, parfaitement éveillé et même après m'être habillé dans le demi-jour de la chambre éclairée par les fentes d'une moitié de persienne à l'italienne, je vais ouvrir celle-ci, il me suffit de tenir les yeux fermés au moment de l'ouverture, puis de me retourner aussitôt vers le fond de la chambre, pour voir succéder, à la première impression de transparence rouge des

---

(¹) Il ne faut pas que l'exposition soit prolongée au delà du moment où, à la première impression vive de rouge sanguin, commence à succéder celle de jaune, tôt remplacée par celle de simple obscurité sans nuance. Si le retournement a lieu pendant la phase intermédiaire du jaune, on ne voit plus, en rouvrant les yeux, le vert vif complémentaire du rouge, mais le vert bleuâtre pâle, complément du jaune orangé. Un peu plus tard encore, on ne voit plus aucune couleur

paupières, l'illumination verte très vive des blancs du fond de la chambre, et cela même par les temps les plus gris.

3° Le matin encore, si, indisposé, je reste au lit après le réveil, et que, même après avoir répété jusqu'à fatigue, pendant près de deux heures, les expériences classiques de la persistance de l'image de la persienne, de son lent développement en intensité et en netteté après un mouvement du globe de l'œil, de ses passages alternatifs du positif au négatif par la simple interposition de la main, de sa réviviscence répétée sous la double manipulation mécanique du globe oculaire, et, en quelque sorte, mentale de la fixation intérieure; lorsque donc, parfaitement éveillé, je fais ouvrir la persienne et reçois brusquement sur mes paupières fermées l'éclairage oblique et diffus de l'expérience de M. Chauveau, j'ai pu, jusqu'à huit fois de suite, en me retournant rapidement dans le lit les yeux fermés du côté de la fenêtre, et les yeux ouverts du côté de la paroi blanche opposée, obtenir les alternatives de *rouge vif* et de *vert vif* les mieux caractérisées.

4° Après une nuit détestable passée sur une couchette d'auberge, au long d'une fenêtre qui était sur ma droite, lorsque le jour m'éveilla, je vis du plus beau vert le mur blanchi à la chaux qui me faisait face. Mettant alors la main sur l'œil droit, je pus cinquante fois de suite rouvrir et refermer l'œil gauche en comptant chaque fois la seconde, et voyant chaque fois vert. Puis, cachant l'œil gauche, je recommençai avec l'autre, revins ensuite au premier, et ne finis que par lassitude musculaire cet exercice dont le résultat ne paraissait décliner que très insensiblement.

Tous ces faits, où le sommeil ne paraît intervenir que comme facteur de l'activité circulatoire du pourpre rétinien (la fatigue ou la maladie agissant évidemment dans le même sens), tous ces faits s'expliquent très naturellement par la loi de Chevreul, aussi bien que la vision verte des objets clairs au sortir de la chambre rouge du photographe, aussi bien que la vision rouge des caractères noirs, quand on lit avec le soleil sur les paupières.

Malheureusement, quant à la théorie d'Young-Helmholtz, ces mêmes faits paraissent enlever à l'expérience de M. Chauveau la force probatoire qu'elle aurait indiscutablement si la vision verte pouvait apparaître au sortir d'un sommeil *en pleine obscurité*. Et c'est ce que j'ai vainement tâché d'obtenir, en me couchant avec un bandeau brusquement arraché au moment du réveil.

Lampe Cance, type 1892.
Par M. Cance ([1]).

Un seul et même type permet indifféremment le montage en série ou en dérivation et donne dans ces conditions de montage un parfait fonctionnement avec une fixité absolue de la lumière, ce qui a été depuis 1881 le caractère particulier des lampes à arc système Cance.

Les lampes sont réglées une fois pour toutes, pour une intensité donnée, avec contrôle graphique sur appareils enregistreurs : volt-mètres, ampère-mètres ; elles sont montables en dérivation, en tension par deux, sur 100 à 110 volts ou en tension par 4, 6, 8, ..., 12 et plus ; le réglage est obtenu par un seul organe magnétique et sans aucun ressort.

Dans cette nouvelle lampe, comme dans les précédentes du même auteur, on utilise la pesanteur pour produire le rapproche-ment des charbons dont les diamètres et les vitesses de marche respectifs sont tels que la lampe soit rigoureusement à point lu-mineux fixe.

Au repos, les charbons sont toujours au contact et leur écart ou l'allumage de la lampe se produit par le même organe qui sert à la fois à la régulation ou l'avancement progressif des charbons au fur et à mesure de leur usure.

Le solénoïde ou bobine est à double enroulement ; son effet magnétique différentiel est très puissant et très sensible malgré les dimensions restreintes de la bobine.

La résistance intérieure de la lampe est sensiblement négli-geable, étant donnée la petite longueur de gros fil enroulé, d'où ressort l'avantage de pouvoir alimenter les lampes à une très grande distance des tableaux de distribution. Le fil fin atteint une résistance de 400 ohms environ, n'absorbant qu'une intensité de

---

([1]) Cet appareil a figuré à l'Exposition annuelle de la Société.

quelques dixièmes d'ampère, condition essentielle pour éviter les augmentations ou diminutions de lumière pendant la régulation ou l'avancement des charbons.

D'une manière générale, les charbons positif et négatif sont du même diamètre, ce qui permet d'obtenir le plus grand rendement lumineux pour une intensité donnée ; toutefois, dans des cas spéciaux et sur demande, on dispose la lampe pour l'emploi de charbons de diamètres différents.

La partie supérieure ou boisseau de la lampe, renfermant le mécanisme, est de hauteur très réduite ; par suite, le point lumineux se trouve très rapproché du point de suspension, condition avantageuse pour l'éclairement des locaux peu élevés de plafond.

En outre, avec cette faible hauteur, on peut facilement appareiller l'extérieur de la lampe et la rendre plus ou moins ornée, plus ou moins élégante, suivant les applications. La course et la longueur des charbons peuvent varier à volonté et correspondre à des durées de seize à dix-huit heures d'éclairage, *sans augmentation* de longueur du boisseau.

Tous les organes de la lampe, susceptibles d'être touchés pendant son fonctionnement, sont isolés électriquement, et la matière isolante employée est disposée de telle sorte qu'elle n'est jamais à remplacer, n'étant pas atteinte par la chaleur.

Description.

Partie mécanique. — La descente du charbon et la mise en mouvement du mécanisme se produisent par le poids du porte-charbon supérieur représenté en A sur la figure schématique (*fig.* 1).

A ce porte-charbon supérieur est fixée l'extrémité d'une cordelette de soie C_1 enroulée dans les filets à gorge d'un tambour ou manchon T.

Ce tambour est à deux diamètres, dont l'un double de l'autre, pour les lampes à courants continus avec charbons positif et négatif de même section ; il est à un seul diamètre pour l'emploi de charbons de section différente, ainsi que pour les lampes à courants alternatifs.

Une seconde cordelette C_2 est attachée par une de ses extrémités sur la partie du tambour à petit diamètre, et son autre extrémité est fixée au porte-charbon inférieur. Si l'on abandonne à lui-même le porte-charbon supérieur, sous l'action de son poids, il déroulera la cordelette C_1 qui fera tourner le tambour auquel

Fig. 1.   Fig. 2.

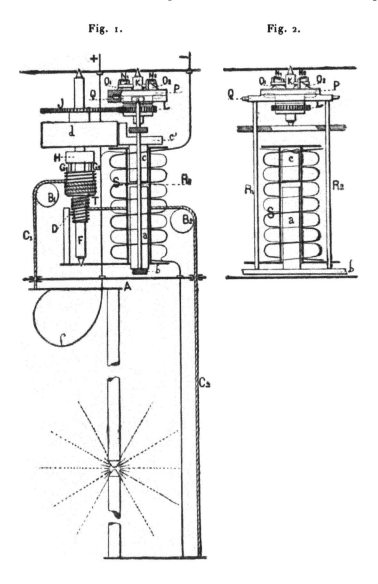

elle est fixée par sa deuxième extrémité; la cordelette C_2 s'enroulera alors sur la partie à petit diamètre du tambour T, en entraînant avec elle le porte-charbon inférieur dans un mouvement de bas en haut.

On voit facilement que, par ce double jeu de mouvement ascendant pour le charbon inférieur et descendant pour le charbon supérieur, on obtient un mouvement de rotation qu'on peut mettre à contribution pour actionner les autres organes mécaniques de la lampe ; on voit aussi qu'il ne peut y avoir de temps perdu dû au glissement dans la mise en train, puisque les deux cordelettes sont respectivement fixées au tambour par une de leurs extrémités.

Afin de pouvoir placer les poulies B_1, B_2 très près du tambour T et d'éviter tout frottement nuisible par l'enroulement ou déroulement des cordelettes, chacune d'elles reste dans le même plan pendant ces deux actions, au moyen du doigt D engagé dans un filet de la partie supérieure du tambour T, qu'il oblige à se déplacer de bas en haut ou inversement sur l'arbre F lorsque le mouvement de rotation a lieu.

Le mouvement de rotation du tambour T est communiqué à l'arbre F au moyen des deux goupilles G_1, G_2 pénétrant librement dans deux trous du tambour T ; ces deux goupilles étant elles-mêmes fixées sur le manchon H calé sur l'arbre.

Sur l'arbre F est montée la roue dentée J commandant l'arbre K par le pignon L ; à la partie supérieure de l'arbre K est fixée transversalement la goupille M adhérant constamment au moyen des ressorts N_1, N_2 sur les cônes O_1, O_2 faisant partie du plateau allumeur régulateur P. Ce plateau peut avoir sur son arbre un mouvement ascendant et descendant.

A l'état d'arrêt de la lampe les charbons sont au contact et le plateau P repose sur l'assiette du pignon L ; dans cette position le plateau frein annulaire à bras Q repose sur les tiges R_1, R_2 (*fig.* 2) et laisse libre le plateau régulateur qui peut tourner avec l'ensemble du mécanisme. Si, au contraire, on élève le plateau-frein avec les tiges R_1, R_2 on fera naître une adhérence entre les deux plateaux, arrêtant ainsi tout mouvement et toute descente du porte-charbon supérieur. Si l'on continue à élever le plateau-frein Q, il fera monter le plateau allumeur-régulateur P, qui, à son tour, fera déplacer d'un certain angle la goupille M ; celle-ci entraînera alors dans son mouvement : l'arbre K, le pignon L, la roue J, et le manchon-tambour T qui enroulera une faible longueur de cordelette C_1 remontant avec elle le porte-charbon supérieur ; et inversement déroulera la cordelette C_2 du porte-charbon inférieur qui, par conséquent, descendra. On produit donc ainsi l'écart des charbons.

Les tiges R_1, R_2 sont commandées dans leur mouvement ascendant par le noyau mobile (a) du solénoïde S au moyen de la traverse (b) sur laquelle le noyau est fixé.

Partie électrique. — Cette partie de la lampe est constituée :

1° Par le solénoïde S à deux enroulements, le noyau mobile a, le noyau fixe c ;

2° Par un frein magnétique composé du disque ou volant en fonte d et de l'épanouissement polaire c' du noyau fixe c.

Fonctionnement. — Le courant pénètre dans la lampe par la borne positive, suit le conducteur fixe e à l'intérieur de la lampe, le conducteur souple f, les charbons supérieur et inférieur, parcourt ensuite les spires en gros fil du solénoïde et sort par la borne négative ; les deux extrémités du fil fin du solénoïde sont groupées en dérivation sur les deux bornes de la lampe.

Aussitôt le courant lancé dans la lampe, le noyau mobile a s'élèvera, à la fois sous l'action du solénoïde et par l'attraction magnétique du noyau fixe c ; en même temps les tiges R_1, R_2 s'élèveront avec lui, et l'écart des charbons se produira comme il a été décrit plus haut. Cette première opération, qui donne naissance à l'arc, correspond à la période d'allumage.

Une fois l'allumage produit, l'écart des charbons augmente, la résistance de l'arc devenant plus grande, l'intensité du courant diminue, l'action magnétique du gros fil sur les noyaux sera moins forte ; à cette action viennent s'ajouter les effets de neutralité magnétique du fil fin monté en dérivation. L'ensemble de ces deux actions différentielles tend à ramener le noyau sensiblement à sa position première, et, pendant son mouvement de descente, les charbons sollicités par la pesanteur s'avancent l'un vers l'autre.

Il arrivera un moment où les plateaux auront une adhérence assez faible pour permettre un léger glissement du plateau régulateur, ce qui laissera avancer les deux charbons d'une très petite quantité ; l'intensité du courant augmentera alors d'une très faible valeur et par suite l'action magnétique attractive augmentera à son tour l'adhérence des deux plateaux, suspendant à nouveau, pour un temps très court, tout mouvement d'avancement des charbons.

Ces effets d'adhérence variable se répéteront par fractions excessivement petites et sans solution de continuité, ce qui maintiendra un écart constant entre les charbons, c'est-à-dire un arc voltaïque invariable, condition essentielle de la fixité des lampes à arc.

Les avantages du frein à plateaux superposés employé ici se résument ainsi :

1° Faible puissance magnétique pour obtenir un frein très énergique ;

2° Sensibilité de ce frein, puisque son action est déterminée par de faibles différences d'intensité du courant traversant des spires du solénoïde ;

3° Suppression complète du collage des charbons en raison de la puissance immédiate du frein, due à sa grande surface d'adhérence qui ne peut s'altérer, avantage qu'on ne peut obtenir en agissant sur une petite surface, comme sur la périphérie d'une roue ou d'un disque à faible épaisseur.

A ces derniers éléments d'un bon réglage viennent s'ajouter les effets d'un frein magnétique constitué par la masse de fonte ou volant d présentant une partie de sa périphérie à l'épanouissement polaire du noyau fixe c ; on comprend facilement qu'il augmente de puissance en même temps que le frein mécanique a la moindre élévation d'intensité produite par l'avancement des charbons l'un vers l'autre ; d'autre part, l'inertie du volant paralysera une remise en marche trop rapide provenant d'une action trop immédiate de l'accélération de la pesanteur.

Rhéostat à tambour fixe, à curseur tournant et à fil de diamètre variable (système Cance);

Par M. Cance ([1]).

Le rhéostat à tambour fixe, à curseur tournant et à fil de diamètre variable, système Cance (*fig.* 1), se compose essentiellement d'un tube cylindrique vertical fixe en fer émaillé E sur lequel est enroulé un fil de ferro-nickel à section croissante.

([1]) Cet appareil a figuré à l'Exposition annuelle de la Société.

Ce tube est supporté par un socle en bois auquel il est solidement fixé par trois boulons verticaux serrant en même temps

Fig. 1.

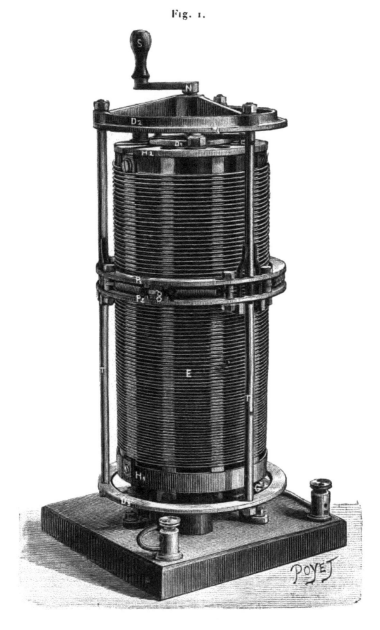

deux plaques circulaires H_1 et H_2 dont l'une à la partie inférieure
est en ardoise pour isoler le cylindre.

A l'intérieur et dans l'axe de ce cylindre, est un arbre vertical N tournant sur une crapaudine placée sur le socle inférieur et maintenu à la partie supérieure par un disque en bronze D.

Sur l'arbre N est calée une roue en fonte D_2 ; cette roue supporte trois tiges verticales en cuivre T liées à la partie basse par une couronne de cuivre D_3. Celle-ci est maintenue dans son roulement par des galets G.

Le long des tiges verticales T peut se déplacer un ensemble de deux couronnes P_1, P_2 en cuivre maintenues constamment en contact avec les tiges par des frotteurs.

Ces couronnes servent de support à trois galets à gorge dont les axes sont verticaux ; des ressorts appropriés les appuient continuellement sur le fil enroulé sur le cylindre. Un seul galet eût suffi pour la prise de courant, mais au moyen de trois galets on assure le guidage concentrique dans la rotation ainsi que le contact parfait.

Les prises de courant de l'appareil se font sur le socle au moyen de deux bornes ; l'une d'elles est reliée à l'extrémité supérieure du fil de ferro-nickel, l'autre est reliée à un frotteur s'appuyant sur l'arbre N ; cet arbre est solidaire de la roue D_2 et par conséquent des tiges T ainsi que des galets g.

Comme le cylindre E est isolé, on voit que le courant venant d'une des bornes entre par la partie supérieure du fil, passe par les galets et traverse ensuite le système mobile pour sortir par la borne opposée.

Le fonctionnement de cet appareil est facile à comprendre : les galets g sont constamment appuyés sur le fil du cylindre E qui est fixe et sont solidaires des deux couronnes P_1, P_2, qui ne peuvent que monter ou descendre le long des tiges T en tournant avec elles.

Ces galets constituent donc une sorte d'écrou à un filet se vissant ou se dévissant sur le fil de ferro-nickel.

On peut ainsi intercaler dans un circuit une résistance d'une très grande exactitude, et cela en passant par des fractions infiniment petites.

En résumé, on obtient par ces dispositions un rhéostat peu volumineux eu égard à l'étendue de son action, simple, demandant peu d'efforts pour sa manœuvre, et avec lequel on peut régler la résistance rapidement avec la plus grande précision, aussi bien quand il s'agit de variations très faibles que de variations très fortes.

Ces qualités trouvent leurs applications au groupement des machines en quantité, aux expériences de laboratoire, au réglage des circuits des lampes à incandescence, etc.

Ce rhéostat peut être construit de toutes les dimensions suivant l'usage que l'on veut en faire.

SÉANCE DU 5 MAI 1893.

Présidence de M. Violle.

La séance est ouverte à 8 heures et demie.
Le procès-verbal de la séance du 21 avril est lu et adopté.

Est élu membre de la Société :

M. Boulouch (R.), Professeur au Lycée de Bordeaux.

M. E. Dubois adresse au Président de la Société, au sujet de la précédente Communication de M. Guébhard, une lettre dont le Secrétaire général donne lecture et qui vient confirmer l'explication que M. Guébhard a donnée du phénomène de la teinte verte.

Sur la dilatation et la compressibilité de l'eau, et sur le maximum de densité; par M. E.-H. Amagat. — M. Amagat passe rapidement en revue les plus importantes des lois relatives à la compressibilité et à la dilatation de l'eau et s'attache à montrer les différences qui existent entre ces lois et celles relatives aux autres liquides.

1° *Compressibilité.* — Le coefficient de compressibilité de l'eau décroît dans tous les cas, quand la pression augmente, ainsi que cela a lieu pour tous les autres liquides étudiés.

Ce coefficient, ainsi qu'on le sait déjà, pour les faibles pressions décroît quand la température croît jusque vers 50°, il passe par un maximum, après quoi il décroît comme pour les autres liquides ; ce maximum se retrouve, mais de moins en moins accentué, sous les pressions de plus en plus fortes et finit par disparaître.

2° *Dilatation sous pression constante.* — Contrairement à ce qui a lieu pour les autres liquides, le coefficient de dilatation croît avec la pression; cet effet, de moins en moins prononcé quand la température s'élève, disparaît vers 50°, après quoi la variation a lieu en sens contraire comme pour les autres liquides.

Sous chaque pression (et à partir du maximum de densité pour les pressions sous lesquelles ce maximum existe encore, *voir* plus loin), le coefficient de dilatation croît avec la température, ainsi que cela a lieu pour les autres liquides, d'abord beaucoup plus rapidement; cette variation diminue sous des pressions de plus en plus fortes; elle est cependant sensible jusqu'à 3000 atmosphères.

3° *Dilatation sous volume constant.* — Le coefficient de pression $\left(\dfrac{dp}{dt}\right)$ croît avec la pression comme pour les autres liquides, mais d'abord beaucoup plus rapidement; le coefficient de dilatation à volume constant décroît dans les mêmes conditions, ainsi que cela a lieu aussi pour les autres liquides.

Le coefficient de pression, pour un volume constant donné (à partir du maximum de densité tant qu'il existe encore), contrairement à ce qui a lieu pour les autres liquides, croît d'abord très rapidement avec la température; cette variation diminue au fur et à mesure que la pression ou la température s'élèvent et l'eau finit par rentrer dans le cas ordinaire; le coefficient de dilatation à volume constant, contrairement à ce qui a lieu pour les autres liquides, croît d'abord avec la température, il passe par un maximum, puis rentre dans le cas normal.

M. Amagat figure un diagramme donnant les isothermes de l'eau et celles de l'éther de 10° en 10° entre zéro et 50° et jusqu'à 3000 atmosphères; la comparaison des réseaux de ces deux liquides, dont l'évasement a lieu en sens contraire, permet de saisir de suite l'ensemble des anomalies dues au maximum de densité et de voir comment ces anomalies disparaissent graduellement sous l'influence de la température et de la pression, à des températures d'autant moins élevées que la pression est plus forte et sous des pressions d'autant moins fortes que la température est plus élevée. On voit facilement aussi que, contrairement à ce qu'on avait cru prévoir, les liquides ne sauraient acquérir un maximum de densité sous l'influence de la pression et que c'est même le contraire qui doit avoir lieu.

Revenant à l'étude du maximum de densité proprement dit, M. Amagat montre comment s'entre-croisent les isothermes de l'eau entre o et 10° et pourquoi il n'a pu tracer le réseau de ces courbes, dont l'enveloppe donnerait de suite la température du maximum de densité sous les diverses pressions; il a tourné la difficulté au moyen d'un diagramme obtenu de la manière que voici : On a porté la température sur l'axe des abscisses, et sur les ordonnées correspondantes les pressions nécessaires pour maintenir sous volume constant la masse d'eau sur laquelle on a opéré; on a construit ainsi un grand nombre de courbes correspondant à des volumes constants de plus en plus petits.

Les trois premières courbes présentent chacune une ordonnée minima à laquelle correspond la température maximum de densité sous la pression que représente cette ordonnée. On voit de suite sur le diagramme comment cette température rétrograde vers zéro quand la pression croît ; on trouve ainsi, pour température du maximum de densité :

Sous la pression de $41,6$ .... $3,3$

Sous la pression de $93,3$ .... $2,0$

Sous la pression de $144,9$ .... $0,6$

La forme de la quatrième courbe montre que sous la pression de 197^{atm} la température du maximum de densité a déjà atteint et légèrement dépassé zéro.

La rétrogradation moyenne est donc entre $4°$ et $0°,6$ de $0°,235$ par atmosphère.

M. Albert Michelson fait une Communication sur les *appareils interférentiels dans la métrologie et l'établissement d'une longueur d'onde comme unité absolue de longueur.*

Toute mesure exacte d'une quantité physique revient à la mesure d'une longueur ou d'un angle ; mesures qui se font au moyen des microscopes ou des lunettes, en utilisant les propriétés des milieux optiques de ces instruments relativement aux ondes lumineuses.

L'extrême petitesse de ces ondes est précisément la propriété qui a permis d'aller si loin dans la précision des mesures ; cependant il paraît qu'on n'a pas utilisé tous les avantages qu'elle présente. En effet, si l'on supprime toute la partie centrale des lentilles ou des miroirs (on peut ajouter aussi des prismes et des réseaux), alors la théorie et l'expérience montrent que les instruments ordinaires d'optique ainsi transformés en réfractomètres interférentiels présentent des avantages très considérables au point de vue de l'exactitude des mesures.

L'appareil interférentiel qui a servi à résoudre des problèmes tels que la mesure des longueurs et des angles, l'analyse de la constitution de la lumière des raies du spectre et la détermination des longueurs d'onde en mesure absolue, consiste essentiellement en une plaque de verre à faces optiquement planes et parallèles et deux miroirs plans. La lumière qu'on veut examiner tombe sur la plaque de verre, dont la première surface est légèrement argentée, sous une incidence de $45°$. Le faisceau incident se partage en deux, l'un réfléchi et l'autre transmis. Le premier est renvoyé par l'un des miroirs et traverse ensuite la plaque de verre ; l'autre est renvoyé par le second miroir, se réfléchit sur la plaque et se propage ensuite dans la même direction. Des considérations élémentaires montrent que cet arrangement équivaut à la superposition de deux faisceaux qui seraient réfléchis l'un sur le premier miroir, l'autre sur l'*image* du second par rapport à la glace. Les interférences seront alors les mêmes que donnerait une couche d'air entre deux surfaces planes.

Cet instrument présente les avantages suivants : il permet l'emploi d'une source étendue; la séparation à une distance quelconque des deux faisceaux interférents, une différence de marche illimitée, et la position des franges est parfaitement déterminée; enfin ajoutons que cet appareil permet de produire le *contact optique* au moyen des franges dans la lumière blanche, sans dérégler les surfaces.

En examinant plusieurs espèces de radiations en apparence simples et homogènes (en observant les variations de netteté des franges circulaires qui se produisent lorsque les deux surfaces de la couche fictive d'air sont rigoureusement parallèles), on trouve que presque toutes sont très complexes. Ainsi la raie rouge de l'hydrogène est double; chaque élément de la double raie jaune du sodium est lui-même double; la raie verte du thallium est quadruple; la raie verte du mercure est composée de cinq ou six raies; la raie principale a deux composantes dont la distance n'est que 0,002 de la distance entre les deux raies du sodium.

Le cadmium cependant donne trois raies très pures, rouge, verte et bleue; et si l'on illumine la vapeur de cette substance placée dans un tube de Geissler, par la décharge électrique, on voit les franges d'interférence encore très nettes avec une différence de marche de 10^{cm}.

On peut donc employer un étalon intermédiaire qui consiste en une pièce de bronze portant deux surfaces planes à une distance l'une de l'autre de 10^{cm}; on compare cette distance, au moyen des franges circulaires d'interférence, aux longueurs d'onde de ces trois radiations, qui donnent ainsi un contrôle très important de l'exactitude des mesures; on la compare ensuite avec le mètre étalon.

Au lieu de compter les franges au nombre de 400000 environ dans cette distance, on emploie une série de neuf étalons intermédiaires dont chacun est la moitié du précédent.

On compte alors le nombre de franges dans le plus court, qui a $0^{mm},39$ de longueur environ, et on mesure le rapport entre celui-ci et le second en contrôlant et corrigeant les mesures par les franges circulaires (procédé qui comporte le même degré d'exactitude avec le plus grand étalon qu'avec le plus petit) et ainsi de suite avec tous les étalons, jusqu'au dernier de 10^{cm}, dont la longueur se trouve alors exprimée en longueurs d'onde. La comparaison de cet étalon avec le mètre se fait en le déplaçant dix fois de sa propre longueur, en contrôlant à chaque pas la position et l'inclinaison des surfaces au moyen des franges d'interférence dans la lumière blanche, et en comparant à la première et à la dernière position de l'étalon un trait qu'il porte avec les deux traits du mètre.

Les deux séries d'observations que M. Michelson a exécutées au Bureau international des Poids et Mesures, quoiqu'elles ne soient pas encore entièrement réduites, donnent les résultats provisoires suivants, en longueurs d'onde de la raie rouge du cadmium :

Première série.................. $\overset{m}{1} = 1553163,6\lambda$

Deuxième série.................. $1 = 1553164,4\lambda$

Moyenne...................... $1 = 1553164,0\lambda$

Nous avons ainsi un moyen de comparer la base fondamentale du Système métrique à une unité naturelle, avec une approximation sensiblement du même ordre que celle que comporte aujourd'hui la comparaison de deux mètres étalons.

M. Mascart insiste sur l'importance de la Communication que M. Michelson a bien voulu présenter à la Société.

L'évaluation des longueurs d'ondes lumineuses en mesures métriques, avec un degré d'approximation comparable à celui que l'on peut atteindre dans la comparaison de deux étalons entre eux, est un problème qui pouvait paraître à peine abordable. Elle exige d'abord l'emploi d'une source de lumière dont l'homogénéité soit de même ordre, et ensuite la constitution d'un appareil qui permette de déterminer, à moins d'une unité près, le nombre des longueurs d'onde contenus dans un mètre étalon.

M. Michelson résout la première partie du problème par une méthode entièrement originale, d'une extrême délicatesse, en généralisant l'observation célèbre de M. Fizeau sur le trouble périodique des interférences produites par des sources très voisines, comme les deux raies de la soude. La constitution réelle des raies spectrales que les appareils de dispersion sont impuissants à dédoubler se déduit des modifications qu'éprouve la visibilité des interférences à mesure que le retard optique est croissant.

Le choix des sources une fois déterminé, on ne doit pas moins admirer la série des opérations systématiques qui permettent de multiplier des longueurs successives, en conservant un contrôle continu des observations, pour aboutir finalement à la longueur du mètre.

Nous devons nous féliciter que M. Michelson ait mis à profit les ressources exceptionnelles de précision dont dispose le Bureau international des Poids et Mesures et qu'il ait utilisé le concours de notre collègue, M. Benoît, dont nous avons eu tant de fois à apprécier la haute compétence.

Cet ensemble de recherches constitue un véritable monument scientifique.

Nouveau photomètre; par M. Eugène Mesnard. — Le principe du nouveau photomètre est très simple. Si l'on expose à la lumière l'une des extrémités d'une baguette de verre ordinaire creuse et si l'on examine l'autre extrémité dans une chambre noire, on voit apparaître un cercle lumineux brillant d'un éclat plus ou moins grand, suivant que la lumière incidente est elle-même plus ou moins forte. La lumière est conduite dans la masse du verre et cela quelle que soit la forme que l'on donne à la baguette.

On peut facilement mesurer l'intensité de l'image lumineuse en superposant à cette image des écrans absorbants de valeur connue jusqu'à extinction complète de tout rayon.

Pratiquement l'instrument a reçu la disposition suivante : la baguette de verre dont l'une des extrémités doit recevoir la lumière est recouverte par un tube de caoutchouc opaque et fixée par son autre extrémité dans le bouchon qui ferme un tube métallique de $0^m,50$ de hauteur et de $0^m,03$ de diamètre environ. Ce tube fonctionne comme une chambre noire. L'œil placé à l'autre extrémité de la chambre distingue nettement, dans le fond, le cercle lumineux dont il s'agit de mesurer l'éclat. On arrive à ce dernier résultat en faisant écouler par la partie inférieure de la chambre un liquide légèrement teinté contenu dans une ampoule placée à côté sur le support de l'instrument, jusqu'à ce qu'on obtienne la disparition de la lumière. On note la hauteur de la colonne liquide sur un tube de niveau placé latéralement.

On peut avoir des liquides plus ou moins teintés suivant la puissance des sources lumineuses que l'on doit examiner, tout en conservant à l'instrument des dimensions maniables. A l'aide d'une source étalon on a tracé une fois pour toutes une courbe correspondant à chacun de ces liquides et à laquelle on se reporte dans la suite.

Sur le maximum de densité et les lois relatives à la compressibilité et à la dilatation de l'eau;

Par M. E.-H. Amagat.

L'exposé qui va suivre ayant surtout pour but l'étude du maximum de densité, j'indiquerai très rapidement les principales lois relatives à la dilatation et à la compressibilité de l'eau, ou plutôt les différences que présentent ces lois avec celles relatives aux autres liquides que j'ai étudiés, parce que ces anomalies proviennent du maximum de densité dont elles sont comme la trace dans les limites de pression et de température où elles subsistent. Les limites expérimentales de ces recherches, dont l'exposé complet est inséré aux *Annales de Chimie et de Physique* (juin et août 1893) sont les suivantes : dans dix séries à diverses températures entre $0°$ et $50°$, la pression a été poussée jusqu'à 3000 atmosphères; ces séries ont été faites avec une charge d'eau unique; avec une seconde charge de liquide et par une méthode différente, j'ai fait vingt et une séries entre $0°$ et $100°$ dont onze de degré en degré entre $0°$ et $10°$ (plus une série à $200°$), dans lesquelles la limite supérieure des pressions a été de 1000 atmosphères; les séries de degré en degré, entre o° et 10°, ont eu spécialement pour but l'étude du maximum de densité.

1° *Compressibilité*. — Le coefficient de compressibilité de l'eau décroît, dans tous les cas, quand la pression augmente, ainsi que cela a lieu pour tous les autres liquides étudiés.

Ce coefficient, ainsi qu'on le sait déjà, pour les faibles pressions, décroît quand la température croît jusque vers 5o°, il passe par un maximum, après quoi il décroît comme pour les autres liquides; ce maximum se retrouve, mais de moins en moins accentué, sous des pressions de plus en plus fortes et finit par disparaître.

2° *Dilatation sous pression constante*. — Contrairement à ce qui a lieu pour les autres liquides, le coefficient de dilatation de l'eau croît d'abord avec la pression; cet effet, de moins en moins prononcé quand la température s'élève, disparaît vers 5o°; après quoi la variation a lieu en sens contraire comme pour les autres liquides.

Sous chaque pression (et à partir du maximum de densité pour les pressions sous lesquelles ce maximum existe encore) le coefficient de dilatation croît avec la température, ainsi que cela a lieu pour les autres liquides, d'abord beaucoup plus rapidement; cette variation diminue sous des pressions de plus en plus fortes; elle est cependant sensible jusqu'à 3000 atmosphères.

3° *Dilatation sous volume constant*. — Le coefficient de pression $\left(\frac{dp}{dt}\right)$ croît avec la pression comme pour les autres liquides, mais d'abord beaucoup plus rapidement; le coefficient de dilatation à volume constant décroît dans les mêmes conditions ainsi que cela a lieu aussi pour les autres liquides.

Le coefficient de pression pour un volume constant donné (à partir du maximum de densité tant qu'il existe encore), contrairement à ce qui a lieu pour les autres liquides, croît d'abord très rapidement avec la température; cette variation diminue au fur et à mesure que la pression ou la température s'élèvent et l'eau finit par rentrer dans le cas ordinaire; le coefficient de dilatation à volume constant, contrairement à ce qui a lieu pour les autres liquides, croît d'abord avec la température, passe par un maximum, puis rentre dans le cas normal.

Maximum de densité de l'eau. Retour aux lois ordinaires sous l'influence de la température et de la pression.

Mes premières recherches sur ce sujet ont été publiées en 1887 ; j'ignorais à cette époque que plusieurs physiciens s'étaient déjà occupés de la question. Le fait du déplacement du maximum de densité par la pression avait été prévu et vérifié pour de faibles pressions par MM. van der Waals et Puschl ; M. Tait avait montré que la température au fond d'un vase rempli d'eau surmontée d'une couche de glace est, sous pression, inférieure à $4°$; enfin MM. Marshall, Smith et Osmond avaient trouvé que, sous pression, la température pour laquelle l'eau ne subit plus d'effet thermique sous l'influence d'un faible accroissement de pression est inférieure à $4°$.

Ces expériences mettent seulement le fait en évidence. Pour suivre l'ensemble du phénomène, il fallait déterminer les données d'un réseau d'isothermes assez serré entre $0°$ et $10°$; c'est ce que j'ai fait dans cet intervalle de degré en degré jusqu'à 1000 atmosphères.

Le réseau de ces isothermes n'a pu être tracé directement, tellement elles sont rapprochées dans certaines parties à cause de la petitesse des angles sous lesquels elles se coupent ; cependant, comme il est intéressant de se rendre compte de l'entrecroisement des courbes qui montre de suite l'ensemble du phénomène, voici un diagramme (*fig.* 1) qui est pour ainsi dire l'exagération du fait, grâce à quoi il a pu être dessiné.

Les pressions sont portées sur l'axe des abscisses et les volumes sur celui des ordonnées. Sur chaque isotherme on a inscrit la température à laquelle elle est censée correspondre ; il n'a été tenu compte, bien entendu, que de l'ordre des points d'intersection, et nullement de la distance relative ou du rapport de longueur des segments formés et de la forme exacte de l'enveloppe.

On voit que les isothermes forment en s'entrecoupant un étranglement du réseau, à la suite duquel celui-ci va en s'évasant ; c'est le contraire de ce qui a lieu pour les autres liquides dont les réseaux vont en convergeant sous des pressions de plus en plus

Fig. 1.

fortes. Cet épanouissement inverse du réseau, pour l'eau, a encore lieu pour un certain nombre d'isothermes supérieures à 8°, dont les premières, tout au moins, iraient se couper sous des pressions inférieures à une atmosphère ; il disparaît au fur et à mesure que la température s'élève ; de même pour une température donnée il disparaît, mais très lentement, sous des pressions de plus en plus fortes.

Le diagramme ci-contre (*fig.* 2) qui figure les isothermes pour l'eau et l'éther de 10° en 10° entre 0° et 50° et jusqu'à 3000 atmosphères montre de suite comment, pour l'eau, l'épanouissement du réseau est renversé et disparaît graduellement sous l'influence de la température et de la pression.

On voit de suite comment résulte de là le renversement de la plupart des lois relatives à l'eau, notamment la diminution du coefficient de compressibilité quand la température croît, l'accroissement du coefficient de dilatation avec la pression, la variation rapide du coefficient de pression avec la température, etc.

Le diagramme montre qu'avant 3000 atmosphères l'épanouissement du réseau de l'eau a disparu ; on peut prévoir que, sous des pressions plus fortes, ce réseau irait en se resserrant, ainsi que cela a lieu depuis la pression normale pour les autres liquides étudiés ; on voit aussi que le retour aux conditions normales se fait sous de faibles pressions par le fait d'une élévation suffisante de température, de telle sorte que l'eau rentre dans le cas des autres liquides sous des pressions d'autant moindres que la température est plus élevée et à des températures d'autant moins élevées que la pression est plus forte ; on peut dire que dans les limites de 0° à 100°, vers 3000 atmosphères, les anomalies dues à l'existence du maximum de densité ont disparu, pour les lois qui avaient été renversées : ou bien l'ordre normal est rétabli, ou bien le renversement n'existe plus et le rétablissement de cet ordre normal apparaît avec certitude.

On remarquera encore que les liquides ne sauraient acquérir un maximum de densité sous l'influence de la pression ainsi que l'avait pensé M. Grimaldi pour l'éther : c'est tout le contraire qui a lieu ; il est facile de voir que si les isothermes vont en convergeant quand la pression augmente, et c'est le cas de tous les liquides étudiés sauf l'eau, le maximum de densité, s'il en existe un à cette température, ne peut être que dépassé, c'est-à-dire ne

Fig. 2.

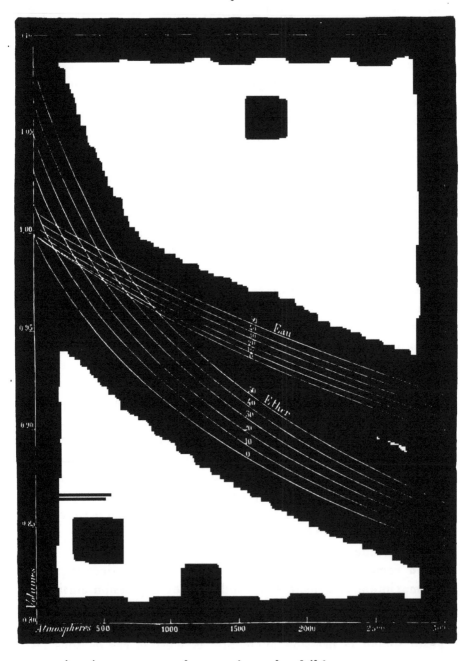

saurait exister que sous des pressions plus faibles.

Fig. 3.

Je reviens maintenant aux résultats fournis par les isothermes entre 0° et 10° et à leur représentation graphique.

J'ai d'abord, en tenant compte de la variation de volume du piézomètre, dressé un premier Tableau des pressions à volume constant; ces résultats ont été ensuite représentés par un diagramme (*fig.* 3) dont chaque courbe a été obtenue en portant les températures en abscisses, et sur les ordonnées les pressions nécessaires pour maintenir constant à ces températures le volume relatif à cette courbe. L'ordonnée à 0° étant d'autant plus grande pour les courbes successives que celles-ci correspondent à des volumes constants plus petits, on a transporté ces courbes de manière qu'elles partent toutes de l'origine, afin d'éviter la hauteur exagérée qu'aurait eue le diagramme, et l'on a inscrit sur chacune d'elles l'ordonnée initiale à 0°, qu'il faut ajouter à chaque ordonnée pour avoir a pression correspondante.

Le tracé régularisé des courbes s'est fait sans difficulté; on en a déduit les résultats consignés au Tableau suivant, qui ne présentent avec les résultats primitifs aucune différence notable.

EAU. — *Pressions à volume constant et coefficients de pression* $\dfrac{\Delta p}{\Delta t} = B.$

VOLUMES.	0° (atm)	B.	1° (atm)	B.	2° (atm)	B.	3° (atm)	B.	4° (atm)	B.	5° (atm)	B.	6° (atm)	B.	7° (atm)	B.	8° (atm)	B.	9° (atm)	B.	10° (atm)
0,99978...	43,35	0,80	42,55	0,65	41,90	0,28	41,62	0,06	41,68	0,32	42,00	0,6	42,60	0,9	43,50	1,25	44,75	1,75	46,50	2,15	48,65
0,99525...	93,8	0,35	93,45	0,15	93,30	0,10	93,40	0,39	93,79	0,71	94,50	0,95	95,45	1,25	96,70	1,50	98,20	1,90	100,1	2,10	102,2
0,99273...	145,1	0,15	144,95	0,30	145,25	0,47	145,72	0,68	146,4	1,0	147,4	1,3	148,7	1,6	150,3	1,9	152,2	2,3	154,5	2,5	157,0
0,99020...	197,0	0,3	197,3	0,6	197,9	0,9	198,8	1,2	200,0	1,5	201,5	1,6	203,1	1,9	205,0	2,3	207,3	2,5	209,8	2,7	212,5
0,98766...	250,1	0,7	250,8	0,9	251,7	1,1	252,8	1,4	254,2	1,8	256,0	2,0	258,0	2,3	260,3	2,7	263,0	2,9	265,9	3,1	269,0
0,98513...	303,6	1,2	304,8	1,3	306,1	1,6	307,7	1,8	309,5	2,1	311,6	2,4	314,0	2,7	316,7	2,9	319,6	3,1	322,7	3,3	326,0
0,98260...	358,4	1,5	359,9	1,5	361,4	2,0	363,4	2,2	365,6	2,4	368,0	2,7	370,7	3,0	373,7	3,1	376,8	3,6	380,4	3,5	383,9
0,98007...	414,0	1,9	415,9	2,1	418,0	2,2	420,2	2,6	422,8	2,7	425,5	3,2	428,7	3,3	432,0	3,7	435,7	3,9	439,6	4,2	443,8
0,97753...	470,8	2,4	473,2	2,5	475,7	2,8	478,5	2,9	481,4	3,1	484,5	3,4	487,9	3,6	491,5	3,9	495,4	4,3	499,7	4,6	504,3
0,97499...	528,9	2,7	531,6	2,8	534,4	3,1	537,5	3,4	540,9	3,6	544,5	3,9	548,4	4,1	552,5	4,4	556,9	4,6	561,5	4,8	566,3
0,97245...	588,5	3,0	591,5	3,2	594,7	3,5	598,2	3,6	601,8	3,9	605,7	4,3	610,0	4,5	614,5	4,6	619,1	4,9	624,0	5,1	629,1
0,96991...	648,5	3,5	652,0	3,6	655,6	3,9	659,5	4,0	663,5	4,5	668,0	4,6	672,6	4,8	677,4	5,3	682,7	5,3	688,0	5,4	693,4
0,96736...	710,7	3,8	714,5	4,0	718,5	4,1	722,6	4,5	727,1	4,7	731,8	4,9	736,7	5,3	742,0	5,4	747,4	5,7	753,1	5,9	759,0
0,96482...	773,3	4,1	777,4	4,1	781,5	4,3	785,8	4,9	790,7	5,2	795,9	5,3	801,2	5,8	807,0	6,0	813,0	6,2	819,2	6,4	825,6
0,96227...	837,5	4,6	842,1	4,8	846,9	5,0	851,9	5,4	857,3	5,6	862,9	5,8	868,7	6,0	874,7	6,1	880,8	6,4	887,2	6,8	894,0
0,95972...	903,2	5,0	908,2	5,2	913,4	5,7	919,1	5,9	925,0	6,2	931,2	6,3	937,5	6,4	943,9	6,6	950,5	6,8	957,3	7,0	964,3

J'ai intercalé les valeurs des coefficients de pression (B) entre les deux pressions auxquelles ils se rapportent ; la rétrogradation du maximum de densité se voit de suite à l'inspection du changement de signe de (B) (les valeurs négatives ont le signe — placé au-dessus d'elles) qui a lieu en même temps que celui du coefficient de dilatation sous pression constante ; le phénomène est encore plus facile à suivre sur le diagramme ; la température du maximum de densité est, pour chaque courbe, l'abscisse de l'ordonnée minima ; en ajoutant à cette ordonnée la pression initiale inscrite sur la courbe on a la pression correspondante.

On trouve ainsi pour température du maximum de densité :

$$
\begin{array}{lll}
\text{Sous la pression de} & \overset{\text{atm}}{41,6} & \overset{\cdot}{3,3} \\
\text{»} & 93,3 & 2,0 \\
& 144,9 & 0,6 \\
\end{array}
$$

La forme de la quatrième courbe montre que le maximum de densité a déjà atteint et même un peu dépassé 0° sous la pression de 197 atmosphères ; il atteint donc cette température sous une pression un peu inférieure à celle résultant de mes premières recherches, qui n'étaient du reste que des essais préliminaires.

La rétrogradation moyenne entre 4°,0 et 0°,6 serait donc de 0°,235 par atmosphère ; elle irait en s'accentuant légèrement avec la pression, mais cette accélération est incertaine, car il suffit d'une bien petite erreur pour déplacer d'une façon notable le point de contact des tangentes horizontales aux courbes.

Les fractions d'atmosphère inscrites au Tableau ci-dessus peuvent, surtout aux pressions élevées, paraître illusoires ; cela peut être vrai en valeur absolue, mais non si l'on considère les différences entre les pressions successives ; ce sont, du reste, les résultats directement pris sur le diagramme ; j'ai conservé deux décimales seulement au voisinage de l'ordonnée minima là où la variation est extrêmement lente.

Il est évident qu'en limitant la pression, par exemple à 200 atmosphères et la température à 10°, on aurait pu fouiller davantage le phénomène et obtenir plus de précision, tandis qu'il s'agit ici d'un travail d'ensemble dans lequel la partie relative au maximum de densité n'occupe qu'une place relativement restreinte ; mais j'ai tenu à ce que tous les résultats soient déterminés sur une charge unique de liquide de manière à avoir un ensemble auquel on pourra toujours raccorder, s'il y a lieu, un travail de détail relatif à un point présentant un intérêt particulier.

J'avais même eu l'intention de reprendre de cette façon l'étude spéciale du maximum de densité, et de l'étendre à des températures inférieures à 0°, au moyen d'un appareil spécialement disposé dans ce but, mais les circonstances ne m'ont point permis de donner suite à ce projet.

Les méthodes interférentielles en métrologie et l'établissement d'une longueur d'onde comme unité absolue de longueur ;

Par M. Albert-A. Michelson.

Toute mesure exacte d'une quantité physique revient à la mesure d'une longueur ou d'un angle. Pour les longueurs on emploie le microscope, et pour les angles la lunette. Cet emploi est basé entièrement sur les propriétés des milieux optiques relativement aux ondes lumineuses.

L'extrême petitesse de ces ondes, qualité qui sans doute a masqué si longtemps leurs propriétés, est précisément la raison qui a permis d'aller si loin dans la précision des mesures par les instruments d'optique.

En effet, l'image d'un point donnée par une lentille, à cause des longueurs finies des ondes lumineuses, consiste en une série d'anneaux très serrés, ce qui limite la netteté des images. Il est facile de constater que le diamètre des anneaux est proportionnel à la longueur d'onde et au grossissement ; donc, pour l'emploi ordinaire des instruments d'optique, il est évidemment inutile de pousser trop loin le grossissement ; mais, si cet emploi est limité aux mesures de positions, il y a un avantage considérable à l'augmenter autant que le permet la perte inévitable de lumière ; car plus les franges de diffraction sont larges, plus il est facile de pointer sur leur centre.

Dans ce cas, si l'on pouvait négliger l'inconvénient de la dissimilarité entre le phénomène observé et l'objet, on pourrait réduire la lentille (ou miroir) à deux petites surfaces aux extrémités d'un même diamètre.

Il n'est pas nécessaire que ces deux petites surfaces, auxquelles la lentille se trouverait ainsi réduite, soient courbes; on peut les remplacer par des prismes ou des miroirs plans, dont la seule fonction est maintenant d'amener les deux faisceaux à coïncider sous une très faible inclinaison.

Ainsi, la lunette ou le microscope est transformé en *réfractomètre interférentiel*. L'analogie exacte entre les deux sortes d'instruments sera facile à saisir en comparant la *fig.* 1 à la *fig.* 2 et la *fig.* 3 à la *fig.* 4.

Le nom de *réfractomètre* ne paraît guère convenir pour désigner un appareil qui a déjà servi pour tant de travaux importants, en dehors des mesures d'indices de réfraction; mais, comme il a été accepté partout, nous le conserverons, en étendant son application à toute espèce d'appareil qui sépare un faisceau lumineux en deux parties pour les réunir dans des conditions qui permettent l'observation des franges d'interférence.

Pour les comparaisons numériques, on peut admettre que la limite d'exactitude du pointé d'un fil de micromètre sur l'image d'un trait fin dans les circonstances les plus favorables est à peu près $0^\mu,05$.

Or, on admet aussi la possibilité de pointer sur le centre d'une frange d'interférence à $0,03$ de frange près. Cette quantité correspond à une erreur d'à peu près $0^\mu,01$, c'est-à dire à une quantité cinq fois plus petite. Seulement, il paraît que la quantité $0,03$ de frange comme limite d'exactitude est assurément trop grande, et que cette limite, d'après plusieurs expériences avec la forme de réfractomètre que donne la *fig.* 9, se trouve au-dessous de $0,01$ de frange, ce qui correspond à une erreur de distance de $0^\mu,003$.

Pour les mesures angulaires, on se sert d'une lunette dont l'équivalent est disposé comme l'indiquent les *fig.* 7 et 8. Des considérations analogues à celles qu'on a employées dans le cas précédent montrent que la limite d'exactitude en secondes d'arc est à peu près égale à la valeur réciproque du diamètre de l'objectif en centimètres, soit $0'',1$ pour un objectif de 10 centimètres.

Mais, si l'on admet $0,01$ de frange, comme limite d'exactitude, on trouve $0'',005$ pour limite correspondante de l'angle qu'on peut mesurer avec un réfractomètre disposé comme le montrent les *fig*. 7 et 8.

Il est peut-être utile d'ajouter que, dans l'emploi de miroirs tournants, comme dans les galvanomètres, les balances, etc., l'exac_

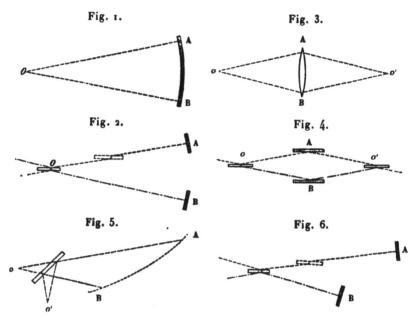

Fig. 1.

Fig. 3.

Fig. 2.

Fig. 4.

Fig. 5.

Fig. 6.

Légende commune à ces 6 figures. — o est le point de séparation et o' le point de convergence des deux faisceaux lumineux. A et B sont les parties correspondantes des lentilles (ou miroirs) et du réfractomètre.

titude de la lecture peut être accrue en augmentant en même temps la surface et par conséquent le moment d'inertie du miroir, ce qui diminue la sensibilité; tandis que les dimensions du miroir m, m_1 du réfractomètre peuvent rester très petites. Par conséquent, on peut augmenter beaucoup la précision de la lecture tout en diminuant énormément le moment d'inertie.

Au premier abord n'apparaît pas comme évidente une relation entre le réfractomètre et le spectroscope; la considération des *fig*. 5 et 6 montre cependant qu'il existe entre ces instruments une analogie très exacte. La *fig*. 5 représente une disposition quelquefois adoptée pour l'observation du spectre avec un réseau concave, et la *fig*. 6 représente l'arrangement actuellement employé dans l'analyse des radiations par les interférences.

Dans ce cas, comme dans les précédents, on supprime la partie

Fig. 7.

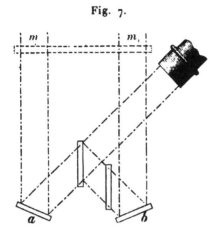

centrale; on perd par conséquent en *définition,* mais on gagne en exactitude.

Fig. 8.

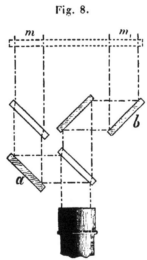

I.

Parmi les nombreuses sortes d'appareils interférentiels qui sont devenus classiques par les travaux d'Arago, de Fresnel, de Fizeau, de Jamin et de Mascart, la plupart, quoique admirablement adaptés aux buts pour lesquels ils ont été inventés, ont des propriétés qui ne se prêtent pas facilement aux nouveaux problèmes qui se sont présentés, tels que la mesure des longueurs et des angles, l'analyse de la constitution de la lumière des raies du spectre, et en particulier la détermination des longueurs d'ondes en mesure absolue.

Pour tous ces problèmes l'appareil représenté par la *fig.* 9

Fig. 9.

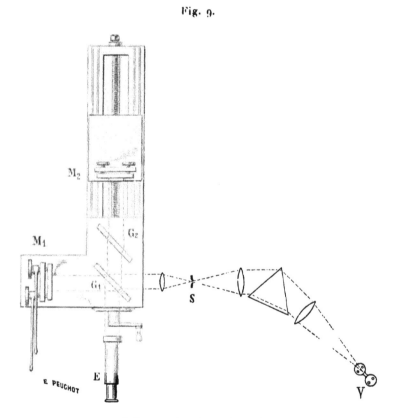

Réfractomètre interférentiel.

offre des avantages très importants : il est de construction simple et facile à régler ; il permet l'emploi d'une source étendue ; on peut séparer les deux faisceaux interférents à une distance quelconque ; la différence de marche n'est pas limitée ; et, une fois réglée, la position des franges d'interférence est parfaitement déterminée ; enfin ajoutons que cet appareil permet de produire le *contact op-*

— 160 —

tique avec l'avantage que la position et l'inclinaison de l'une des surfaces peuvent être contrôlées par les interférences que donne l'image virtuelle de l'autre, sans qu'il y ait à craindre de le dérégler. Aussi peut-on arriver au contact absolu, ce qui n'est pas possible avec des surfaces réelles, et dépasser cette position de part et d'autre, à volonté.

Cet appareil se compose d'une plaque de verre à faces optiquement planes et parallèles G_1 et de deux miroirs plans M_1 et M_2. La lumière qu'on veut examiner tombe, sous une incidence de 45°, sur la plaque de verre G_1, dont la première surface est légèrement argentée. Le faisceau incident se partage en deux, l'un réfléchi et l'autre transmis. Le premier est renvoyé par le miroir M_2 et traverse ensuite la plaque de verre; l'autre est renvoyé par le second miroir M_1, se réfléchit sur la plaque G_1 et se propage ensuite dans la même direction $G_1 E$.

Des considérations élémentaires montrent que cet arrangement équivaut à la superposition de deux faisceaux qui seraient réfléchis l'un sur le premier miroir M_2, l'autre sur l'image du second par rapport à la glace, image que nous appellerons *plan de référence*.

Si la distance de ces deux surfaces planes, l'une réelle et l'autre virtuelle, est très petite, on peut employer la lumière blanche; et l'on observe alors des franges colorées, analogues aux anneaux de Newton et localisées sur les surfaces elles-mêmes.

Si, au contraire, la distance est de plusieurs longueurs d'onde, il faut employer une lumière monochromatique. Il suffit d'examiner le cas où les surfaces sont rigoureusement planes et parallèles. Il est facile de voir, par la symétrie des choses, que les franges sont alors des anneaux concentriques à l'infini; on peut donc les observer au moyen d'une lunette réglée à l'infini, et, si l'on peut arriver à conserver rigoureusement le parallélisme des surfaces pendant leur mouvement, alors, quoique la source ait une étendue indéfinie, les franges sont toujours distinctes.

II.

Nous avons déjà admis qu'en ce qui concerne la *définition*, les

instruments ordinaires d'optique ont un avantage sur le réfractomètre, lequel ne donne rien qui ressemble à une image. C'est trop
dire cependant, si l'objet qu'on regarde a une étendue plus petite
que la *limite de résolution* de l'instrument; mais si l'on accepte,
comme signification de ce mot *définition,* l'exactitude avec laquelle on peut déduire la forme d'une très petite source, ou la distribution de la lumière, alors tout l'avantage reste au réfractomètre.

Comme illustration d'une telle application des méthodes d'interférences, considérons l'expérience célèbre de Fizeau, dans laquelle
on observe les anneaux de Newton dans la lumière dichromatique
du sodium. On sait que cette lumière consiste en deux systèmes
de radiations qui diffèrent l'un de l'autre d'à peu près la millième
partie de leur longueur d'onde. Les surfaces étant d'abord tout
près l'une de l'autre, la différence de marche est sensiblement la
même pour les deux radiations et, les maxima des deux systèmes
coïncidant, on voit les franges avec le maximum de netteté. A
mesure qu'on éloigne les surfaces, la netteté diminue, jusqu'à ce
que la différence de marche d'une des radiations prenne sur l'autre
une avance d'une demi-longueur d'onde; à partir de cette position,
en continuant à augmenter la distance, les franges deviennent plus
claires; et, à une distance qui correspond à une avance d'une longueur d'onde, les deux systèmes de franges coïncident de nouveau,
et ainsi de suite. M. Fizeau a compté cinquante-deux de ces périodes de visibilité.

Réciproquement, si, par des observations, on constatait de pareilles variations de netteté des franges, on pourrait non seulement
conclure à la duplicité de la radiation, mais encore mesurer la distance des composantes, et même trouver dans celles-ci la loi de
distribution des intensités.

Si l'on admet pour la définition de visibilité le rapport qui existe
entre la différence maximum d'éclat de deux franges voisines et
leur somme

$$V = \frac{I_1 - I_2}{I_1 + I_2} \quad (1)$$

(1) Cette expression représente en même temps avec une certaine approxima-

et si $\varphi(x)$ représente la loi de distribution des intensités dans la source, et D la différence de marche, on trouve pour l'expression de la visibilité ([1])

$$V^2 = \frac{[\int \varphi(x)\cos 2\pi D x.\, dx]^2 + [\int \varphi(x)\sin 2\pi D x.\, dx]^2}{[\int \varphi(x)dx]^2}$$

tion les résultats de l'appréciation de la netteté des franges, ainsi que le montre la coïncidence approximative des deux courbes (*fig.* 10).

Fig. 10.

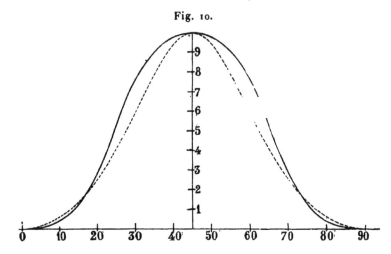

Courbe pointillée $V = \dfrac{1 - \cos^2 2\alpha}{1 + \cos^2 2\alpha}$. Courbe pleine $V_e =$ appréciation de la netteté.

([1]) La méthode suivie consiste à tirer de la formule générale $I = 4\cos^2\pi\dfrac{D}{\lambda}$ relative aux intensités de deux sources égales et homogènes dont la différence de marche est D, les expressions qui conviennent au cas où les lumières ne sont pas homogènes et où les réciproques des longueurs d'onde se trouvent comprises entre $n + \dfrac{a}{2}$ et $n - \dfrac{a}{2}$: on a alors

$$I = \int_{-\frac{a}{2}}^{+\frac{a}{2}} \varphi(x) \cos^2\pi D(n+x)\, dx,$$

$\varphi(x)$ représentant la distribution d'intensité dans la source.

Développant cette expression et posant

$$\int \varphi(x)dx = P, \qquad 2\pi D n = \delta,$$
$$\int \varphi(x) \cos 2\pi D x\, dx = C \quad \text{et} \quad \int \varphi(x)\sin 2\pi D x\, dx = S,$$

on trouve

$$I = P + C \cos\delta - S \sin\delta.$$

Les maxima se présentent lorsque $I_1 = P + \sqrt{C^2 + S^2}$ et les minima, lorsque

De cette relation on a déduit une série de courbes, parmi lesquelles les suivantes ont été choisies (*fig.* 11).

Fig. 11.

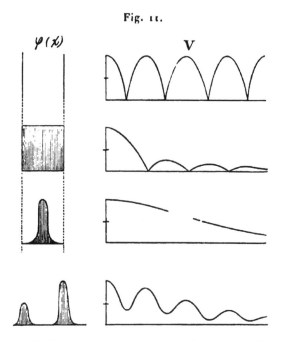

V, courbes de visibilité correspondant à la distribution [$\varphi(x)$] de la lumière
dans la source.

Les figures à gauche représentent la loi de distribution de la lumière dans la source; les courbes à droite représentent les variations de visibilité des franges d'interférence à mesure que la différence de marche des deux rayons interférents augmente.

Le problème réciproque de déduire la distribution $\varphi(x)$, étant
données les courbes expérimentales de visibilité, est beaucoup plus
difficile. On y arrive cependant, avec une certaine approximation,
par des procédés graphiques.

La *fig.* 12 représente une série de courbes expérimentales de

---

$I_2 = P - \sqrt{C^2 + S^2}$, ce qui donne dans la formule pour la visibilité

$$V^2 = \frac{C^2 + S^2}{P^2}.$$

visibilité, et à chacune d'elles est ajoutée la courbe pointillée qui correspond à la distribution des intensités représentée à gauche. La correspondance des deux courbes est la preuve de l'exactitude de cette interprétation.

Fig. 12.

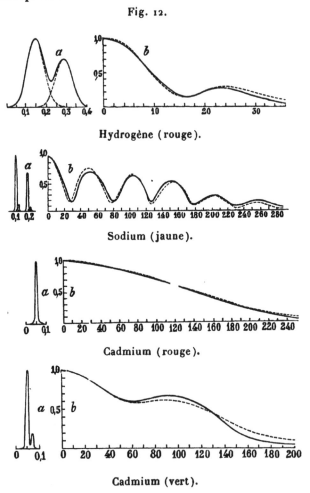

Hydrogène (rouge).

Sodium (jaune).

Cadmium (rouge).

Cadmium (vert).

La *fig.* 12 *bis* (p. 166) donne l'interprétation physique de ces courbes, en reproduisant en quelque sorte l'aspect qui doit leur correspondre.

On y remarque que presque toutes les radiations examinées sont très complexes : ainsi, la raie rouge de l'hydrogène est double ; chaque élément de la double raie jaune du sodium est lui-même double (ou peut-être quadruple) ; la raie verte du thallium est quadruple ; la raie verte du mercure est composée de cinq ou six raies, dont la principale a deux composantes, dont la distance n'est que 0,002 de la distance des deux raies du sodium.

La raie rouge du cadmium est une des plus simples et homo-

Fig. 12 (suite).

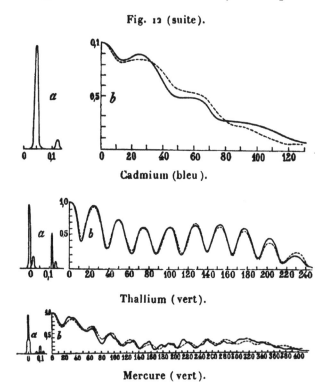

Cadmium (bleu).

Thallium (vert).

Mercure (vert).

Les courbes pleines à droite expriment les visibilités observées ; les courbes poin-tillées se rapportent à la distribution [$\varphi(x)$], représentée à gauche, de la lu-mière dans la source.

gènes parmi toutes les radiations examinées. Le cadmium donne encore trois raies, verte, bleue et violette, dont les deux premières sont aussi très simples. Les interférences que donnent ces trois radiations sont encore très nettes avec une différence de marche de $0^m,10$. On a ainsi, à l'aide d'une même substance, trois sortes de radiations, qui peuvent être examinées successivement sans modifier la disposition des appareils ; donc chacune peut ser-vir, sous des conditions appropriées, comme étalon absolu de lon-gueur, et, de plus, la concordance des résultats qu'elles fournissent constitue un contrôle très important de l'exactitude des mesures.

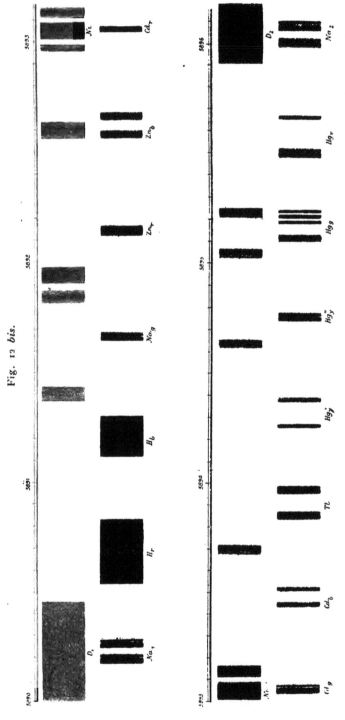

Fig. 12 bis.

Les bandes immédiatement situées au-dessous des deux échelles se font suite et correspondent au spectre solaire de Rowland entre D_1 et D_2. Les autres raies traduisent les apparences que donneraient, d'après les courbes de la fig. 12, les spectres de divers métaux.

De ces conditions, la plus importante est que la vapeur radiante soit assez rare pour que les molécules puissent donner leurs propres vibrations sans un trop grand mélange de vibrations irrégulières dues aux chocs entre les molécules vibrantes. Ainsi, à une différence de marche de deux ou trois centimètres (*fig.* 13), il est presque

Fig. 13.

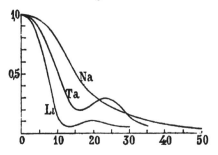

impossible de distinguer les franges à la pression atmosphérique; mais, si l'on met la substance dans un tube de Geissler illuminé par la décharge électrique, on peut suivre les interférences presqu'à un demi-mètre.

III.

Considérons maintenant le problème de l'établissement d'une longueur d'onde comme unité absolue de longueur.

Pour rendre pratique l'usage de ces quantités microscopiques, il faut employer la plus grande différence de marche compatible avec la mesure exacte de la différence de phase; ensuite on compare cette distance au mètre.

Or nous avons constaté qu'on peut aller jusqu'à $0^m,10$ avec les trois raies du cadmium, ce qui permettra l'emploi d'un étalon intermédiaire de cette longueur. Cet étalon consiste en une pièce de bronze portant vers ses deux extrémités, mais à des niveaux différents, deux glaces plan-parallèles et dont les faces antérieures sont argentées. La distance qui sépare ces deux plans a été ajustée, à quelques longueurs d'onde près, au dixième de la distance entre les deux traits d'un mètre auxiliaire du même métal.

Pour évaluer l'étalon de $0^m,10$ en longueurs d'onde, la seule difficulté consiste dans le très grand nombre d'ondes contenues dans cette distance. Ce problème a été résolu par une méthode qui avait déjà été mise en pratique dans les expériences préliminaires que j'ai faites en collaboration avec M. Morley; elle consiste à employer plusieurs étalons intermédiaires dont chacun est la moitié du précédent. Le plus court étalon de cette série a une longueur de $0^{mm},39$, ce qui correspond à une différence de marche de $0^{mm},78$.

Nous avons compté, M. Benoît et moi, le nombre de franges ou de demi-ondes de la lumière rouge du cadmium contenues dans cette distance. Ce nombre a été trouvé de 1212, plus une fraction, que l'on corrige en observant directement la différence de phase des franges circulaires données par les deux surfaces de l'étalon avec le *plan de référence*.

Pour mesurer cette différence de phase, on profite de la nécessité de mettre dans le trajet de l'un des faisceaux interférents une glace compensatrice G_2 (*fig.* 9) dont le but principal est d'égaliser les chemins parcourus. Cette glace est supportée par une tige grosse et courte, solidement fixée sur le corps de l'instrument. On tord cette tige au moyen d'un ressort extrêmement faible attaché au bout d'un bras de levier faisant corps avec le cadre qui maintient la glace; par conséquent, celle-ci éprouve une très petite rotation, et change ainsi la distance optique parcourue par le faisceau correspondant; l'autre extrémité du ressort est attachée à un fil flexible qui passe sur une poulie, dont la rotation est mesurée par un cercle divisé.

Le cercle est taré en observant le nombre de divisions qui correspond au déplacement d'une frange de la couleur employée, et les mesures des fractions de frange se font en tournant le cercle jusqu'à ce que la phase soit nulle au centre, c'est-à-dire que la tache centrale du système d'anneaux soit noire; la fraction sera le nombre de divisions dont on a tourné le cercle, divisé par la tare.

Il est important de remarquer que la mesure des fractions avec les trois couleurs est suffisante pour fixer *aussi* le nombre entier d'ondes, même si dans celui-ci il y a incertitude de plusieurs ondes. En effet, les longueurs d'onde relatives étant données, on trouve facilement le nombre d'ondes vertes et bleues qui correspondent au nombre observé d'ondes rouges.

Le Tableau suivant montre la concordance presque parfaite

entre les fractions ainsi trouvées et les résultats des observations directes.

Longueurs d'onde.	Nombres de franges observés ([1]).	calculés.
	M B	
Rouge....... 0,64388	1212,37 (34)	1212,34
Vert 0,50863	1534,78 (79)	1534,75
Bleu 0,48000	1626,18 (16)	1626,16
Violet....... 0,46789	1668,54 (54)	1668,47

Si, dans le calcul, le nombre entier était erroné d'une ou de plusieurs ondes, il n'y aurait aucune relation entre ces deux résultats.

Le procédé de comparaison de cet étalon avec le second est le suivant. Les deux étalons, que nous appellerons I et II, étant placés l'un à côté de l'autre dans le réfractomètre, l'étalon II sur un support fixe, et l'étalon I sur un chariot mobile, le plan de référence est amené en coïncidence avec la première surface, c'est-à-dire la surface antérieure, de II, et les franges d'interférence dans la lumière blanche, qui sont alors visibles, sont réglées à une largeur et inclinaison convenables en modifiant l'inclinaison du plan de référence. Ensuite la première surface ou surface antérieure de I est amenée en coïncidence avec le plan de référence, et réglée de la même façon; et alors toutes les pièces de réglage sont dégagées des chariots. Cette dernière précaution devra être répétée à chaque pas, de façon à mettre à l'abri de tout déréglage le chariot immobile pendant le mouvement de l'autre chariot.

Deuxième opération : Le plan de référence est reculé jusqu'à coïncidence avec la surface postérieure de II, et son inclinaison est réglée de manière à retrouver de nouveau sur cette surface les franges en lumière blanche, avec le même aspect que précédemment.

Troisième opération : L'étalon I est reculé à son tour, jusqu'à ce que sa surface antérieure coïncide de nouveau avec le plan de

---

([1]) Les fractions seulement ont été observées, les nombres entiers ont été calculés en partant de 1212 pour le rouge. Les fractions observées par M. Michelson sont marquées M. et celles de M. Benoît sont marquées B.

référence, et son inclinaison de nouveau réglée de la même manière : les franges en lumière blanche apparaissent, toujours avec la même disposition, sur la surface antérieure de l'étalon I.

Quatrième opération : Enfin le plan de référence est reculé jusqu'à coïncidence avec la surface postérieure de I et réglé de nouveau.

Si, maintenant, l'étalon II est exactement le double de I, alors les franges en lumière blanche apparaissent en même temps sur les surfaces postérieures des étalons I et II.

Les réglages sont faits à quelques ondes près, et les différences sont mesurées au moyen de la glace compensatrice.

Nous avons alors la relation

$$II = 2I + \varepsilon$$

et, par conséquent, nous connaissons le nombre total de longueurs d'onde contenu dans l'étalon II. Seulement la fraction ε peut avoir une incertitude de quelques dixièmes d'onde. Nous la **corrigeons** par le même procédé qui a été déjà décrit, et nous avons toujours le même contrôle par la concordance des fractions observées et calculées avec les trois radiations : *de telle sorte qu'une erreur dans le nombre entier d'ondes est à peu près impossible.*

Ce procédé de comparaison et de correction est répété avec tous les étalons intermédiaires, jusqu'au dernier, qui est celui de $0^m,10$.

Jusqu'ici la question de température et de pression n'a pas grande importance, puisque les observations sur les étalons sont faites dans les mêmes conditions. Au contraire, dans les mesures des fractions sur l'étalon de $0^m,10$, il est très important de connaître avec la plus grande précision la température et la pression.

Pour comparer la longueur de cet étalon avec le mètre, on répète les mêmes opérations qu'on a faites pour comparer entre eux les étalons intermédiaires ; seulement, au lieu de faire *deux* pas, on en fait *dix ;* et à la première et à la dernière opération, on compare (au moyen de microscopes à micromètres) un trait que porte l'étalon de $0^m,10$ avec les deux traits tracés sur le mètre.

IV.

Le *Comité international des Poids et Mesures* m'a fait l'honneur de m'inviter à répéter au Pavillon de Breteuil ces expériences, suivant le programme que je viens d'indiquer. Les appareils nécessaires, construits dans ce but en Amérique pour le Bureau international, ont été transportés à Paris au mois de juillet de l'année dernière.

Les études préliminaires et le réglage des divers organes ont occupé tout notre temps jusqu'à la fin d'octobre, époque à laquelle ont commencé les mesures définitives.

Les observations ont été faites d'abord simultanément par M. Benoît, directeur du Bureau international, et par moi-même; mais M. Benoît fut atteint d'une maladie grave à la fin de la première série, et j'ai été ensuite privé de son précieux concours.

Mes remercîments sincères lui sont dus pour tous les conseils et pour tous les soins personnels qu'il a bien voulu donner à ce travail, dont le succès est largement dû à l'exécution des détails dont il s'est chargé pour le maintien d'une température constante, et pour les manipulations spécialement métrologiques.

J'ai trouvé en même temps une assistance dévouée de la part de MM. Chappuis et Guillaume pour la suite du travail, et de M. Wadsworth, autrefois mon assistant, pour la construction et l'installation des appareils. Je m'empresse de leur exprimer toute ma reconnaissance.

Les deux séries d'observations que j'ai pu mener jusqu'à la fin ne sont pas encore entièrement calculées, mais un calcul approximatif donne les résultats provisoires suivants :

$$1^{re} \text{ série} \ldots\ldots\ldots\ldots \quad 1^m = 1553163,6 \text{ ondes}$$
$$2^e \text{ série} \ldots\ldots\ldots\ldots \quad 1^m = 1553164,4 \quad »$$
$$\text{Moyenne} \ldots\ldots\ldots\ldots \quad 1^m = 1553164,0 \quad »$$

Ces valeurs sont exprimées en longueurs d'onde de la lumière rouge du cadmium dans l'air à $15°$ C. et à $0^m,76$ de pression.

Les écarts par rapport à la moyenne ne sont que d'une demi-longueur d'onde.

Nous avons ainsi un moyen de comparer la base fondamentale

du Système métrique à une unité naturelle, avec une approximation sensiblement du même ordre que celle que comporte aujourd'hui la comparaison de deux mètres étalons. Cette unité naturelle ne dépend que des propriétés des atomes vibrants et de l'éther universel; c'est donc, suivant toute probabilité, une des grandeurs les plus fixes dans toute la nature.

Nouveau photomètre;

Par M. Eugène Mesnard.

On a souvent besoin, soit dans les recherches scientifiques, soit dans la pratique industrielle, d'étudier les variations d'intensité d'une source de lumière quelconque : lumière solaire, bec de gaz, lampe électrique, etc.

Les instruments dont on se sert pour effectuer ces mesures photométriques sont, comme on le sait, d'un emploi assez difficile et ils ne peuvent pas se prêter à toutes les combinaisons désirables. Pour les expériences de Physiologie végétale dont j'ai eu à me préoccuper, je n'ai pas rencontré d'instrument permettant de déterminer, d'une manière pratique, les valeurs relatives de l'intensité de la lumière solaire, considérée à des moments déterminés, dans un appareil donné, sous une cloche, par exemple, recouvrant des plantes mises en expérience.

Le nouveau Photomètre que je présente à la Société comble, il me semble, cette lacune d'une manière suffisante.

Le principe de cet appareil est bien simple. Si l'on expose à la lumière l'une des extrémités d'un tube à gaz ordinaire en verre et si l'on examine l'autre extrémité dans une chambre noire, on voit cette extrémité apparaître comme un cercle lumineux, brillant, pourvu d'un éclat plus ou moins grand suivant que la lumière incidente est elle-même plus ou moins forte. La lumière est conduite dans l'épaisseur du verre depuis une extrémité jusqu'à l'autre, et cela quelle que soit la forme que l'on donne à ce tube.

On peut mesurer l'intensité de cette image lumineuse dans la chambre noire en interposant des écrans absorbants, d'une valeur déterminée, jusqu'à la disparition complète de tout rayon lumineux.

Fig. 1.

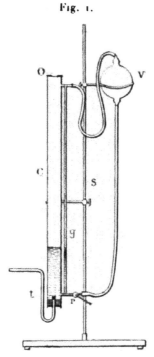

Photomètre pour Physiologie végétale. — *t*, baguette de verre qui reçoit la lumière et la transmet. — C, chambre noire. — V, réservoir pour le liquide qui sert d'écran. — O, orifice de vision. — *g*, tube de niveau. — *r*, robinet — S, support.

Pratiquement, j'ai disposé l'instrument de la manière suivante : Une baguette de verre *t* convenablement recourbée suivant les expériences que l'on veut faire et recouverte d'un tube à gaz en caoutchouc qui la rend opaque sur toute sa longueur, présente l'une de ses extrémités dirigée vers la source à étudier, tandis que l'autre extrémité s'enfonce dans le bouchon qui ferme, à sa partie inférieure, un tube métallique noirci à l'intérieur, de 0m,50 de hauteur et de 0m,03 environ de diamètre. Plusieurs baguettes de formes variées peuvent être fixées dans ce même bouchon et donner chacune leur image à l'intérieur.

Leurs extrémités affleurent au même niveau, qui coïncide avec le zéro de la graduation de l'appareil.

Le tube métallique est maintenu vertical par un support : ce tube c'est la chambre noire C. L'extrémité supérieure de cette chambre est munie d'un bouchon métallique percé d'un trou O fermé lui-même par une glace transparente. Si l'on regarde par ce trou, on aperçoit, dans le fond du tube, le cercle lumineux dont il s'agit de mesurer l'éclat.

Pour faire cette mesure, on fait arriver dans le tube métallique un liquide légèrement coloré contenu dans une ampoule de verre V placée à la partie supérieure du support et qui communique par un caoutchouc avec l'extrémité inférieure de la chambre noire. On fait écouler le liquide jusqu'à ce qu'on n'aperçoive plus aucun rayon et on lit la hauteur de la colonne liquide sur un tube de niveau gradué *g*, placé latéralement.

Un robinet à vis ou à levier *r* est établi sur le tube qui établit la communication entre la chambre noire et l'ampoule.

L'ampoule est également reliée, par un caoutchouc, avec l'extrémité supérieure du tube métallique, de telle sorte que rien ne vient contrarier l'écoulement du liquide, lequel pourtant se trouve maintenu dans un espace clos pour éviter toute perte par évaporation.

Comme on le voit, la composition de l'écran est toujours la même, son épaisseur seule varie. Ce liquide s'obtient très facilement en mettant une petite goutte d'encre de Chine dans un litre d'eau distillée et en filtrant ensuite. On obtient, de cette façon, un écran à peine teinté et qui ne se modifie pas par le temps. Suivant les expériences que l'on se propose de faire, on peut préparer deux ou trois numéros de liquides différemment teintés de façon à pouvoir profiter, dans tous les cas, de toute la grandeur de la graduation. On trace à l'avance des courbes pour chacun de ces liquides, en opérant avec des étalons connus. Il suffit ensuite de chercher, sur ces courbes, la valeur de l'intensité lumineuse qui correspond, dans chaque expérience, à la hauteur du liquide obtenue.

En abaissant le réservoir, on ramène le liquide dans sa position première et l'on remet l'instrument en état. Une minute à peine suffit pour faire une observation.

On peut remplacer, avec avantage, l'ampoule de verre qui sert de réservoir par un petit corps de pompe muni d'un piston, ce qui permet de faire osciller le niveau du liquide autour du point d'extinction et de déterminer le point avec une plus grande précision. Voici quelques résultats obtenus, par exemple, avec les sources dont se sert M. Violle à son laboratoire de l'École Normale.

Liquide n° I.		Liquide n° II.	
Unités photométriques.	Hauteur du liquide.	Unités photométriques.	Hauteur du liquide.
$\frac{1}{4}$	13,5	$\frac{1}{4}$	5,5
$\frac{1}{2}$	20,5	$\frac{1}{2}$	9,2
1 bougie	28,2	1 bougie	12,5
2 »	32,1	2 »	15,5
3	34,4	3	17
4	36	4	18,1
8	39,4	8	19,1

Cet instrument, qui permet de faire, en quelque sorte, une prise de lumière en un point quelconque d'un appareil en expérience, est surtout destiné aux recherches de Physiologie végétale.

SÉANCE DU 19 MAI 1893 [1].

Présidence de M. Lippmann.

La séance est ouverte à 8 heures et demie.
Le procès-verbal de la séance du 5 mai est lu et adopté.

M. Violle décrit d'abord le four électrique construit par M. Moissan et par lui, et qui se compose essentiellement d'une enceinte en charbon à l'intérieur de laquelle l'arc jaillit entre deux électrodes horizontales. Cette enceinte est logée dans un bloc de pierre calcaire semblable à ceux que H. Sainte-Claire Deville et H. Debray employaient dans leurs grandes fusions de platine. Deux trous laissent passer les charbons servant d'électrodes que deux chariots horizontaux permettent de rapprocher ou d'éloigner à volonté.

Il établit ensuite que l'éclat du charbon positif dans l'arc est indépendant de la puissance du courant, laquelle a varié dans ses expériences de 500 à 34 000 watts. Des photographies faites sur des arcs de 10 ampères et 50 volts ou de 400 ampères et 85 volts présentent en effet exactement la même opacité. L'examen direct du charbon positif au spectrophotomètre confirme cette constance de l'éclat, en même temps qu'il fournit d'utiles résultats sur le rayonnement émis dans des conditions qui sont précisément celles de l'ébullition du carbone.

---

[1] Séance tenue au Conservatoire des Arts et Métiers.

Les différents phénomènes présentés par l'arc tant dans le four qu'à l'air libre trouvent leur explication dans la volatilisation du carbone à l'électrode positive.

Cette électrode constitue une source de lumière constante, sous une surface donnée, et qui peut être utilisée comme étalon photométrique secondaire.

Elle offre aussi une source à température constante. M. Violle a entrepris de déterminer cette température par la méthode calorimétrique. On peut aisément détacher au moment voulu le bout du charbon positif et le recevoir dans le calorimètre. Une série d'expériences systématiques permet d'obtenir le nombre de calories cédé par 1^{gr} de charbon à la température d'ébullition. Pour en déduire la température, il faut diviser ce nombre par la chaleur spécifique moyenne du charbon entre zéro et cette température, chaleur spécifique encore mal connue. Une première évaluation a donné 3500°. On s'efforcera de serrer de plus près le résultat. On espère même pouvoir y arriver par une voie plus directe.

M. Henri Moissan après avoir rappelé que les différentes variétés de carbone peuvent se diviser en trois groupes : carbones amorphes, graphites et diamants, résume rapidement l'importante théorie de M. Berthelot *Sur la polymérisation du carbone.* Il aborde ensuite les recherches analytiques qui ont précédé l'étude de la reproduction du diamant. Il décrit les résultats nouveaux obtenus avec la terre bleue du Cap : présence de diamants microscopiques, de diamants noirs et de graphite. Il expose que dans l'analyse des cendres de nombreux diamants il a toujours rencontré du sesquioxyde de fer en notable quantité. Enfin il rappelle qu'il a été assez heureux pour trouver dans la météorite de Cañon Diablo un diamant transparent. En même temps que ces recherches analytiques se poursuivaient on abordait l'étude de la synthèse du diamant.

Les essais de solubilité entrepris sur un très grand nombre de métaux et sur un métalloïde, le silicium, ont toujours fourni du graphite d'une densité voisine de 2. M. Moissan a songé alors à faire intervenir la pression et pour réaliser cette expérience il a utilisé la propriété que possède le fer d'augmenter de volume en passant de l'état liquide à l'état solide. Une masse de fer est fondue au four électrique en présence d'un excès de charbon ; elle se sature de carbone, puis le creuset contenant la fonte liquide est placé dans un cristallisoir rempli d'eau. Il se forme de suite une enveloppe solide et résistante. Au milieu du culot il reste encore une partie liquide qui se trouve soumise à une très forte pression. Elle abandonne son carbone par suite de la diminution de température et elle l'abandonne sous forme de diamant de densité 3,5.

L'expérience est faite devant la Société de Physique au moyen d'un courant de 400 ampères et 75 volts.

Le culot métallique traité par les acides fournit différentes variétés de carbone qui, traitées finalement, comme l'a conseillé M. Berthelot, par un mélange d'acide azotique monohydraté et de chlorate de potasse, laisse le diamant sous forme de parcelles noires et transparentes. Les cristaux transparents présentent des stries et des impressions triangulaires, ils tombent au fond de l'iodure de méthylène, ils rayent le rubis, brûlent dans l'oxygène en donnant quatre fois leur poids d'acide carbonique et en ne laissant pas de cendres, et ils peuvent atteindre comme diamètre environ trois à quatre dixièmes de millimètre.

L'argent, qui présente à son passage de l'état liquide à l'état solide la même propriété que le fer et qui peut aussi dissoudre du carbone, fournit surtout des diamants noirs d'une densité 3.

M. Moissan rappelle aussi les résultats obtenus au moyen du four électrique au sujet de la cristallisation des différents oxydes. La température élevée que produit cet appareil permet encore de préparer un certain nombre de métaux réfractaires. Le platine à cette température entre en ébullition et distille. Les oxydes de manganèse et de chrome sont réduits en quelques minutes par le charbon et fournissent des culots de fonte dont le poids peut varier de 100^{gr} à 250^{gr}. Les oxydes d'uranium, qui jusqu'ici étaient irréductibles par le charbon, produisent un carbure métallique qu'il est possible d'affiner ensuite par une nouvelle fusion en présence d'un excès d'oxyde. Ces expériences sont faites devant la Société.

Enfin M. Moissan termine sa Communication en faisant une dernière expérience dans laquelle il démontre qu'au milieu du four électrique la silice possède l'état gazeux. On place du cristal de roche dans le creuset, on fait jaillir l'arc et, par la partie supérieure du four qui porte une ouverture, on voit distiller la vapeur de silice que l'on condense dans une cloche de verre. A la fin de l'expérience, il ne reste rien dans le creuset.

Four électrique. — Lumière et chaleur de l'arc;

Par M. J. VIOLLE.

L'arc voltaïque est la source la plus puissante de chaleur et de lumière dont nous puissions actuellement disposer. Aussi, les patientes et méthodiques investigations qui ont amené M. Moissan à la magnifique expérience de la fabrication du diamant exigeant un foyer intense, M. Moissan s'est trouvé nécessairement conduit à employer l'arc. De là est né un four électrique, qui, de l'École de Pharmacie, son berceau ([1]), après avoir passé par l'École Normale, est venu grandir au Conservatoire des Arts et Métiers ([2]).

([1]) H. MOISSAN, *Comptes rendus*, t. CXV, p. 1031.
([2]) H. MOISSAN et J. VIOLLE, *Comptes rendus*, t. CXVI, p. 549.

L'arc voltaïque n'est qu'une puissante étincelle jaillissant d'une façon non interrompue entre deux charbons. Comment se produit cette décharge continue? Tout le monde sait que le passage de l'électricité à travers un corps conducteur (métal ou charbon) l'échauffe, et que l'échauffement produit est d'autant plus fort que le courant est plus intense et le conducteur plus résistant. Si donc entre deux morceaux de charbon taillés en pointe et se touchant seulement par cette pointe nous faisons passer un courant, les parties en contact vont s'échauffer, et, si le courant est suffisamment puissant, s'échauffer jusqu'à la température la plus élevée qu'elles puissent supporter.

Admettons que cette température est précisément le point d'ébullition du carbone. Le charbon se réduira en vapeur entre les deux pointes que l'on pourra dès lors séparer; le courant, passant par la vapeur comprise entre les deux électrodes, persistera, et le charbon continuera à bouillir, distillant du pôle positif au pôle négatif.

Nous aurons ainsi entre les deux charbons un flux de vapeur semblable au flux qui se produit au-dessus d'un vase dans lequel on fait bouillir de l'eau, avec cette différence toutefois que, tandis que l'eau bout à 100°, le charbon bout à 3500° comme je l'établirai bientôt. La condensation de la vapeur de charbon sous l'influence des causes de refroidissement extérieur se produisant à faible distance, l'arc est limité brusquement par une surface nette qui lui donne la forme d'un œuf, à l'intérieur duquel la température diffère peu de celle du charbon positif.

On voit d'après cela comment doit être construit un four dans lequel on se propose d'employer l'arc comme source de chaleur.

Les deux charbons doivent être placés en regard l'un de l'autre, de manière que l'on puisse facilement les rapprocher ou les éloigner. La disposition la plus simple et la plus commode consiste à les disposer sur une même ligne horizontale.

Pour enfermer l'arc de façon à le soustraire autant que possible au refroidissement extérieur et de façon à utiliser au mieux la chaleur produite, la substance qui se présente tout naturellement à l'esprit est celle que nos illustres maîtres H. Sainte-Claire Deville et H. Debray ont employée pour leur four oxhydrique qui a rendu tant de services à la science et qui, en permettant de fondre le platine en grandes masses, a mis à même de construire ces mètres et ces kilogrammes internationaux, qui sont peut-être les plus puissants instruments de civilisation que la France, qui en a tant produit, ait donnés au monde.

Réduit à son schéma, le four électrique se compose donc de deux charbons s'engageant dans une gouttière horizontale pratiquée dans un bloc de chaux, qu'il est commode de constituer de deux morceaux formant l'un le creuset, l'autre le couvercle. Mais la chaux est difficile à se procurer en beaux blocs; de plus, elle fond et s'use rapidement au contact de l'arc.

Pour éviter le premier inconvénient, nous avons remplacé la chaux par la pierre de Courson, ainsi que l'avaient déjà fait H. Sainte-Claire Deville et H. Debray. Pour obvier au deuxième, nous garnissons intérieurement le four d'un revêtement en charbon constitué par un morceau de tube fermé par une plaque à chaque extrémité.

Notre four se compose donc d'une enceinte cylindrique en charbon (de diamètre égal à la hauteur), logée à l'intérieur d'un bloc en pierre et séparée de la pierre par une couche d'air. Deux trous horizontaux laissent passer les électrodes constituées, comme toutes les parties en charbon, par des agglomérés de charbon de cornue lié avec du goudron sans acide borique.

Les dimensions de l'appareil dépendent de la puissance dont on dispose. Pour des courants compris entre 300 et 500 ampères, nous formons l'enceinte avec un morceau de tube de $6^{cm},5$ de diamètre; nous prenons comme électrodes des charbons de 3^{cm} à $3^{cm},5$ de diamètre, et le bloc de pierre a environ 30^{cm} de longueur, 20^{cm} de largeur, 15^{cm} de hauteur; le couvercle, qui a la même section, a une épaisseur de 5^{cm}.

Les cylindres de charbon qui servent d'électrode sont portés par des pinces en fer reposant sur des chariots horizontaux qui permettent de les rapprocher ou de les éloigner à volonté. Ils reçoivent le courant par de forts manchons de cuivre rouge armés de mâchoires entre lesquelles on écrase les extrémités du câble dynamo-électrique. Cette disposition, imaginée par M. Gustave Tresca, est très commode pour l'allumage et le maniement de l'arc.

La figure ci-jointe (*fig.* 1) représente le four servant à la fusion des métaux réfractaires : chrome, manganèse, etc. Il contient au

fond du cylindre un creuset de charbon qui est fait, soit en agglo-
méré, soit en charbon de cornue, et qui contient le mélange à
réduire.

Les températures obtenues varient suivant la durée de l'expérience et suivant la grandeur du four. Elles n'ont d'autres limites
que celle de l'arc voltaïque. Mieux on utilisera l'arc, plus on s'ap-
prochera de cette limite. Pratiquement nous réalisons sans peine,
dans nos appareils, des températures supérieures à 3000°.

Fig. 1.

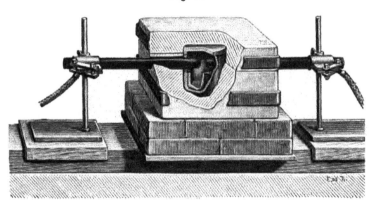

Une expérience facile et intéressante consiste à projeter sur un
écran l'image de l'arc travaillant dans le four. Avec nos 40 chevaux
dépensant leur puissance dans 40^{cc}, nous avons un rendement de
l'espace assez enviable, et dépassant de beaucoup celui que l'on
a réussi à tirer des manœuvres irlandais fonctionnant à raison de
10 hommes par 1^{mc}.

Le fait capital résultant de mes recherches, c'est que l'arc voltaïque est le siège d'un phénomène physique parfaitement défini,
l'ébullition du carbone. Ce phénomène est attesté par la constance
de l'éclat et de la température, ainsi que par toutes les circonstances
qui caractérisent l'ébullition normale.

La constance de l'éclat avait déjà été annoncée comme très probable par Rossetti ([1]); et, dans une Note à la Société des Arts de
Londres ([2]), M. Sylvanus Thomson l'avait affirmée, d'après des

([1]) ROSSETTI, *Rendiconti dell' Accademia dei Lincei,* anno CCLXXVI (1878-
1879).

([2]) SYLVANUS THOMSON, *Society of arts,* march 6; 1889.

expériences inédites du capitaine Abney, en l'expliquant par l'ébullition du charbon. D'ailleurs tous les électriciens savaient depuis longtemps que l'éclat d'une lampe à arc ne dépend guère de la puissance de la lampe, dans les limites où des constatations, nécessairement un peu superficielles, avaient pu être faites. J'ai trouvé que l'éclat du charbon positif est rigoureusement indépendant de la puissance électrique dépensée à produire l'arc, en opérant dans des limites étendues :

Ampères.	Volts.	Watts.	Chevaux-vapeur.
10	50	500	0,7
400	85	34000	46

Les expériences ont été faites par deux méthodes très différentes.

J'ai d'abord opéré par visée directe, au moyen du spectrophotomètre que j'avais fait construire par Duboscq pour l'étude des radiations simples du platine à diverses températures ([1]).

C'est un photomètre à franges qui permet d'égaliser avec beaucoup de précision les radiations de longueur d'onde déterminée de deux sources lumineuses. Si l'une des sources lumineuses est formée par le bout du charbon positif, l'autre étant constituée par l'étalon de lumière, l'égalisation une fois établie persiste malgré les changements que l'on peut produire dans le régime de l'arc, tandis que la plus légère différence amènerait immédiatement la prédominance de l'un ou de l'autre des deux systèmes de raies qui se neutralisent dans le cas de l'égalité.

J'ai ensuite fait des photographies de l'arc à différents régimes, en prenant soin de diaphragmer énormément l'objectif et de limiter la pose à une très petite fraction de seconde. Ces photographies montrent que l'éclat du charbon positif reste identiquement le même dans tous les cas, car l'opacité de la couche impressionnée se montre constante.

J'ajouterai que, suivant les expériences faites depuis par M. Blondel ([2]), les impuretés que peuvent contenir les charbons ordinaires du commerce n'altèrent pas sensiblement l'éclat du cratère positif.

([1]) VIOLLE, *Comptes rendus*, t. LXXXVIII, p. 71; 1879. — T. XCII, p. 866; 1881.
([2]) BLONDEL, *Bulletin de la Société internationale des Électriciens*, t. X, p. 132; 1893.

On s'en rend compte aisément, si l'on remarque que, les impuretés se volatilisant à des températures relativement basses, c'est exclusivement du carbone qui bout au pôle positif.

Les courants d'air constituent habituellement une cause d'erreur beaucoup plus redoutable. Je les évite en opérant dans le four électrique.

Si l'on prend pour cathode un charbon creux, on peut constater au pôle négatif la condensation de la vapeur de carbone qui vient former à l'intérieur du tube une trame cristalline, se développant à la manière des dépôts électrolytiques de plomb ou d'argent, pour disparaître ensuite quand la cathode se sera suffisamment échauffée.

D'une façon générale, on peut juger de la température obtenue dans le four par le simple aspect du charbon négatif qui se nettoie d'autant mieux que cette température est plus élevée, en même temps que l'éclat du charbon positif s'uniformise remarquablement, la taille restant parfaitement nette et sans trace de fusion.

Despretz ([1]) s'est sans doute exagéré la fusibilité du graphite à la pression ordinaire; mais il avait parfaitement raison, contre ses contemporains, lorsqu'il affirmait pour la première fois la volatilisation et la condensation du carbone.

Je ne citerai point ceux qui jusqu'à ce jour ont soutenu l'opinion inverse et n'ont voulu voir, dans l'usure de l'anode et l'accroissement de la cathode, qu'un transport de charbon pulvérulent, d'autant plus qu'il ne serait peut-être pas bien difficile d'établir l'accord entre les deux opinions.

J'estime toutefois que la conception d'une véritable ébullition de l'anode rend beaucoup mieux compte des faits : elle entraîne avec elle la notion de fixité qui est le caractère du phénomène.

Une conséquence de cette fixité est l'emploi du charbon positif comme étalon photométrique secondaire. M. Blondel ([2]) a indiqué un moyen très ingénieux de réaliser un semblable étalon.

La détermination de la température d'ébullition du carbone est difficile. J'ai essayé d'abord de la mesurer par la méthode calorimé-

([1]) Despretz, *Comptes rendus*, t. XXVIII, p. 756; 1849. — T. XXIX, p. 28, 545, 709; 1849. — T. XXX, p. 367; 1850. — T. XXXVII, p. 369, 443; 1853.

([2]) Blondel, *loc. cit.*

trique qui m'a servi pour les métaux réfractaires ([1]). Les *fig.* 2 et 3 indiquent la disposition que j'ai donnée alors au four électrique.

Fig. 2.

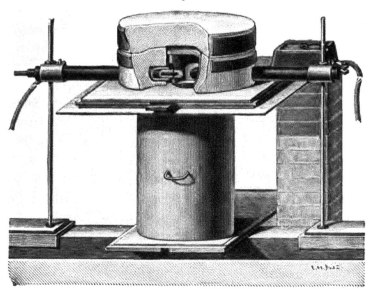

L'électrode positive est formée d'un gros tube logeant lui-même

Fig. 3.

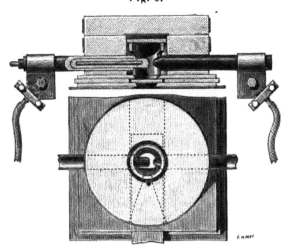

un deuxième tube qui contient une baguette terminée intérieure-

---

([1]) VIOLLE, *Comptes rendus*, t. LXXV, p. 543; 1877. — T. LXXXVII, p. 981 1878. — T. LXXXIX, p. 702; 1879.

ment par un bouton de même diamètre que le deuxième tube. Quand ce bouton aura pris la température voulue, il suffira de tirer vivement sur la baguette pour le détacher. Il sera alors reçu dans un petit vase en cuivre placé au milieu de l'eau du calorimètre, amené sous le four. Le fond du vase est garni d'un disque de graphite; un autre disque est jeté par un revolver sur le bouton, transformé lui-même en graphite, dès que celui-ci est tombé dans le vase; puis le vase est fermé avec son couvercle. La chaleur apportée est alors mesurée très aisément suivant le procédé habituel. Avec l'enceinte due à M. Berthelot et un système d'écrans en carton d'amiante, on peut se préserver à peu près complètement du rayonnement du foyer, et, en tout cas, réduire assez la correction provenant de ce fait pour que deux expériences à blanc, exécutées avant et après la mesure, permettent de l'évaluer exactement. La perte de chaleur éprouvée par le bouton dans sa chute est très faible, l'ouverture du petit vase étant amenée à 10^{cm} environ des charbons et la vapeur de l'arc enveloppant le bouton sur presque tout son parcours; il suffira d'ailleurs de varier les circonstances de la chute pour estimer la grandeur de la perte. De même, en opérant successivement sur des boutons de différentes longueurs, on pourra déterminer l'effet calorimétrique qui serait produit par un morceau de graphite porté dans toute sa masse à la température de la surface terminale. On mesurera ainsi très exactement la quantité de chaleur apportée au calorimètre par 1^{gr} de graphite à sa température d'ébullition. Si l'on connaissait la chaleur spécifique du carbone dans ces conditions, on en déduirait aisément la température cherchée. Comme cette chaleur spécifique est encore mal connue, on ne regardera que comme approximatif le nombre de 3500° que j'ai avancé dans une première évaluation ([1]). J'espère être bientôt en état de donner un résultat mieux déterminé.

J'ai en outre entrepris de mesurer la même température par une méthode plus directe.

J'ajouterai que je n'ai point trouvé dans l'arc cette température notablement supérieure à celle du charbon positif indiquée par Rossetti.

([1]) VIOLLE, Comptes rendus, t. CXV, p. 1273.

Si l'on introduit normalement dans l'arc une fine baguette de charbon, on la voit s'user rapidement, se creusant du côté qui regarde la cathode et se recouvrant d'un dépôt pulvérulent en face de l'anode. En un mot, elle se comporte exactement comme un morceau de métal dans un bain galvanoplastique suivant la loi de Grotthus. N'est-ce pas d'ailleurs une véritable électrolyse que cette dépolymérisation signalée par M. Berthelot comme accompagnant la volatilisation du charbon dans l'arc?

En appliquant à l'examen de la cavité offerte par la baguette les méthodes qui m'ont servi à étudier l'extrémité du charbon positif, j'ai trouvé que l'éclat était le même sur la baguette que sur le charbon positif.

SÉANCE DU 2 JUIN 1893.

PRÉSIDENCE DE M. LIPPMANN.

La séance est ouverte à 8 heures et demie.
Le procès-verbal de la séance du 19 mai est lu et adopté.

M. le PRÉSIDENT adresse, au nom de la Société de Physique, ses plus vifs remercîments à M. le colonel Laussedat; grâce à l'amabilité du sympathique directeur du Conservatoire des Arts et Métiers, la séance où MM. Violle et Moissan ont présenté leurs expériences a pu se faire dans un local assez vaste pour permettre à de nombreux auditeurs de venir applaudir les deux savants en même temps que ceux-ci ont disposé d'une quantité d'énergie électrique suffisante pour réaliser leurs belles expériences.

M. le PRÉSIDENT donne lecture de la Note suivante adressée par M. le Dr *Stéphane Leduc,* professeur à l'École de Médecine de Nantes :

« Les courants alternatifs obtenus avec les machines électro-statiques ont des propriétés physiologiques bien différentes de celles attribuées jusqu'ici aux courants alternatifs à haute tension et grande fréquence.

» Si l'on prend à pleines mains les conducteurs, on ne sent rien si les boules des excitateurs donnent une suite continue d'étincelles, mais si on localise le courant sur la peau à l'aide d'une pointe mousse, aussitôt que la pointe passe sur un nerf sensitif ou moteur, le nerf est excité dans toute sa distribution au-dessous de l'électrode; l'impression provoquée dans les nerfs sensibles permet de délimiter exactement leur distribution, et le moindre déplacement de l'électrode à la surface de la peau fait immédiatement disparaître toute sensation. Ces courants permettent donc de localiser l'excitation nerveuse beaucoup mieux qu'on a pu le faire jusqu'ici, et cette propriété fait espérer qu'ils seront utiles aux physiologistes pour déterminer les localisations fonctionnelles du système nerveux périphérique ou central ».

Sur les capacités initiales de polarisation. — Après avoir rappelé les beaux travaux de M. Blondlot sur les capacités de polarisation et les lois expérimentales découvertes par ce savant, M. BOUTY expose à la Société les recherches qu'il a entreprises sur le même sujet par des méthodes différentes. Ses recherches ont porté principalement sur les électrolytes fondus, les électrolytes dissous aux dilutions extrêmes et les électrolytes solides. Elles ont pleinement confirmé les lois de M. Blondlot, en particulier celle de l'indépendance de la capacité initiale de polarisation par rapport à la direction du courant polarisant.

Les méthodes employées par M. Bouty font usage d'une résistance métallique R toujours considérable, et au moins de l'ordre de grandeur de la résistance r de l'auge (qui peut elle-même atteindre jusqu'à un méghom). La capacité initiale de polarisation a été déduite d'expériences portant, soit sur la période de charge ou sur la période de décharge de l'auge électrolytique. Nous ne nous occuperons ici que des premières, qui sont les plus complètes et les plus importantes.

Soit E la force électromotrice de la pile de charge. Au bout de quelques millièmes de seconde, la période variable relative soit à la self-induction, soit à la capacité électrostatique du circuit, peut être considérée comme terminée. Soit $I_0 = \dfrac{E}{R + r}$ l'intensité que possède alors le courant; la différence de potentiel des électrodes est $\varepsilon_0 = r I_0$, et peut être considérée comme une valeur initiale au point de vue de la polarisation qui est très lente à s'établir. On mesurera les différences de potentiel ε_0, ε_1, ..., ε_n à des époques t correspondant à un nombre entier d'oscillations d'un pendule interrupteur, à partir du commencement des observations. Un calcul facile permet d'en déduire les polarisations totales p de l'auge aux mêmes époques.

Les polarisations p sont fidèlement représentées par la formule empirique

$$p = \frac{1}{C} \frac{I_0 t}{1 + B t}.$$

Le coefficient C est, par définition, la capacité initiale de l'auge. Le coefficient B est caractéristique de la dépolarisation spontanée. Ces coefficients sont, dans les limites des expériences, complètement indépendants de la situation respective des électrodes, ainsi que de l'intensité I_0 et de la direction du courant.

Pour séparer les effets des deux électrodes et mesurer leurs capacités individuelles C_1, C_2, M. Bouty a opéré de deux manières :

La première consiste à faire varier arbitrairement les surfaces S_1 et S_2 des électrodes. On a, d'après les propriétés des condensateurs,

$$\frac{1}{C} = \frac{1}{C_1} + \frac{1}{C_2};$$

d'autre part, l'expérience donne

$$\frac{1}{C} = \frac{1}{K}\left(\frac{1}{S_1} + \frac{1}{S_2}\right),$$

avec une valeur constante de K. K est la capacité initiale de l'une quelconque des deux électrodes rapportée à l'unité de surface ; sa valeur est indépendante du sens de la polarisation, ainsi que M. Blondlot l'avait annoncé.

La seconde méthode, plus directe, mais d'un emploi plus délicat, consiste à faire usage d'une électrode parasite isolée que l'on associe successivement aux deux électrodes principales pour mesurer leur polarisation individuelle. Les deux méthodes fournissent des résultats identiques. Ajoutons que les capacités calculées par la méthode de décharge coïncident, au degré de précision des expériences, avec celles qui sont fournies par la méthode de charge.

Voici maintenant les résultats particuliers aux diverses catégories d'électrolytes.

Electrolytes fondus. — Quand une électrode de platine a séjourné pendant 24 heures dans un électrolyte fondu, elle possède une capacité initiale invariable à température constante et croissant rapidement avec la température en même temps que la polarisation maximum décroît. Pour l'azotate de soude entre 300° et 400°, M. Bouty a trouvé

$$K = 26 + 0,005(t - 300)^2.$$

K est exprimé en microfarads par centimètre carré. Le coefficient B, caractéristique de la dépolarisation spontanée, croît aussi suivant une fonction parabolique de la température.

La valeur de K pour l'azotate de soude fondu à 300° diffère peu de celle qui convient aux dissolutions concentrées d'azotate de soude à la température ordinaire.

Electrolytes liquides de grande résistance spécifique. — Pour le platine et les dissolutions concentrées de la plupart des sels (sels de platine exceptés), les valeurs de K sont voisines les unes des autres et varient peu avec la dilution. Pour des électrodes de platine ayant séjourné dans le liquide, elles peuvent varier, suivant l'état de la surface du platine, de 20 à 30 microfarads par centimètre carré.

Pour l'eau distillée M. Bouty trouve, en moyenne, K = 10 microfarads, pour l'alcool absolu K = $5^{mf},5$; mais pour des mélanges plus résistants d'alcool absolu et de benzine (de 1 à 5 de benzine pour 1 d'alcool) on trouve K = 8 : il n'y a donc aucune relation entre la variation de K et la valeur de la résistance spécifique : les capacités de polarisation demeurent très grandes dans de véritables diélectriques.

Electrolytes solides. — Quand un électrolyte fondu se solidifie, la capacité K décroît brusquement ; elle paraît ensuite tendre vers zéro quand la température s'abaisse de plus en plus, c'est-à-dire à mesure que la résistance spécifique devient de plus en plus considérable. Il y a là une différence caractéristique entre les électrolytes liquides et solides. M. Bouty la rapproche de la différence précédemment constatée par lui, au point de vue de la polarisation maximum, qui, dans les électrolytes liquides très résistants, demeure toujours de l'ordre de 1 à 3 volts au plus, tandis que dans les électrolytes solides elle peut atteindre une valeur plus grande que toute quantité donnée.

M. Bernard BRUNHES décrit la méthode qu'il a imaginée pour l'étude de la *réflexion cristalline interne.* Un rayon qui se réfléchit à l'intérieur d'un cristal donne deux rayons : la différence de phase entre ces deux rayons réfléchis dépend du milieu extérieur qui baigne le cristal.

L'appareil de M. Brunhes est un prisme à liquide, rectangle et isoscèle. La face hypoténuse est une lame cristalline, une lame de quartz dans la plupart des expériences ; les deux autres sont des glaces de verre. On remplit le prisme d'un mélange de sulfure de carbone et de benzine, dont la réfringence et la dispersion ont été soigneusement étudiées à diverses températures, et dont l'indice moyen pour la région la plus lumineuse du spectre diffère très peu de l'indice ordinaire du quartz. Un faisceau lumineux parallèle entre dans le prisme et passe du liquide dans le quartz, sans qu'il y ait une fraction sensible de lumière réfléchie à la face antérieure de ce quartz. La réflexion se fait à la face postérieure de la lame cristalline, qui est à faces parallèles : à sa sortie du prisme à liquide, le faisceau réfléchi est analysé et reçu sur un spectroscope. L'indice du liquide a été étudié avec une petite cuve à faces parallèles que l'on remplit du liquide et où l'on plonge un prisme de quartz ; on la place sur la plateforme d'un goniomètre : on a ainsi constitué un spectroscope à vision directe, et l'on a très facilement l'indice du quartz par rapport au liquide pour une radiation quelconque.

Un polariseur, placé sur le trajet du faisceau incident, n'a laissé entrer dans le quartz qu'un des rayons, ordinaire ou extraordinaire. Ce rayon unique a par réflexion donné deux rayons auxquels la traversée de la lame a fait prendre l'un sur l'autre une différence de marche. La lame étant un peu épaisse (de $0^{mm},4$ à 2^{mm}), on a au spectroscope un spectre cannelé. La position des bandes noires dépend du retard relatif des rayons réfléchis. Derrière la lame de quartz sont ménagés deux compartiments étanches qu'on peut remplir de liquides différents. Les spectres obtenus par réflexion sur l'un ou sur l'autre n'auront pas, en général, leurs bandes noires à la même place.

On a en particulier comparé la réflexion partielle sur l'alcool et la réflexion totale sur l'air. Les valeurs de la différence de phase qui tient à la réflexion totale ont pu être calculées, en partant des équations données par M. Potier pour la réflexion cristalline (*Journal de Physique*, 2ᵉ série, t. X, p. 349). On les a comparées avec les valeurs déduites de l'observation des deux spectres. Une même lame a pu servir à un grand nombre de mesures, car on a eu soin de prendre des lames cristallines circulaires, pouvant être collées au fond de la face hypoténuse du prisme de manière que la section principale fît un angle arbitraire avec le plan d'incidence. Un dispositif spécial permettait de mesurer cet angle avec une erreur ne dépassant pas 1 minute.

Voici quelques résultats relatifs à la raie F, et obtenus avec une lame de quartz parallèle à l'axe, dans le cas d'une incidence qui a toujours été voisine de 45° et pour des azimuts θ variables de la section principale : les différences de marche sont exprimées en fraction de longueur d'onde.

θ.	Différences de phase	
	observées.	calculées.
15.47	0,426	0,420
28.46	0,337	0,334
31.15	0,307	0,306
44.50	0,143	0,142
53.18	0,093	0,097
68.50	0,063	0,071

D'autres expériences, qui ont porté sur le spath, sur une lame de quartz taillée obliquement à l'axe (mais en ne faisant jamais intervenir les phénomènes de polarisation rotatoire) ont donné un accord aussi satisfaisant.

L'expérience a vérifié, aussi bien pour les biaxes, tels que la topaze, que pour les uniaxes, le théorème suivant :

Si l'on passe d'un rayon incident au rayon incident conjugué, c'est-à-dire au rayon qui donnerait les mêmes directions de rayons réfléchis, la différence de phase introduite entre les deux rayons réfléchis par le fait de la réflexion totale reste la même, à 180° près.

Le théorème, démontré pour le cas de la réflexion totale sur un milieu isotrope transparent tel que l'air, est en défaut dans le cas de la réflexion sur un milieu absorbant tel que le mercure.

Entre autres résultats obtenus, on a montré qu'il y a, dans certains cas déterminés, *réflexion uniradiale :* un rayon incident donne par exception un rayon réfléchi unique ; l'accord est complet, ici encore, entre l'expérience et les conséquences déduites de la théorie générale de la réflexion.

Au cours de ses recherches, M. Brunhes a été conduit à imaginer un procédé de vérification des lames cristallines uniaxes parallèles à l'axe optique. Le procédé conviendra très bien à des lames de quartz de 1 à 2^{mm} d'épaisseur. La lame cristalline réfléchit à angle droit un faisceau polarisé dans le plan d'incidence; le faisceau réfléchi est analysé dans un plan perpendiculaire et étudié au spectroscope.

Une rotation de 180° imprimée à tout le système : polariseur, lame et analyseur, autour d'une droite normale à la lame, revient à renverser le sens de la marche des rayons ; le principe du retour inverse nous apprend que le phénomène observé n'est pas changé. Si la lame est bien parallèle à l'axe optique, elle est *restituée* par la rotation précédente : il est inutile d'y toucher, et il suffit d'intervertir les rôles du polariseur et de l'analyseur. En tournant de 90° chacun de ces deux nicols, on aura donc le même aspect au spectroscope dans le cas d'une lame rigoureusement parallèle; dans le cas d'un défaut de parallélisme, cette interversion aura pour résultat de déplacer les franges impaires du spectre cannelé vers la droite et les franges paires vers la gauche, d'une quantité facile à mesurer, et qui serait très appréciable même pour un défaut d'orientation ne dépassant pas 1 minute.

Réflexion cristalline interne ([1]);

Par M. Bernard Brunhes.

1. Je me suis proposé l'étude expérimentale des différences de phase produites par la réflexion à la surface interne d'un milieu anisotrope. On sait qu'un rayon lumineux qui chemine dans un cristal donne lieu, en général, quand il arrive sur une surface limite, à un rayon réfracté et à deux rayons réfléchis. Dans le cas particulier où la réflexion est totale, le rayon réfracté disparaît : y a-t-il alors une différence de phase produite par la réflexion entre les deux rayons réfléchis?

La solution du problème expérimental n'est pas sans présenter quelques complications. A la différence de phase introduite par la réflexion, s'ajoute celle qui est due à la différence des chemins parcourus par les deux rayons réfléchis avant leur sortie du cristal.

Pour que les deux rayons émergents soient parallèles et puissent être amenés à interférer, il faut donner au cristal la forme d'une lame à faces parallèles. Mais on doit éliminer la lumière réfléchie

---

([1]) Résumé d'un Mémoire plus étendu publié dans les *Annales de Chimie et de Physique,* 6ᵉ série, t. XXX, p. 98 et 145.

à la face d'entrée, d'où la nécessité de baigner cette face d'entrée par un liquide d'indice voisin de l'indice du cristal ; on doit pouvoir comparer la réflexion interne sur différents milieux, d'où la nécessité de ménager, derrière les lames, des compartiments étanches qu'on puisse remplir de liquides variables.

2. L'appareil employé a été un prisme à liquide, rectangle et isoscèle, qui a été construit par M. Pellin (*fig.* 1). La face hypoté-

Fig. 1.

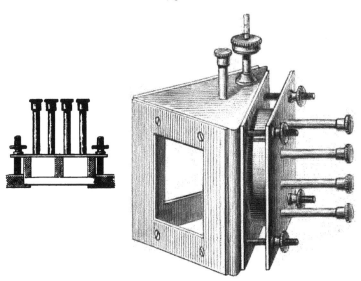

nuse sera formée par la lame cristalline qu'on veut étudier, en général une lame de quartz ; les deux autres sont des glaces de verre. On remplit le prisme d'un mélange de sulfure de carbone et de benzine, dont la réfringence et la dispersion ont été étudiées comme on va le voir : l'indice moyen de ce mélange pour la région la plus lumineuse du spectre est voisin de l'indice ordinaire du quartz.

La lame cristalline a une forme circulaire, elle appuie sur un rebord intérieur qui avance de 5^{mm}, tout autour d'une ouverture circulaire de 40^{mm} de diamètre ménagée dans la face hypoténuse du prisme. Cette forme a été adoptée afin de pouvoir changer, d'une expérience à l'autre, l'orientation cristallographique de la lame par rapport au plan d'incidence. La lame est toujours moins épaisse que la paroi : au-dessus l'on pose une petite couronne cylindrique qui entre exactement dans le trou circulaire; une cloison diamétrale la divise en deux; au-dessus de la cloison, s'applique une plaque métallique rectangulaire ayant, aux quatre coins, quatre trous dans lesquels on engage quatre petites tiges filetées implantées sur la face hypoténuse du prisme; quatre petits écrous qu'on visse au-dessus de ce couvercle métallique le maintiennent fortement serré et avec lui la pièce en forme de couronne et le cristal. Pour pouvoir pénétrer dans les deux compartiments ainsi ménagés derrière la lame, on a implanté sur le couvercle métallique quatre petites cheminées fermées par des bouchons-écrous, débouchant deux de chaque côté de la cloison diamétrale de la couronne cylindrique. La base supérieure du prisme, dont les arêtes sont disposées verticalement durant l'expérience, est surmontée aussi d'une petite cheminée à bouchon, permettant le remplissage du compartiment central. Un autre orifice plus large permet l'introduction d'un thermomètre qui donne la température intérieure.

La lame cristalline, la couronne et le couvercle sont collés à la gomme. L'expérience achevée, on dévisse les écrous, on vide de tout liquide, et l'on met le tout dans l'eau chaude jusqu'à décollage complet des diverses pièces distinctes.

Le prisme permet d'étudier la réflexion interne sous l'incidence de 45° : il suffit de faire tomber le faisceau incident normalement à l'une des faces latérales; avec le quartz, il y a pour l'incidence de 45° réflexion totale sur l'air; on étudiera la réflexion sous une incidence différente en changeant l'inclinaison du faisceau incident sur la face d'entrée.

3. Voici la disposition générale de l'appareil.

Les rayons solaires, renvoyés par un héliostat, tombent sur une lentille achromatique L (*fig.* 2) de 25^{cm} de foyer : dans le plan focal de cette lentille on a un cercle lumineux, image du Soleil. Dans ce plan, on dispose un écran mobile D, présentant une série graduée de trous circulaires de divers diamètres. Le plus étroit n'a que 0^{mm},40. Une seconde lentille L′, également achromatique, est destinée à rendre parallèle le faisceau divergent issu du petit trou. Sa distance focale est de 33^{cm}. Les rayons lumineux rencontrent alors le prisme à liquide P, et sont renvoyés à angle droit sur le spectroscope. Un gros prisme de Foucault est installé sur le trajet des rayons incidents, avant la lentille L ; et un nicol analyseur, entre le prisme P et le spectroscope.

Fig. 2.

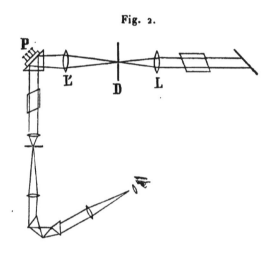

Le spectroscope est à trois prismes de flint de 53° d'angle. Il donne une dispersion de 6° de la raie B à la raie G. La fente du collimateur a ses deux bords mobiles en même temps : ils se déplacent en sens inverse quand on l'ouvre ou qu'on la ferme, de telle sorte que le milieu reste immobile. L'oculaire de la lunette donne un grossissement égal à 4 environ.

On a une bonne dispersion et un grossissement pas trop fort, ce qui est la condition qui donne de l'exactitude au pointé des franges. Dans le cas de la réflexion totale, j'obtiens aisément des franges dans lesquelles la ligne noire n'excède pas le $\frac{1}{10}$ de la largeur de la frange entière ; et ce rapport est, comme on sait, ce qui donne la mesure de la précision du pointé.

J'ai toujours eu recours à l'oculaire micrométrique. Je trouve qu'en donnant aux deux fils verticaux un écartement tel qu'ils comprennent la ligne noire en laissant de chaque côté un imperceptible liséré lumineux, on arrive à pointer avec plus d'exactitude qu'avec un fil unique bissectant la bande noire.

Pour comparer les spectres cannelés provenant de la réflexion sur les deux compartiments ménagés derrière la lame, je repère successivement la position de quelques franges consécutives dans l'un et l'autre spectre. C'est le procédé indiqué par M. Macé de Lépinay (¹) pour étudier des différences de phase dans le cas général; ici il s'applique de lui-même, le cristal qui produit les franges n'étant autre que la lame même.

Une difficulté se présente. Un spectre cannelé obtenu par réflexion totale et un autre obtenu par réflexion partielle n'auront pas le même éclat. La netteté des bandes dépend d'ailleurs non seulement de la quantité totale de lumière du spectre, mais aussi de l'angle des azimuts d'extinction qui les rendent le plus noires possible. Cet angle n'est pas le même pour les deux spectres. Or, pour faire un pointé qui soit bon, il est indispensable de ramener la bande noire à occuper la même largeur; on y parvient en atténuant l'éclat du spectre qui donne les bandes les plus déliées. On a une série de verres colorés, et avec un peu d'habitude on arrive à trouver tout de suite un verre ou une combinaison de verres qui, placés entre l'œil et l'oculaire, ramènent la bande noire dans le spectre le plus lumineux à avoir rigoureusement le même aspect entre les deux fils verticaux du réticule micrométrique que la bande voisine du spectre le moins brillant. On peut, sans changer l'écartement des fils du réticule, pointer trois ou quatre franges consécutives dans une région donnée du spectre et les franges de l'autre spectre qui viennent s'intercaler entre celles-là. J'arrive ainsi à pointer les franges avec une incertitude qui ne dépasse pas en général $\frac{1}{200}$ de la distance de deux franges dans le même spectre.

Les lectures se font sur un tambour divisé adapté à la vis de rappel de la lunette. Ce tambour est divisé en 50 parties : on peut apprécier au jugé le $\frac{1}{10}$ de division. Un tour de tambour correspond en moyenne à un angle de 10'. Dans la plupart de mes mesures, deux franges consécutives étaient à une distance atteignant au moins deux tours complets du tambour. Dans ces conditions, l'erreur de lecture est notablement inférieure à l'erreur de pointé.

Comment examiner successivement les deux spectres provenant des réflexions sur les deux compartiments? La plate-forme sur laquelle repose le prisme à liquide, et qui est munie de trois vis de réglage, est portée par une colonne à crémaillère, et peut

(¹) MACÉ DE LÉPINAY, *Journal de Physique,* 2ᵉ série, t. IV, p. 261.

s'élever ou s'abaisser à l'aide d'un bouton. Je commence par m'assurer dans chaque cas, en laissant un même milieu, liquide ou air, dans les deux compartiments, que ce mouvement vertical n'entraîne aucun déplacement des bandes.

4. La plupart des mesures ont porté sur des lames de quartz. Le liquide employé dans le prisme a été un mélange d'un volume de sulfure de carbone pour deux volumes de benzine, mesurés à une température voisine de 15°. Pour étudier son indice, ou plutôt, son indice par rapport au quartz, on en remplit une petite cuve carrée à glaces parallèles, que l'on place sur la plate-forme du goniomètre Brunner, et dans laquelle on plonge un prisme de quartz : on a réalisé ainsi un spectroscope à vision directe, et l'on a facilement l'indice du quartz par rapport au liquide pour une radiation quelconque. Un thermomètre plongeant dans le liquide indique la température. J'ai obtenu, pour les indices du liquide par les raies C, D, b et F, les valeurs

$$n_C = 1,5279 - (t - 22)0,00075,$$
$$n_D = 1,5338 - (t - 22)0,00076,$$
$$n_b = 1,5439 - (t - 22)0,00078,$$
$$n_F = 1,5500 - (t - 22)0,00080.$$

Il sera aisé d'en conclure dans chaque cas, quand on connaîtra la température, la valeur exacte de l'incidence intérieure du rayon ordinaire dans la lame de quartz.

5. Le faisceau qui entre dans la lame cristalline doit être polarisé dans un azimut uniradial : sans cette précaution l'on aurait deux rayons arrivant sur la face intérieure du cristal avec un retard l'un sur l'autre; chacun d'eux donnerait deux rayons réfléchis, et l'on aurait finalement un résultat complexe dépendant non seulement des changements de phase par réflexion, mais aussi des rapports des amplitudes entre les deux vibrations réfléchies provenant d'une même incidente.

La simple inspection des franges spectrales fournit immédiatement un procédé de réglage approximatif. Quand le polariseur est dans un azimut uniradial, nous avons au spectroscope les phénomènes que présente une lame cristallisée unique entre deux nicols :

en tournant l'analyseur, on ne déplace pas les franges, on en change seulement l'éclat; et, pour deux positions différentes de l'analyseur (qui ne sont pas rectangulaires en général), on a des franges complémentaires. Pour un autre azimut du polariseur, les franges, au contraire, se déplacent par une rotation de l'analyseur : elles sont, d'ailleurs, en nombre double, on a deux systèmes qui n'ont pas leur maximum d'éclat en même temps; le phénomène est celui que présentent deux lames superposées, dont les sections principales font un angle quelconque, placées derrière un polariseur faisant avec la section principale de la première un angle quelconque. On trouve ainsi que, pour deux positions sensiblement rectangulaires du polariseur, on a le phénomène simple des franges fixes.

Mais, si à partir d'une de ces positions du polariseur on le tourne de 2° ou 3°, l'analyseur étant réglé pour donner des franges bien noires, on voit ces franges se déplacer vers le rouge ou vers le violet, suivant le sens de rotation. Si l'on tourne l'analyseur, ces franges restent fixes, ne faisant que s'atténuer, ou faire place à un système complémentaire.

La comparaison des deux systèmes complémentaires de franges noires va nous donner le moyen de savoir si le réglage est bien fait.

Étudions le spectre produit en plaçant entre deux nicols une lame quelconque, traversée normalement par la lumière. Pour prendre un exemple, je donne les nombres relatifs a la détermination de l'épaisseur optique d'une des lames de quartz que j'ai employées, et que j'appellerai la lame I.

La lame ayant sa section principale à 45° environ de celle de l'analyseur, j'orienterai le polariseur successivement dans les deux azimuts qui donnent des franges noires, et je repérerai ces franges au fur et à mesure. Les nombres de la première colonne indiquent les *nombres de tours* de la vis micrométrique dont le tambour est divisé en 5o parties, les nombres de la seconde colonne sont les *cinquantièmes de tour*. Les Δ_1 sont les distances de deux bandes consécutives évaluées encore en cinquantièmes de tour de la vis (*voir* p. 194).

			Δ_1.	Δ_2.
Raie D$_2$.............	21.	26,4		
Bande : nicols +.....	22.	6,8		
			48,1	
» =.....	23.	4,9		—0,8
			47,3	
+.....	24.	3,2		+1,4
			48,7	
=.....	25.	1,9		+0,6
			49,3	
+.....	26.	1,4		+1,5
			50,8	
=.....	27.	2,2		+2,1
			52,9	
+.....	28.	5,1		+0,4
			53,3	
=.....	29.	8,4		+1,1
			54,4	
+.....	30.	12,8		+0,9
			55,3	
=.....	31.	18,5		+1,5
			56,8	
+.....	32.	25,3		+1,4
			58,2	
=.....	33.	33,5		+1,3
			59,5	
+.....	34.	43,0		+1,1
			60,5	
» =.....	36.	3,6		
				+1,9
Raie =.............	37.	2,2		
			62,5	
Bande : nicols +.....	37.	15,1		+1,1
			63,6	
» =.....	38.	26,7		

On voit que les bandes sont *espacées régulièrement*, c'est-à-dire que les différences Δ_1 qui représentent les distances angulaires de deux bandes consécutives varient d'une façon régulière, sans qu'il y ait aucune prédominance des valeurs paires sur les valeurs impaires. Les différences secondes Δ_2 sont sensiblement égales entre elles.

Au contraire, voici ce que dónne l'examen du spectre obtenu avec la lame I collée dans la cuve sous un angle de 31°15′ (réflexion sur l'air). Cette lame I est parallèle, à très peu près, à l'axe optique, *et ce qui va suivre s'applique seulement aux lames sensiblement parallèles à l'axe.*

Le polariseur est à + 161° ([1]).

L'analyseur sera placé successivement dans les azimuts 80° et 132° (positions 1 et 2).

([1]) Les nicols que j'ai employés étaient montés dans des bonnettes portant une graduation en degrés soit de 0° à 360°, soit de 0° à 180° et ensuite de 180° à 0°. N'ayant pas à mesurer des azimuts, je ne me suis pas préoccupé de rapporter les indications des graduations à ce qu'elles seraient si la section principale était dans le plan d'incidence quand on est au zéro : l'*origine* à laquelle sont rapportées les indications d'azimuts est donc arbitraire.

			Δ_1	Δ_2
1............	1	11,0	52,4	
2............	2	13,4	48,7	−3,7
1............	3	12,1	54,7	+6,0
2............	4	17,0	50,4	−4,3
1............	5	17,4	57,0	+6,6
2............	6	24,4	52,8	−4,2
1............	7	27,2		+6,0
Raie D₂......	7	31,1	58,8	
2............	8	36,0	55,4	−3,4
1............	9	41,4	61,7	+6,3
2............	11	3,1	57,1	−4,6
1............	12	10,2	63,8	+6,7
2............	13	24,0	60,1	−3,7
1............	14	34,1	66,3	+6,2
2............	16	0,4	62,3	−4,0
1............	17	12,7	70,4	+8,1
2............	18	33,1	65,9	−4,5
1............	19	49,0	73,0	+7,1
2............	21	22,0	69,6	−3,4
1............	22	41,6	77,2	+7,8
2............	24	18,8	74,8	−2,4
1............	25	43,6		

On voit qu'il y a prédominance évidente des différences paires sur les différences impaires. Une bande du système 1 est trop rapprochée de la bande 2 qui la précède du côté du rouge et trop éloignée de la bande 2 qui la suit du côté du bleu. Je change l'azimut de polarisation de quelques degrés. Je fais $A = 167°$.

On obtient pour les mêmes franges :

			Δ_1.	Δ_2.	z.
1..........	i	15,7	44,7		
2..........	2	10,4	55,0	+10,3	+0,3
1..........	3	16,0	46,9	— 8,1	+2,0
2..........	4	12,9	59,3	+12,6	+0,5
1..........	5	22,0	46,7	—12,4	+1,1
2..........	6	18,7	62,1	+15,4	+1,3
1..........	7	31,8	50,8	—11,3	+1,2
2..........	8	32,6	64,0	+13,2	+1,3
1..........	9	46,6	52,7	—11,3	+1,5
2..........	10	49,3	66,4	+13,7	+0,6
1..........	12	15,7	54,4	—12,0	+1,4
2..........	13	20,1	69,9	+15,5	+1,8
1..........	14	40,0	57,4	—12,5	+0,9
2..........	15	47,4	71,4	+14,0	+1,1
1..........	17	18,8	61,6	— 9,8	+1,6
2..........	18	30,4	72,9	+10,3	—0,3
1..........	20	3,3	86,4	— 6,5	+2,4
2..........	21	19,7	75,7	+ 9,3	+0,4
1..........	22	45,4	69,9	— 5,6	+3,9
2..........	24	15,3	79,3	+ 9,4	+1,0
1..........	25	44,6			

L'erreur est ici en sens inverse. Il y a donc une valeur intermédiaire de l'azimut de polarisation pour laquelle la succession serait *régulière*, et la différence seconde Δ_2 sensiblement constante. Si Δ'_2 est la valeur de Δ_2 pour P $= 161°$ et Δ''_2 la valeur de Δ_2 pour P $= 167°$, la valeur x de cet azimut est

$$x = \frac{m.161 + n.167}{m + n},$$

m et n étant définis par la condition de rendre sensiblement constante la différence

$$m\Delta'_2 + n\Delta''_2.$$

On aperçoit aisément qu'ici la condition est à peu près réalisée pour $m = 5$, $n = 2$. La suite des quantités

$$\frac{5\Delta'_2 + 2\Delta''_2}{7} = z$$

est indiquée dans la dernière colonne. Pour l'azimut $162° 43'$, on aurait ainsi polarisation uniradiale du rayon incident.

Seulement la détermination de cet azimut exigerait une expérience préliminaire et un calcul assez longs. La remarque suivante permettra d'abréger l'expérience.

L'expérience prouve que, pour une même rotation du polariseur au voisinage de l'azimut uniradial, *les bandes complémentaires voisines se déplacent de quantités égales en sens inverse.*

Je viserai donc trois franges successives occupant les positions α', β, β', par réflexion sur l'air. En passant d'un azimut à un autre, on les déplace de quantités $\Delta\alpha'$, $\Delta\beta$, $\Delta\beta'$; ces Δ varient d'une région à l'autre du spectre, mais assez lentement pour que la valeur absolue de $\Delta\beta$ puisse être considérée comme la moyenne entre celles de $\Delta\alpha'$ et de $\Delta\beta'$. $\Delta\beta$ est d'ailleurs de signe contraire. La moyenne

$$\frac{\dfrac{\Delta\alpha' + \Delta\beta'}{2} + \Delta\beta}{2}$$

est nulle.

Si nous avons, s'intercalant entre les franges de ce système, un autre système obtenu par réflexion sur l'alcool, je suppose, soient a', b, b' les positions de ces franges. On a de même

$$\frac{\dfrac{\Delta a' + \Delta b'}{2} + \Delta b}{2} = 0.$$

La quantité

$$M = \frac{\dfrac{(a' - \alpha') + (b' - \beta')}{2} + (b - \beta)}{2}$$

est donc constante, quel que soit l'azimut, pourvu qu'il soit voisin de l'azimut de polarisation, et cette quantité mesure la distance vraie de b à β dans le système qu'on obtiendrait avec une polarisation rigoureusement uniradiale.

Voici quelques nombres :

	P = 158°.	P = 163°.	P = 166°.
$a' - \alpha'$...........	32,4	35,9	38,1
$b - \beta$...........	39,4	36,4	34,6
$b' - \beta'$...........	34,7	37,3	38,7
M...........	35,5	36,5	36,6

6. Il importe de connaître l'orientation cristallographique de la

lame par rapport au plan d'incidence. Je me borne au cas d'une lame uniaxe. Si elle est taillée obliquement à l'axe optique, il faudra commencer par déterminer cette obliquité; il suffit de la placer entre deux nicols croisés et en faisant tomber sur elle de la lumière normale; l'épaisseur d'une lame parallèle à l'axe qui donnerait les mêmes franges étant ε, et l'épaisseur de la lame mesurée au sphéromètre étant e, l'angle ψ de la normale à la lame avec l'axe est donné par

$$\sin^2 \psi \left(1 - \frac{3}{4} \frac{b^2 - a^2}{b^2} \cos^2 \psi \right) = \frac{\varepsilon}{e},$$

b et a étant les vitesses ordinaire et extraordinaire dans le cristal ([1]).

Il faut ensuite connaître l'angle de la section principale de la lame et du plan d'incidence, c'est-à-dire du plan contenant les deux normales à la lame et à la face latérale B du prisme à liquide par où entre la lumière.

La mesure se fera ainsi : Le couvercle et la couronne cylindrique enlevés, on placera le prisme de façon que la lame cristalline soit rencontrée à 45° par le faisceau incident : la seule différence avec l'expérience définitive est que le prisme présente ici la lame de cristal en avant. En outre, le prisme est vide de liquide. Une partie de la lumière arrivée sur la lame, sous l'incidence de 45°, se réfléchit à la face d'entrée. Une autre partie pénètre, se réfléchit à la face intérieure et ressort. Le polariseur est vertical, l'analyseur horizontal. On a un phénomène déterminé au spectroscope.

Supposons que l'on puisse faire tourner tout le prisme de façon que la lame cristalline tourne simplement dans son plan. On la met d'abord dans une position telle que le faisceau incident qui la traverse aille ensuite rencontrer normalement la face B. Le plan des normales à la face B et à la lame coïncide alors avec le plan d'incidence. La section principale de la lame fait un angle θ avec ce plan.

([1]) La méthode est évidemment inapplicable dans le cas d'une lame *presque parallèle;* on aurait recours dans ce cas à un procédé spécial qui sera indiqué plus loin.

Quel que soit l'aspect observé au spectroscope, cet aspect rede-
viendra le même quand on aura fait tourner la lame de 2θ, de façon
à amener la section principale dans une position symétrique de la
position précédente par rapport au plan d'incidence.

L'appareil qui sert à cette mesure (*fig.* 3) est un cercle divisé,

Fig. 3.

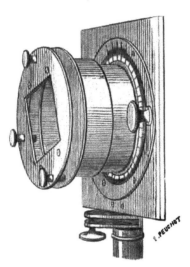

porté sur un pied vertical ; ce cercle est divisé en 360 degrés et
un vernier permet d'apprécier les deux minutes. En manœuvrant
un bouton, on déplace, par rapport au vernier fixe, le cercle
gradué qui tourne dans son plan, emportant une douille où l'on
peut introduire une bonnette. Contre cette bonnette viendra
s'appliquer un disque plan portant le prisme. C'est un disque circulaire percé au centre d'une large ouverture rectangulaire, autour
de laquelle sont quatre petits trous correspondant à autant de trous
de vis disposés sur la face hypoténuse du prisme. On visse ainsi
le disque contre le prisme, la lame cristalline étant en avant et
à découvert.

Il faut que la lame reste bien dans le même plan pendant la
durée de la rotation. Le disque plan qui s'applique contre la
bonnette ne vient la toucher qu'en trois points. Trois vis à large
tête et à longue tige traversent, en effet, le disque et viennent se
visser en trois points sur le pourtour de la bonnette ; entre celle-ci

et le disque, est disposé un petit ressort à boudin entourant la tige
de la vis et dont l'effet est d'écarter le disque dès qu'on dévisse.
Le disque est fixé ainsi par l'intermédiaire de trois vis réglables,
et on commence par ce réglage préliminaire, aisé à imaginer.

7. Les mesures ont porté sur une lame de quartz perpendiculaire à l'axe sur une série de lames de quartz parallèles à l'axe, sur
une lame de quartz oblique, sur un spath parallèle, et sur une
topaze.

Un résultat général, vrai pour les biaxes aussi bien que pour les
uniaxes, est le suivant : si on passe d'un rayon incident intérieur
au rayon incident conjugué, c'est-à-dire donnant les deux mêmes
directions de rayons réfléchis, la différence de phase produite par
la réflexion totale entre les deux vibrations réfléchies reste constante.

Le polariseur P (*fig.* 2) ayant été réglé dans un des deux azimuts de polarisation uniradiale, on a pour deux azimuts déterminés de l'analyseur, deux systèmes de franges noires complémentaires. Si l'on tourne le polariseur P de 90°, c'est-à-dire si l'on
passe au second azimut de polarisation uniradiale, on obtient les
mêmes systèmes de franges, aux mêmes places, pour deux azimuts de l'analyseur qui diffèrent en général des précédents. Ou
plutôt, si l'on n'a pas réalisé exactement, par cette rotation de 90°,
la polarisation uniradiale, les franges se trouvent légèrement déplacées, mais les franges des deux systèmes complémentaires sont
déplacées en sens inverse, et de quantités rigoureusement égales.

Dans la réflexion métallique, au contraire, cette égalité ne subsiste plus.

Les deux systèmes de franges complémentaires sont déplacés
dans le même sens et d'une quantité qui peut être très notable
quand on tourne de 90° le polariseur, réglé dans un azimut uniradial. L'expérience de comparaison a été faite en mettant du mercure dans un des compartiments derrière la lame cristalline et
laissant de l'air dans l'autre. Voici les nombres obtenus avec la
lame 1, collée de manière que la section principale fasse avec le
plan d'incidence un angle de 38°15′.

	P = 162°.				P = − 107°.		
	Air.		Mercure.		Air.		Mercure.
11.48,6	12.49,5	12.8,9	13.9,2	11.48,9	12,49	12.0	13.1,7
14.13,2		14.22.3		14.12,9		14.13,1	

On peut rendre compte de ce résultat en partant de la théorie générale de la réflexion cristalline. On a pris pour point de départ de tous les calculs la relation de Mac Cullagh généralisée par M. Potier, et les quatre équations de continuité à la surface sous la forme que leur a donnée M. Potier (¹).

8. La double réflexion est le cas général. Mais il y a réflexion simple dans certains cas particuliers. Avec une lame uniaxe perpendiculaire à l'axe, le rayon ordinaire incident ne donne qu'un rayon ordinaire réfléchi, et de même le rayon extraordinaire ne donne qu'un extraordinaire. Dans ce cas, si l'on polarisait le faisceau incident dans l'un des azimuts uniradiaux on aurait toujours un spectre continu sans franges. En polarisant dans un azimut quelconque, on a un spectre cannelé. Tant que la réflexion est partielle, les franges du spectre occupent toujours la même place, quel que soit le milieu qui baigne la surface réfléchissante; ou bien elles forment un système de franges complémentaires. Les spectres cannelés obtenus par réflexion sur deux liquides différents sont concordants ou alternés suivant que l'incidence est comprise entre les incidences de polarisation sur les deux liquides, ou extérieure à ces incidences.

Avec une lame uniaxe parallèle, fixe par rapport au plan d'incidence, il existe une valeur de l'incidence et une seule, telle qu'un des deux rayons incidents donne un réfléchi unique. Il donne toujours dans ce cas un réfléchi d'espèce différente, le rayon ordinaire donne un extraordinaire. Cette incidence singulière de réflexion uniradiale est comprise entre l'incidence de polarisation et l'angle limite. L'autre rayon incident continue d'ailleurs à donner deux rayons réfléchis. D'un côté de cette incidence singulière, les spectres correspondant aux deux azimuts uniradiaux sont concordants; de l'autre côté, ils sont alternés.

(¹) *Journ. de Phys.*, 2ᵉ série, t. X, p. 349.

Le passage par l'*incidence de polarisation* ne présente, au contraire, rien de particulier. Ce qui caractérise cette incidence, c'est que les deux polarisations uniradiales donnent lieu exactement aux mêmes spectres. Le polariseur étant réglé à l'un des azimuts uniradiaux, on tourne l'analyseur de façon à avoir des bandes noires; si l'on est à l'incidence de polarisation, l'analyseur ainsi réglé reste réglé quand on amène le polariseur à l'autre azimut uniradial. Il reste encore réglé, et l'on a toujours des bandes noires si l'on donne au polariseur une orientation quelconque, et même si on le supprime et si on laisse tomber sur le cristal de la lumière naturelle.

Pour l'incidence de polarisation, on a donc, comme dans la réflexion entre milieux isotropes, la propriété d'obtenir de la lumière totalement polarisée en partant de la lumière naturelle. Mais on n'a plus, en traversant cette incidence, une variation brusque de phase pour un des rayons réfléchis. Ce phénomène se produit pour une autre incidence, variable avec l'orientation cristallographique, *l'incidence singulière de réflexion uniradiale*. C'est en la traversant qu'on aurait un phénomène analogue à celui que présente le passage par l'incidence principale.

9. Lorsqu'il y a réflexion partielle sur deux milieux différents, les spectres ont leurs bandes coïncidentes ou exactement complémentaires. La théorie indique entre les deux vibrations réfléchies une différence de phase égale à 0° ou à 180°. Pour avoir la différence de phase introduite par la réflexion totale, il suffira donc d'étudier, par rapport à un spectre obtenu par réflexion totale sur l'air, le déplacement relatif d'un spectre cannelé obtenu par réflexion partielle sur l'alcool.

Aux valeurs mesurées des différences de phase on a comparé les valeurs déduites dans chaque cas des équations de la réflexion cristalline. Une même lame a pu servir à plusieurs mesures, en la collant dans divers azimuts : l'angle θ désigne toujours l'angle du plan d'incidence et de la section principale de la lame. Les différences de phase δ sont évaluées en nombres.

Lames étudiées.	θ.	Radiation étudiée.	δ	
			observé.	calculé.
Quartz parallèle I.....	28,46	C	0,346	0,342
»	»	D	0,341	0,340
		b_1	0,338	»
		F	0,342	»
	»	F	0,337	0,334
.....	15.47	D	0,433	0,434
. »		F	0,426	0,430
.....	31,15	C	0,311	0,315
. »		D	0,317	0,312
. »		F	0,307	0,306
.....	44,50	D	0,142	0,143
»	»	F	0,140	0,142
Quartz parallèle II....	53,18	b_1	0,092	0,096
»	»	F	0,093	0,097
Quartz parallèle III....	68,50	C	0,063	0,066
» ...	»	D	0,062	0,067
» . »		F	0,063	0,071
Spath parallèle	22,48	D	0,408	0,404
»	»	b_1	0,400	0,400
Quartz oblique	41,11	D	0,087	0,091
$\psi = 51°45'$..........	»	F	0,089	0,094

Sur la vérification des quartz parallèles;

Par M. Bernard Brunhes.

Prenons une lame cristalline uniaxe à faces parallèles, taillée parallèlement à l'axe optique, et assez épaisse pour donner plusieurs franges au spectroscope quand elle est examinée entre deux nicols. Avec quelle exactitude est-elle taillée parallèlement à l'axe?

Pour nous en rendre compte, faisons tomber un faisceau de rayons parallèles polarisés dans le plan d'incidence, sur la lame inclinée à 45°. Elle renvoie à angle droit un faisceau réfléchi, qu'on analyse dans un plan perpendiculaire au plan d'incidence, et qu'on reçoit sur un spectroscope. La lumière réfléchie à la face d'entrée est sensiblement éliminée : reste la lumière qui a subi une réflexion intérieure.

Quel que soit l'aspect du spectre qu'on observe, remarquons
que cet aspect ne variera pas par l'interversion du polariseur et de
l'analyseur, si la lame est exactement parallèle à l'axe optique :
c'est une conséquence immédiate du principe du retour inverse.

L'interversion des deux nicols, ou, ce qui est la même chose,
une rotation de 90° imprimée à chacun d'eux, équivaut en effet à
faire tourner la lame de 180° dans son plan. Si elle présente un
défaut de parallélisme, elle n'est pas exactement restituée par cette
rotation : l'écart est doublé.

La *fig.* 1 indique la disposition de l'appareil. La lame est saisie

Fig. 1.

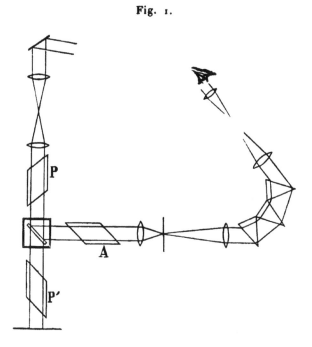

par une pince qui peut la maintenir dans une orientation quelconque. Voici comment on fait l'expérience. Le nicol P est
d'abord mis à 45° du plan vertical d'incidence ; avant de disposer
la lame cristalline on place sur le trajet du faisceau incident,
en P′, un second nicol qu'on met à l'extinction avec le premier.
On introduit entre P et P′ la lame, et l'on tourne le support qui
la tient de façon à diriger la lumière réfléchie sur l'analyseur A
et le spectroscope : *on tourne la lame dans son plan jusqu'à*

rétablir l'extinction après le nicol P'. L'orientation de la lame
cristalline est alors telle que les plans de polarisation des rayons
qui y pénètrent font des angles de 45° avec le plan d'incidence :
ce réglage, qui n'a pas besoin d'être fait avec beaucoup d'exactitude, a simplement pour objet de rendre plus simple le phénomène observé au spectroscope.

On remet P dans le plan d'incidence, et A dans le plan perpendiculaire : puis on observe. Le spectre cannelé obtenu a le même
nombre de bandes noires que le spectre qu'on aurait par transmission avec une lame identique d'épaisseur double.

Seulement, s'il y a un défaut de taille, les franges paires du
spectre observé sont déviées à droite, par exemple, de leur position normale, les franges impaires à gauche. Le spectre cannelé
obtenu a l'aspect figuré (*fig. 2 a*). Si l'on tourne P et A de 90°,
on change le sens des déviations des franges, et l'on a l'aspect représenté *fig. 2 b.*

Fig. 2.

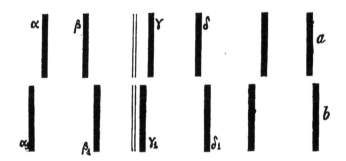

Avec une lame I, de quartz parallèle ayant 1^{mm},978 d'épaisseur,
j'ai eu les nombres suivants pour les pointés de quatre franges
consécutives comprenant la raie D, dans les deux positions *a* et *b*.

	a. { P vertical. / A horizontal.		b. { P horizontal. / A vertical.	Varia-tion.
α........	20. 5,8 (^{1})	α₁	19.45,4	—10,4
β........	20.48,9	β₁......	21. 9,6	+10,0
Raie D...		21.48,4		
γ........	22.13,0	γ₁......	22. 2,0	—11,0
δ........	23. 6,4	δ₁......	23.16,9	+10,5

(^{1}) Le premier nombre indique le nombre de tours d'une vis micrométrique

Les largeurs des franges successives sont dans le premier cas :

42,1,
64,1,
43,4,

dans le second cas :

64,2,
42,2,
64,9.

La différence avec la succession des franges dans un spectre cannelé régulier est énorme. On trouve, par un calcul que j'ai indiqué dans ma thèse, que l'angle de l'axe avec la face de la lame est de 17′ ([1]).

Une autre lame (III) de $1^{mm},519$ d'épaisseur, et dont l'axe fait avec la face un angle de 2′30″ à 3′, a donné dans les mêmes conditions un écart encore très appréciable. Mais il est aisé de l'exagérer. Il suffit pour cela de plonger la lame dans du sulfure de carbone.

On la maintient inclinée à 45°, par rapport au faisceau incident, dans une petite cuve carrée, dont les quatre côtés sont des glaces de verre à faces parallèles, et qu'on remplit de sulfure de carbone. Le réglage de l'orientation de la lame dans son plan se fait par tâtonnements, et en se servant du nicol auxiliaire P′, comme tout à l'heure.

Voici quelques nombres obtenus dans ces conditions :

	a. P vertical. A horizontal.		b. P horizontal. A vertical.	Variation.
α........	20. 6,4		α₁....... 19.47,5	— 8,9
β........	21.20,1		β₁....... 21.27,0	+ 6,9
Raie D...		21.44,1		
γ........	23. 4,1		γ₁....... 22.46,4	— 7,7
δ........	24.21,8		δ₁....... 24.30,3	+ 8,5
....	....	....	....	......
α′........	33.17,6		α′₁ 33. 6,8	—10,8
β′	34.47,0		β′₁ 35. 7,3	+10,3
Raie b₁...		35.11,5		
γ′	37. 1,3		γ′₁ 36.41,6	— 9,7
δ′........	38.37,8		δ′₁ 39. 0,9	+13,1

divisée en 50 parties; le second nombre est un nombre de cinquantièmes; le chiffre décimal est le nombre des dixièmes de ces cinquantièmes, évalué au jugé.

([1]) BRUNHES, *Étude expérimentale sur la réflexion cristalline interne*, p. 88.

L'explication du phénomène observé est la suivante :

Un rayon incident donne deux rayons réfractés dans la lame cristalline ; chacun de ceux-ci donne deux rayons réfléchis, et l'on a, à la sortie, quatre rayons émergents tous parallèles, faisant avec la normale à la face antérieure du cristal le même angle i que le rayon incident.

Les deux rayons réfractés auxquels donne naissance le rayon incident sont partiellement réfractés à l'autre face de la lame et les deux rayons émergents, parallèles au rayon incident, ont entre eux une différence de marche δ'.

Un rayon symétrique du premier rayon incident par rapport à la lame, tombant par conséquent sur la face postérieure, donnerait lieu de même à deux rayons émergents ayant l'un sur l'autre un retard δ''.

Dans le cas d'une lame rigoureusement parallèle à l'axe, on aurait $\delta' = \delta''$.

Si l'on a formé l'expression de l'intensité de la lumière réfléchie, analysée par le nicol A, il suffit, pour avoir les valeurs de λ qui correspondent à des maxima ou des minima de lumière dans le spectre, d'annuler la dérivée de cette expression par rapport à λ. On obtient ainsi l'équation

$$(1) \qquad \cos\pi\frac{\delta'+\delta''}{\lambda}\left(\sin\pi\frac{\delta'-\delta''}{\lambda} + \cot i \cot \sigma \sin\pi\frac{\delta'+\delta''}{\lambda}\right) = 0,$$

i étant l'angle d'incidence, et σ l'angle de réfraction ordinaire.

Cette équation admet un premier groupe de racines

$$\cos\pi\frac{\delta'+\delta''}{\lambda} = 0 ;$$

elles correspondent en général aux maxima d'intensité lumineuse.

Les minima correspondent à

$$(2) \qquad \sin\pi\frac{\delta'-\delta''}{\lambda} + \cot i \cot \sigma \sin\pi\frac{\delta'+\delta''}{\lambda} = 0.$$

Construisons la courbe

$$(3) \qquad y = \sin\pi\frac{\delta'+\delta''}{\lambda},$$

δ' et δ'' sont des fonctions connues de λ. La courbe a la forme (3) représentée par la *fig*. 3. Construisons maintenant la courbe

(1) $$y = - \tan g\, i \tan g\, \sigma \sin \pi \frac{\delta' - \delta''}{\lambda}.$$

Les abscisses des points de rencontre de ces deux courbes donnent les racines de l'équation (2), c'est-à-dire les franges noires. $\frac{\delta' - \delta''}{\lambda}$ est petit, si l'angle de la lame avec l'axe est petit. Il arrivera en général que pour l'étendue du spectre visible, $\pi \frac{\delta' - \delta''}{\lambda}$ restera < 1, par suite, $\sin \pi \frac{\delta' - \delta''}{\lambda}$ gardera un signe constant. La courbe (4) est alors figurée par une courbe toute au-dessous de l'axe des λ dans sa partie utile et de courbure peu marquée.

On voit que les racines de l'équation (2) marchent bien par couples.

Si l'on passe de la position a à la position b, on remplace la courbe (4) par sa symétrique par rapport à l'axe des λ : le déplacement des franges est inverse par rapport aux positions normales.

Du déplacement des franges quand on passe de la position a à la position b, on peut déduire la valeur de $\delta' - \delta''$, et de cette valeur déduire la valeur du défaut d'orientation.

Sur une même matière, $\delta' - \delta''$ est proportionnel à l'épaisseur. En augmentant l'épaisseur, on augmente les ordonnées de la courbe (4) (*fig*. 3); l'écart des franges à partir des positions normales est plus grand; plus grande, par suite, la sensibilité du procédé.

Fig. 3.

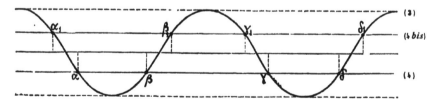

Avec une lame donnée, on arrive à ce résultat de multiplier les ordonnées de la courbe (4), en plongeant la lame dans un milieu plus réfringent : i reste constant, on augmente σ, et $\tan g\,\sigma$. Quand le quartz est plongé dans l'air, si $i = 45°$, σ, pour la raie D, $= 27°16$. Quand il est plongé dans le sulfure de carbone, on a $\sigma = 48°17'$, tangσ varie, de l'air au sulfure de carbone, de plus du simple au double.

Qu'arriverait-il si le second membre de l'équation (4) pouvait devenir en valeur absolue > 1 ?

L'équation (2) n'aurait plus de racine réelle. Les seules racines de l'équation (1) se borneraient au premier groupe

$$\cos \pi \frac{\delta' + \delta''}{\lambda} = 0.$$

Les points correspondants, qui tous étaient des maxima de lumière, seraient alternativement occupés par un maximum et un minimum ; le nombre des franges noires serait diminué de moitié. Chaque couple de deux franges voisines (*fig.* 2), en se resserrant, est venu se fondre en une frange unique.

L'expérience montre que tel est bien l'aspect quand on plonge dans le sulfure de carbone la lame I.

D'après la grandeur des résultats obtenus avec la lame III, on voit que, si le spectroscope est assez dispersif et si l'on a assez de lumière pour pointer une frange au $\frac{1}{50}$, ce qui n'est pas bien difficile, il serait aisé de déceler sur une *lame de quartz de* 1^{mm}, un défaut d'orientation inférieur à une demi-minute.

Si l'épaisseur augmente, la sensibilité augmente dans le même rapport, tant qu'on suppose constante la précision du pointé des franges.

SÉANCE DU 16 JUIN 1893.

PRÉSIDENCE DE M. VIOLLE.

La séance est ouverte à 8 heures et demie.
Le procès-verbal de la séance du 2 juin est lu et adopté.

Est élu membre de la Société :

M. LEDUC (Stéphane), Professeur à l'École de Médecine de Nantes.

M. CORNU fait une Communication *sur les anomalies focales des réseaux diffringents.*
Frappé par l'existence d'erreurs systématiques dans la mise au point des spectres fournis par les réseaux, quelque parfaits qu'ils soient, il a été

conduit à attribuer ces anomalies à deux causes distinctes et purement géométriques : 1° dans le cas des *réseaux plans,* à l'existence d'une faible courbure du substratum; 2° dans le cas des *réseaux plans ou concaves,* à l'existence d'une variation régulière dans l'espacement des traits.

Pour élucider cette dernière anomalie, M. Cornu a cherché à la reproduire. Il a, pour cela, construit une machine à diviser spéciale qui trace des traits parallèles dont l'espacement varie suivant une loi parabolique; cela revient à supposer que la vis est engendrée par l'enroulement cylindrique d'une parabole au lieu d'une droite (rayure progressive des armes à feu).

Dans ces conditions, pour être au point sur les différents spectres, il faut que l'écran se déplace sur une courbe du type *cissoïde de Dioclès,* dont la boucle, en pratique, se confond presque avec une circonférence.

Après avoir indiqué la génération géométrique de la courbe, M. Cornu fait l'expérience avec un réseau concave Rowland : il déplace son écran sur un cercle dont le centre est déterminé d'après les constantes du réseau soumis à l'expérience. Les images successives des spectres offrent *deux foyers distincts* lorsqu'on tourne le réseau de 180° autour de sa normale.

M. Cornu, en terminant, remercie M. Pellin de l'habileté avec laquelle il a improvisé l'installation de l'expérience.

M. Leduc rappelle d'abord les résultats de ses premières recherches sur les densités des gaz, tels qu'ils ressortent des moyennes (Communication à la Société de Physique du 4 novembre 1891).

Densité de l'hydrogène.................. 0,06948
» de l'oxygène................... 1,10506
» de l'azote.................... 0,97203

Par la discussion des causes d'erreur, il montre que la densité de l'hydrogène doit être exacte à 1 unité près du dernier ordre conservé, tandis que l'erreur sur les deux autres nombres peut atteindre 3 ou 4 unités du même ordre.

Il considère donc la densité de l'hydrogène comme coïncidant avec celle trouvée par Regnault (0,06949) et celle de l'azote comme concordant avec la récente détermination de Lord Rayleigh (0,97209).

La densité de l'oxygène a reçu deux contrôles :

1° D'après les densités ci-dessus l'air doit contenir 23,23 pour 100 d'oxygène; l'analyse (en poids) par un procédé nouveau a donné 23,24 à 23,20.

2° Les densités de l'oxygène et de l'oxyde de carbone conduisent pour le poids atomique du carbone à un nombre qui concorde parfaitement avec celui que l'on a déduit de la synthèse de l'acide carbonique. Le nombre de Regnault ou même celui proposé récemment par Lord Rayleigh conduiraient à des valeurs sensiblement trop faibles.

M. Leduc a déterminé la densité du mélange tonnant obtenu par l'électrolyse d'une solution de potasse. En comparant cette densité (0,41423) avec celles de l'oxygène et de l'hydrogène, il obtient la composition en volumes de l'eau (2^{vol},0038 d'H pour 1^{vol} d'O, à quelques dix-millièmes près) et le poids atomique de l'oxygène 15,875.

Il contrôle ensuite ce résultat en opérant la synthèse de l'eau par la méthode de Dumas, mais au moyen d'un appareil permettant d'atteindre une plus grande précision. Il obtient ainsi le nombre 15,882.

Il fait observer que le premier nombre *doit* être approché par défaut, et le deuxième par excès, de sorte que la moyenne 15,88 paraît approchée à moins de deux millièmes près (erreur relative $\frac{1}{8000}$).

M. Leduc trouve pour la densité de l'*oxyde de carbone* 0,96702. En admettant que ce gaz eût le même volume moléculaire que l'oxygène dans les conditions normales, on en déduirait pour le poids atomique du carbone 11,913. Mais il est préférable d'adopter le nombre 11,917, trouvé par M. Friedel, et d'en déduire le volume moléculaire de l'oxyde de carbone : 1,0002.

Le volume moléculaire de l'azote, dont le point critique est voisin de celui de l'oxyde de carbone, doit être d'après cela compris entre 1,0002 et 1,0003. On en déduit pour le poids atomique de ce gaz 13,97, à quelques millièmes près par défaut.

Pour justifier le principe sur lequel s'appuie cette détermination, M. Leduc détermine la densité du bioxyde d'azote; il trouve 1,0388 à $\frac{1}{10000}$ près; d'où le volume moléculaire 0,9998 que faisait prévoir la position de son point critique.

S'appuyant sur la composition de l'azotate, du chlorure et du sulfure d'argent, d'après Stas, on calcule aisément les poids atomiques suivants :

$$Ag = 107,20, \qquad Cl = 35,216, \qquad S = 31,843.$$

Le premier de ces nombres s'accorde aussi parfaitement que possible avec celui qui résulte des recherches comparatives de M. Mascart sur les équivalents électrochimiques de l'eau et de l'argent (107,15).

M. Leduc calcule ensuite les densités théoriques d'un grand nombre de gaz et les compare à leurs densités expérimentales. Or, d'après les nombres admis jusqu'ici, les volumes moléculaires présenteraient des oscillations de plus de 2 pour 100 *sans aucune relation* avec la position du point critique.

Cette conséquence lui paraissant peu vraisemblable, il s'est proposé de rechercher les densités de plusieurs gaz qu'il est possible de préparer à l'état de pureté.

Les quelques déterminations déjà faites confirment l'opinion qu'il a émise depuis longtemps : le volume moléculaire des divers gaz (comparé dans les conditions normales) est une *fonction toujours décroissante* du point critique. Ainsi :

Le volume moléculaire de l'acide carbonique est 0,994

Celui de l'acide chlorhydrique.................... 0,992

»   du chlore................................. 0,984

»   de l'acide sulfureux 0,978

La loi d'Avogrado-Ampère est donc une loi limite, comme les lois de Mariotte et de Gay-Lussac, de sorte que, après avoir construit exactement la courbe ayant pour abscisses les points critiques et pour ordonnées les volumes moléculaires, on pourra :

1° Calculer les densités des gaz que l'on ne sait pas préparer à l'état de pureté, connaissant les poids atomiques de leurs composants;

2° Réciproquement, calculer, d'après la densité expérimentale d'un gaz pur, sa densité théorique, son poids moléculaire, et, par suite, le poids atomique de l'un des composants si les autres sont connus.

C'est ainsi que M. Leduc compte déterminer le poids atomique du phosphore en étudiant le phosphure d'hydrogène.

Il fait remarquer en terminant que la connaissance exacte des volumes moléculaires est indispensable pour apporter quelque précision dans les analyses volumétriques.

———

Études sur les réseaux diffringents. Anomalies focales;

Par M. A. Cornu.

1. Les réseaux diffringents servent aujourd'hui presque exclusivement à la détermination précise des longueurs d'onde lumineuses : quelque parfaits que soient aujourd'hui ces appareils au point de vue de la définition des raies spectrales depuis les progrès réalisés par Rutherfurd et M. le prof. Rowland, ils présentent encore parfois diverses anomalies qui pourraient jeter quelques doutes sur la rigueur des principes optiques sur lesquels ils sont fondés. Il importe donc d'étudier en détail ces perturbations, d'en déterminer les lois et les causes, condition essentielle pour pouvoir en apprécier l'influence sur la précision des mesures, éliminer les erreurs qu'elles entraînent et perfectionner la construction ou l'usage des réseaux diffringents.

Cette étude, un peu ingrate, m'a occupé souvent depuis l'époque déjà éloignée de mes premières observations sur les propriétés focales des réseaux ([1]) : j'ai été conduit à construire une machine

———

[1] *Comptes rendus des séances de l'Académie des Sciences,* t LXXX, p. 645:

traçant automatiquement des traits espacés suivant des lois déterminées, de manière à produire et amplifier à volonté les anomalies
dont je voulais vérifier l'origine ; au milieu des difficultés pratiques
si nombreuses qui compliquent la construction des réseaux, j'ai
cherché à démêler les causes systématiques de perturbations et à
en dégager les éléments purement géométriques : les modifications successives apportées à cette machine, dont j'aurai bientôt
l'occasion de donner une description succincte, m'ont suggéré
quelques résultats intéressants à divers titres que je demanderai à
la Société la permission de lui communiquer successivement : ce
sont presque tous des énoncés de Cinématique ou de Géométrie
d'où a disparu la trace des essais longs et laborieux qui leur ont
donné naissance.

Anomalies focales.

2. Parmi les perturbations délicates auxquelles sont sujets des
réseaux, d'ailleurs très parfaits comme définition des images spectrales, on doit signaler des erreurs systématiques dans la position
du foyer de ces images, erreurs incompatibles avec la théorie du
réseau régulier.

L'ensemble des observations m'a conduit à attribuer ces anomalies à deux causes distinctes et purement géométriques :

1° Dans le cas des *réseaux plans,* à l'existence d'une faible courbure de la surface sur laquelle a été exécuté le tracé ;

2° Dans le cas des réseaux *plans ou courbes,* à l'existence d'une
variation régulière dans la distance des traits.

Ces deux causes existent le plus souvent à la fois, ce qui rend
assez complexes les lois du phénomène optique.

Courbure anomale de la surface. — La difficulté d'obtenir
une surface parfaitement plane explique l'existence de cette courbure généralement sphérique d'une manière approchée et le plus
souvent convexe : lorsque la surface est irrégulière, les images
spectrales sont défectueuses ; les raies perdent toute netteté. Toutefois, quand la surface striée est assimilable à une portion de sur-

---

1875. *Association française, Congrès de Nantes,* p. 376; *Revue scientifique,*
n° 12, 18 septembre 1875.

face du second degré et offre un plan de symétrie parallèle aux traits, les images des raies spectrales peuvent être parfaitement nettes : l'astigmatisme inévitable peut même être corrigé suivant une méthode que j'ai indiquée ailleurs ([1]).

Cette remarque montre que, dans la présente étude des propriétés focales des réseaux, on peut faire abstraction de la courbure de la surface dans le plan parallèle aux traits et ne considérer que la courbure normale à ces traits. Ce qui revient à supposer le réseau tracé sur une surface cylindrique dont les traits sont des génératrices : la surface striée est donc caractérisée simplement par son rayon de courbure R. Toutes les démonstrations, ramenées à la Géométrie plane, deviennent alors très simples.

Anomalie dans la distribution des traits. Loi représentative. — La difficulté d'obtenir une équidistance rigoureuse des traits explique la variation continue de leur distance : on représentera donc cette distance s, comptée à partir d'un trait pris comme origine, par la formule ([2])

$$s = bt + ct^2,$$

la variable t (représentant par exemple le nombre de tours ou de fractions de tour de la vis de la machine à diviser) prenant les valeurs $1, 2, 3, \ldots, n$. Le terme perturbateur ct^2 est positif $(c > 0)$ si l'intervalle va en croissant dans le même sens que t; négatif $(c < 0)$ dans le cas contraire.

3. *Interprétation cinématique de la loi admise. Paramètre caractéristique.* — Cette loi de progression de la distance des traits s'interprète par une image qui rend compte de la relation entre les coefficients b et c.

Supposons que le réseau ait été tracé au moyen d'une vis tournant d'angles égaux δt, t croissant positivement : si l'on a $c = 0$ les traits sont équidistants et la vis offre un pas constant; le filet de la vis forme donc une hélice parfaite dont le développement sur un plan est une droite. Si l'on a $c > 0$ les traits sont de plus en plus espacés, pour $c < 0$ de plus

___

([1]) *Ann. de Chim. et de Phys.*, 6ᵉ série, t. VII, p. 19.
([2]) Un terme en t^3 un peu notable introduirait des aberrations sensibles dans la formation des images focales; or, ces aberrations ne sont pas appréciables dans les réseaux considérés ici.

en plus resserrés; la vis a donc un pas variable qui (si la vis était prolongée) finirait, dans un sens ou dans l'autre, suivant le signe de c, par devenir *nul* lorsque $\frac{ds}{dt} = 0$; ce qui aurait lieu à la distance $s_0 = -\frac{b^2}{4c}$, que nous désignerons plus loin par $-\frac{1}{2}P$; d'où l'on conclut aisément :

Lorsqu'un réseau présente dans la distance de ses traits une variation progressive représentée par la loi $s = bt + ct^2$, on peut le considérer comme tracé au moyen de la rotation d'une vis, dont le filet, développé sur un plan, serait un arc de parabole (¹), l'axe de cette courbe étant parallèle à l'axe de la vis. La distance du sommet de la parabole à l'origine, $s_0 = -\frac{b^2}{4c}$, constitue un paramètre caractéristique de la vis et de tous les réseaux tracés avec cette vis, car il est indépendant du nombre de subdivisions du pas, c'est-à-dire de la distance moyenne des traits.

4. *Relations qui régissent les anomalies focales.* — Nous allons démontrer ce résultat très important :

Les anomalies focales d'un réseau, dans le plan normal aux traits, sont entièrement définies par deux constantes linéaires : le rayon de courbure R de la surface et le paramètre P de la vis génératrice du tracé; ces deux constantes sont liées aux données optiques et géométriques de l'expérience par deux équations très simples qu'on va établir comme il suit :

Soient (*fig.* 1) :

ρ, ρ' les distances respectives des points de convergence des faisceaux incident et diffracté au centre M du réseau;

α, α' les angles respectifs des axes de ces faisceaux avec la normale au point d'incidence;

R le rayon de courbure de la section droite MS du réseau:

P le paramètre caractéristique de la loi de distribution des traits;

e leur intervalle moyen.

Considérons une onde cylindrique émanée d'un point A et rencontrant deux traits consécutifs M et M' du réseau; la différence des chemins parcourus par la lumière est AM — AM' ou $\rho - (\rho + \delta\rho) = -d\rho$,

$$(1) \qquad -\delta\rho = \delta s \sin\alpha \qquad \text{avec} \qquad \rho\, \delta\epsilon = \delta s \cos\alpha,$$

(¹) L'*hélice parabolique* est appliquée à la rayure des armes à feu.

en appelant δs l'intervalle très petit du trait MM′ correspondant à la variation δt dans l'expression $s = bt + ct^2$ (s compté positivement dans le sens MS) et α l'angle MA′M′. Chacun des deux traits devenant le centre d'ondes diffractées, un point A′ situé à l'intersection de ces deux ondes sera un point de concordance vibratoire si la différence des chemins M′P + M′P′ est un nombre entier positif ou négatif de longueurs d'ondes; on aura donc

(2) $\qquad \delta\rho + d\rho' = -m\lambda \qquad$ ou $\qquad \delta s(\sin\alpha + \sin\alpha') = m\lambda,$

la longueur d'onde étant, comme la distance des traits, traitée comme un infiniment petit.

Fig. 1.

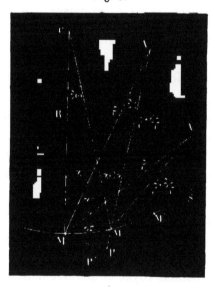

Si l'on considère un troisième trait M″ (défini par un nouvel accroissement constant δt de la variable t) comme associé au deuxième M′, la condition de concordance sera la même, sauf qu'il faudra changer t en $t + \delta t$, α en $\alpha + \delta\alpha$, α' en $\alpha' + \delta\alpha'$; mais $m\lambda$ comme δt restera constant; cela reviendra à égaler à zéro la différentielle de l'équation (2)

(3) $\qquad \delta^2 s(\sin\alpha + \sin\alpha') + \delta s(\cos\alpha\,\delta\alpha + \cos\alpha'\,\delta\alpha') = 0.$

Or on a, en appelant $\delta\omega$, $\delta\varepsilon$, $\delta\varepsilon'$ les angles infiniment petits C, A et A′

(4) $\begin{cases} \delta\alpha = \delta\omega - \delta\varepsilon \\ \delta\alpha' = \delta\omega - \delta\varepsilon' \end{cases}$ avec $\qquad \delta s = R\,\delta\omega \qquad$ et $\qquad \begin{aligned} \rho\,\delta\varepsilon &= \delta s\cos\alpha \\ \rho'\delta\varepsilon' &= \delta s\cos\alpha' \end{aligned}$.

Éliminant $\delta\omega$, $\delta\varepsilon$, $\delta\varepsilon'$ et divisant (3) par δt^2, il vient

(5) $\qquad \dfrac{\delta^2 s}{\delta t^2}(\sin\alpha + \sin\alpha') + \left(\dfrac{\delta s}{\delta t}\right)^2 \left(\dfrac{\cos^2\alpha'}{\rho} + \dfrac{\cos^2\alpha'}{\rho'} - \dfrac{\cos\alpha + \cos\alpha'}{R}\right) = 0.$

Assimilant ces quotients de quantités très petites aux dérivées $\frac{d^2 s}{dt^2}$ et

$\frac{ds}{dt}$, on en conclut les valeurs suivantes qui se rapportent au *trait-milieu*

du réseau ($t = 0$) qu'on prend comme origine

$$\frac{d^2 s}{dt^2} = 2c, \qquad \left(\frac{ds}{dt}\right)^2 = b^2, \qquad \text{dont le quotient est} \qquad P = \frac{b^2}{2c}.$$

Finalement l'équation (5) prend la forme symétrique

(6)
$$\frac{\cos^2 \alpha}{\rho} + \frac{\cos^2 \alpha'}{\rho'} = \frac{\cos \alpha + \cos \alpha'}{R} - \frac{\sin \alpha + \sin \alpha'}{P},$$

à laquelle il faut adjoindre l'équation (2) mise sous la forme

(7)
$$e(\sin \alpha + \sin \alpha') = m\lambda \qquad \text{en posant} \qquad e = b\delta t,$$

e représentant, on le voit aisément, l'*intervalle moyen* des traits du réseau.

Telles sont les relations qui régissent les anomalies focales.

5. *Discussion de ces formules. Courbes focales conjuguées.* — L'équation (6) établit la relation qui lie la distance focale $\varsigma' = MA'$ (*fig.* 1) d'une onde cylindrique de longueur d'onde λ, diffractée dans le spectre d'ordre m, lorsque la distance de la source est $\rho = MA$:

1° Cette équation étant symétrique en ρ et α d'une part et ρ' et α' de l'autre, les points A et A' sont de véritables foyers conjugués : on peut donc intervertir leurs définitions et considérer A' comme source et A comme foyer ou inversement.

2° Pour chaque position de la source ($\rho = $ const., $\alpha = $ const.), la position d'un foyer A' est indéterminée d'après la seule équation (6); cette équation représente donc le lieu géométrique en coordonnées polaires (ρ', α') de toutes les positions que le foyer du faisceau diffracté, conjugué de la source, peut occuper dans le plan de diffraction : c'est donc l'équation de la *courbe focale* correspondant à une position donnée de la source.

3° La *courbe focale* A' ne passe pas en général par la source A; il y a donc une *famille de courbes focales* dont le paramètre est défini par la substitution des coordonnées (ρ, α) de la source dans l'équation (6).

4° Le lieu des positions A de la source qui correspondent à la même courbe focale A′ a évidemment pour équation

$$(8) \qquad \frac{\cos^2\alpha}{\rho} - \frac{\cos\alpha}{R} + \frac{\sin\alpha}{P} = k;$$

mais alors l'équation de la courbe focale A′ est nécessairement

$$(8\,bis) \qquad \frac{\cos^2\alpha'}{\rho'} - \frac{\cos\alpha'}{R} + \frac{\sin\alpha'}{P} = -k,$$

pour satisfaire à l'équation (6); elle ne diffère de la précédente que par le signe de la constante k.

Ces deux familles de *courbes* sont donc *conjuguées*.

6. *Courbe focale principale*. — Le paramètre k peut prendre la valeur zéro : alors les deux courbes conjuguées correspondant à $k = 0$ coïncident; leur équation commune est

$$(9) \qquad \frac{\cos\alpha}{\rho} - \frac{\cos\alpha}{R} + \frac{\sin\alpha}{P} = 0.$$

Cette courbe jouit donc de la propriété de passer par tous les foyers et par la source; elle est *unique* pour le réseau donné et ne dépend que du rayon de courbure R et du paramètre P; on voit qu'elle est indépendante de la distance moyenne des traits.

Je propose de l'appeler *courbe focale principale*.

Elle affecte, suivant le rapport existant entre R et P, des formes très diverses, qui dérivent du type de la *cissoïde de Dioclès* à laquelle d'ailleurs elle se réduit lorsque la courbure du réseau devient $(R = \infty)$. On peut en effet mettre l'équation (9) sous les formes suivantes :

$$(10) \qquad \rho = \frac{\cos^2\alpha}{\dfrac{\cos\alpha}{R} - \dfrac{\sin\alpha}{P}} = \frac{PR}{H}\frac{\cos^2\alpha}{\cos(\alpha+\varphi)},$$

en posant

$$R = H\sin\varphi, \qquad \text{d'où} \qquad \tang\varphi = \frac{R}{P},$$
$$P = H\cos\varphi, \qquad\qquad H^2 = P^2 + R^2,$$

qui conduit à une construction géométrique très simple (*fig.* 2).

On vérifie aisément que cette équation peut s'écrire aussi

$$(11) \qquad \rho = R \cos\varphi \left[\frac{\sin^2\varphi}{\cos(\alpha + \varphi)} + \cos(\alpha - \varphi) \right].$$

Cette forme démontre évidemment que le rayon recteur ρ est, comme celui d'une cissoïde, la somme de deux autres, celui d'une droite et celui d'un cercle ; ce qui permet un second mode de construction.

Un point A quelconque s'obtient d'après l'équation (10), à l'aide de la droite $M_0 C$ qui joint le centre de courbure C du réseau au point M_0, tel que $MM_0 = P$, en abaissant sur le rayon vecteur MF de cette droite la perpendiculaire FG sur MG et la perpendiculaire GA sur MF. La courbe a pour asymptote la droite LN dirigée sur $\alpha = 90° - \varphi$ et distante de l'origine M de la quantité $MN = R \cos\varphi \sin\varphi$ qu'on obtient en abaissant les perpendiculaires MK sur $M_0 C$, KL sur $M_0 M$ et LN sur MK.

Fig. 2.

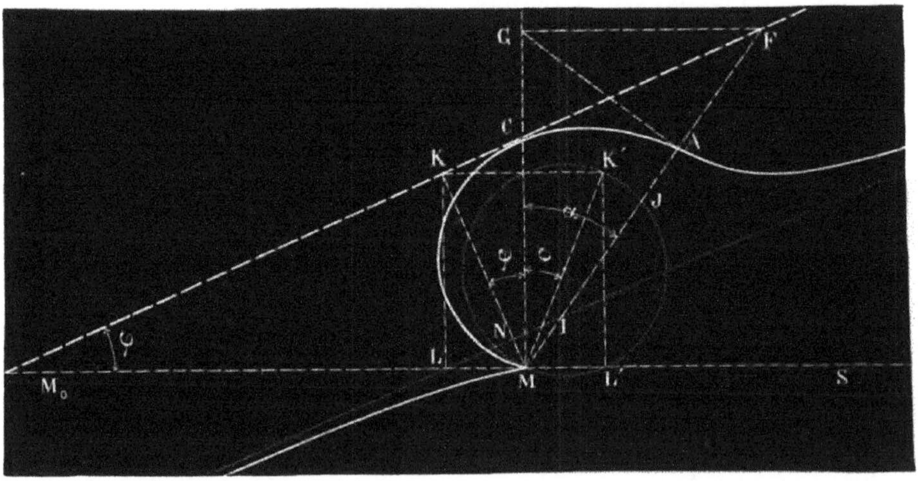

La seconde construction, déduite de l'équation (11), s'obtient en portant sur le prolongement du rayon vecteur MJ du cercle construit sur MK' comme diamètre le rayon vecteur MI de la droite LN asymptote déjà définie. Le cercle a pour diamètre $MK' = R \cos\varphi$, K' étant le symétrique de K par rapport à MC, car il a pour équation $\rho = R \cos\varphi \cos(\alpha - \varphi)$.

La figure correspond à $c > 0$, $P > 0$; les traits s'écartent vers la droite ; car $P = -2s_0$ (*voir* p. 247).

7. Cette seconde définition de la courbe focale principale con-

duit à plusieurs vérifications immédiates en reproduisant comme cas particuliers des résultats déjà connus.

Si l'on suppose le réseau de plus en plus parfait comme équidistance de traits, tout en conservant la même courbure, le point C reste fixe, mais le point M_0 s'éloigne vers l'infini; l'angle φ devient de plus en plus petit; à la limite, la courbe focale devient nulle (outre une droite parasite MS), le cercle utilisé par M. Rowland dans ses admirables réseaux concaves.

Si, dans le réseau concave, il subsiste une petite erreur systématique de tracé, l'angle φ n'est pas absolument nul; la courbe focale principale se réduit encore sensiblement à un cercle, mais dont le diamètre est incliné de ce petit angle φ sur la normale au réseau. C'est le résultat auquel est parvenu récemment M. J.-R. Rydberg, d'une manière empirique, dans un Mémoire remarquable (*Académie de Stockholm*, t. XVIII, n° 9).

Enfin, passant à des conditions inverses, si le réseau est sensiblement plan et présente une progression systématique notable dans la distance des traits, le point C s'éloigne à l'infini, l'angle φ devient droit; la courbe focale principale devient une cissoïde dont l'asymptote passe par M_0 et est normale au plan du réseau. On retrouve alors la disposition des foyers des spectres que j'ai indiquée dans mes premières recherches.

Sur diverses méthodes relatives à l'observation des propriétés appelées « anomalies focales » des réseaux diffringents;

Par M. A. Cornu.

8. Les relations existant entre les distances ρ, ρ' des points de convergence des faisceaux incidents ou diffractés, les angles α, α' de leurs axes avec la normale au trait milieu du réseau et les paramètres R, P, e, m, λ définis précédemment (p. 218),

$$(6) \qquad \frac{\cos^2\alpha}{\rho} + \frac{\cos^2\alpha'}{\rho'} = \frac{\cos\alpha + \cos\alpha'}{R} - \frac{\sin\alpha + \sin\alpha'}{P},$$

$$(7) \qquad e(\sin\alpha + \sin\alpha') = m\lambda,$$

se prêtent immédiatement aux vérifications expérimentales : il suffit, dans les observations ordinaires, avec un goniomètre de Babinet, de graduer en millimètres les tubes de tirage du collimateur et de la lunette ; la lecture de ces graduations définit les distances respectives xx' des points de convergence des faisceaux aux foyers principaux des deux objectifs préalablement bien déterminés. Les formules suivantes donnent ρ et ρ' :

$$(8) \qquad xy = f^2, \qquad x'y' = f'^2,$$
$$(9) \qquad \rho = y + h, \qquad \rho' = y' + h',$$

en appelant respectivement h et h' la distance du centre du réseau au *point focal principal extérieur* de chaque objectif.

Les constantes e, R, P se déterminent par trois observations préliminaires ; on peut alors comparer les valeurs observées avec les valeurs calculées ; telle est la méthode, en quelque sorte brutale, de vérification.

Il est plus élégant et surtout plus instructif d'utiliser les équations (6) et (7) de manière à éliminer certaines données et à réduire les vérifications à ce qu'elles ont d'essentiel. On remarquera, en effet, qu'il y a superposition de deux effets : l'un, inhérent à l'action de la courbure de la surface définie par le rayon R ; l'autre à l'action du défaut d'équidistance des traits, caractérisé par le paramètre P. Il y a donc intérêt à étudier séparément ces deux influences autant qu'à déterminer isolément la valeur numérique de leurs paramètres.

9. *Construction et propriétés géométriques des courbes focales conjuguées.* — On éclairera la discussion de ces phénomènes (nécessairement un peu complexes en raison du grand nombre d'éléments qu'ils comprennent : ρ, ρ', α, α', R, P, e, λ, m) par la construction des *courbes focales conjuguées* (p. 220) : on obtiendra ainsi, avec une vue d'ensemble, des vérifications qualitatives faciles et beaucoup plus rapides que par discussion numérique.

Théorème I. — *Si la source décrit une des courbes focales, le foyer conjugué (point de la caustique par réflexion) décrit la courbe focale conjuguée.*

Comme la construction par points de la caustique est très

simple (¹), on peut vérifier ou compléter le tracé de l'une des courbes par l'autre.

Ce théorème se démontre en substituant $\alpha' = -\alpha$ dans l'équation (6); on retrouve alors la formule bien connue (caustiques par réflexion)

$$(10) \qquad \frac{1}{\rho} + \frac{1}{\rho'} = \frac{2}{R\cos\alpha}.$$

Théorème II. — *Si, par le centre du réseau, on mène une droite coupant les deux courbes focales conjuguées, la moyenne harmonique des deux rayons vecteurs ρ', ρ'' est le rayon vecteur ρ de la courbe focale principale.*

La démonstration est immédiate; il suffit de prendre la demi-somme des équations (8) et (8 *bis*), p. 221, en substituant $\alpha = \alpha'$ et $\rho = \rho''$ et de l'identifier avec l'équation (9).

Remarque. — La demi-différence de ces deux équations donne encore un résultat utilisable dont je supprime l'énoncé pour abréger.

Enfin, il reste à indiquer une construction géométrique de ces courbes focales; elle résulte de l'interprétation de l'équation (8), qu'on peut écrire

$$(8 \ ter) \qquad \rho = \frac{K}{2} \frac{\cos^2\alpha}{\cos\left(\frac{\alpha}{2}+\varphi\right)\cos\left(\frac{\alpha}{2}+\psi\right)} \quad (¹) \qquad \begin{cases} \dfrac{1}{K^2} = \dfrac{1}{R^2} + \dfrac{1}{P^2}. \\[2mm] \tang(\varphi+\psi) = \dfrac{R}{P}, \\[2mm] \tang\varphi\,\tang\psi = \dfrac{R-Q}{R+Q}, \end{cases}$$

Q représentant l'inverse de k (p. 221), pour rétablir l'homogénéité.

L'ensemble de ces propriétés permet donc de traiter *graphiquement* tous les cas relatifs à la formation des foyers des réseaux.

(¹) Du centre de courbure on abaisse une perpendiculaire, 1° sur le rayon réfléchi; 2° du pied de cette perpendiculaire sur la normale et l'on obtient le *centre de jonction.* La source, son foyer conjugué et le centre de jonction sont toujours en ligne droite (*voir* A. Cornu, *Nouvelles Annales de Mathématiques,* 2ᵉ séric. t. II; 1863).

Remarque. — Cette équation représente, en réalité, l'une et l'autre des deux courbes conjuguées ; en effet, leur ensemble forme une courbe du sixième degré dont les branches sont algébriquement inséparables.

Nous allons maintenant passer en revue quelques propriétés conduisant à des vérifications simples et caractéristiques.

10. *Séparation des effets de la courbure et de la non-équidistance des traits.* — On séparera immédiatement l'influence de la variation progressive des traits à l'aide de la remarque suivante : le signe de P, paramètre qui la caractérise, est le même que celui du coefficient c dans la formule

$$(11) \qquad s = bt + ct^2 \quad \text{avec} \quad P = \frac{b^2}{2c},$$

qui donne la distance du trait d'ordre t au trait milieu-origine.

Si l'on fait tourner le réseau de 180° autour de sa normale au trait milieu, la loi de succession des traits devient

$$(12) \qquad s' = bt - ct^2,$$

par conséquent P change de signe. On peut donc renverser le signe de P, tandis que celui du rayon de courbure R reste invariable. De là une méthode d'observation qui permet soit d'éliminer, soit d'isoler l'influence de P, et, d'une manière corrélative, d'isoler ou d'éliminer l'influence de R.

En effet, le faisceau incident restant fixe $(\rho' \alpha')$, l'axe du faisceau diffracté d'ordre m conserve dans cette rotation la même direction α en vertu de l'équation (7) indépendante de P comme de R ; mais, comme P change de signe dans la seconde position, la distance primitive ρ devient ρ_2 : elles sont définies par les deux relations

$$(13) \qquad \frac{\cos^2\alpha}{\rho_1} + \frac{\cos^2\alpha'}{\rho'} = \frac{\cos\alpha + \cos\alpha'}{R} - \frac{\sin\alpha + \sin\alpha'}{P},$$

$$(14) \qquad \frac{\cos^2\alpha}{\rho_2} + \frac{\cos^2\alpha'}{\rho'} = \frac{\cos\alpha + \cos\alpha'}{R} + \frac{\sin\alpha + \sin\alpha'}{P}.$$

(¹) Le paramètre K est représenté par la droite MK (*fig.* 2, p. 222).

Ajoutant et retranchant membre à membre, il vient

$$(15) \quad \begin{cases} \dfrac{1}{2}\left(\dfrac{1}{\rho_1} + \dfrac{1}{\rho_2}\right)\cos^2\alpha + \dfrac{\cos^2\alpha'}{\rho'} = \\[2mm] = \dfrac{\cos\alpha + \cos\alpha'}{R} = \dfrac{2}{R}\cos\left(\dfrac{\alpha - \alpha'}{2}\right)\cos\left(\dfrac{\alpha + \alpha'}{2}\right), \end{cases}$$

$$(16) \quad \dfrac{1}{2}\left(\dfrac{1}{\rho_1} - \dfrac{1}{\rho_2}\right)\cos^2\alpha = -\dfrac{\sin\alpha + \sin\alpha'}{P} = -\dfrac{2}{P}\cos\left(\dfrac{\alpha - \alpha'}{2}\right)\cos\left(\dfrac{\alpha + \alpha'}{2}\right),$$

relations où les influences caractérisées par R et P sont séparées et qui se prêtent à une méthode expérimentale très simple, qu'on pourrait appeler *méthode par rotation du réseau autour de sa normale* ([1]).

Remarque. — La méthode ne s'appliquerait pas moins bien si l'on remplaçait la rotation (souvent incommode dans la pratique), par l'observation sous des *incidences symétriques*, c'est-à-dire en dirigeant le faisceau incident dans la direction — α' et observant le faisceau diffracté dans la direction — α : la substitution de ces valeurs dans (6) montre que le résultat est identique.

11. *Cas particuliers.* — Il est inutile d'insister sur tous les cas particuliers qui simplifient l'observation : il suffit d'en énumérer quelques-uns.

1° *Faisceau incident parallèle :* ρ' devenant infini disparaît de l'équation (15), ce qui la rend tout à fait symétrique de (16).

2° *Faisceau incident parallèle avec incidence normale :* $\rho' = \infty$, $\alpha' = 0$, l'équation (16) devient particulièrement simple.

3° *Source lumineuse au centre de courbure :* $\rho' = R$, $\alpha' = 0$.

C'est le cas réalisé dans l'observation spectrale à l'aide des réseaux concaves Rowland : les équations (13) et (14) deviennent

$$(17) \qquad \dfrac{1}{2}\left(\dfrac{1}{\rho_1} + \dfrac{1}{\rho_2}\right)\cos\alpha = \dfrac{1}{R},$$

$$(18) \qquad \dfrac{1}{2}\left(\dfrac{1}{\rho_1} - \dfrac{1}{\rho_2}\right)\cos^2\alpha = -\dfrac{\sin\alpha}{P}.$$

([1]) M. Cornu met sous les yeux de la Société l'application de cette méthode, en montrant la variation du foyer d'un réseau concave Rowland (de 10 pieds de distance focale) lorsqu'on fait tourner le réseau de 180° autour de la normale. Le dépointement était d'environ 0m,02 au deuxième spectre, observé normalement à la surface.

Lorsque P est très grand, c'est-à-dire lorsque l'équidistance des traits est presque parfaite, il se présente une grande simplification : alors les distances ρ_1 et ρ_2 sont peu différentes, et leur moyenne, arithmétique, géométrique ou harmonique, est sensiblement la même; soit ρ cette moyenne, l'équation (17) donnera comme valeur très approchée

$$(18) \qquad \rho = R \cos\alpha,$$

Éliminant alors $\cos^2\alpha$ entre (18) et (19), il vient, en remplaçant $\rho_1\rho_2$ par ρ_2, conformément à la remarque ci-dessus,

$$(19) \qquad \frac{1}{2}(\rho_1 - \rho_2) = \frac{R^2}{P}\sin\alpha.$$

C'est la loi des anomalies focales d'un réseau Rowland découvertes par M. J.-R. Rydberg (*voir* p. 223) qui se trouve ainsi résulter directement de la présente théorie : c'en est même une vérification précieuse.

4° *Méthode du retour des rayons.* — On peut déterminer expérimentalement, point par point, *la courbe focale principale;* la méthode consiste à observer le faisceau diffracté en coïncidence avec le faisceau incident : $\alpha = \alpha'$, $\rho = \rho'$. L'appareil se réduit à une lunette fonctionnant aussi comme collimateur : le tirage mobile porte la fente (éclairée par un prisme hypoténuse) et, sur le prolongement de la fente, le réticule. On peut simplifier encore le dispositif et le réduire à l'*oculaire nadiral* lorsqu'on opère avec une source monochromatique. On voit aisément que les équations de condition sont précisément (17) et (18). L'angle α est mesuré par la plate-forme graduée qui contient le réseau.

12. Il resterait à montrer que les formules (6) et (7) conviennent aux faisceaux diffractés aussi bien par *réflexion* que par *transmission*. La discussion serait un peu longue; elle présente le même genre de difficultés que celle des foyers d'une lentille d'un miroir. Dans la pratique, toute difficulté s'évanouit parce qu'on a toujours comme repère le foyer des faisceaux transmis ou réfléchis ($m = 0$); on reconnaît donc sans hésitation la branche de courbe focale où se trouvent les foyers diffractés successifs.

13. *Détermination directe du paramètre* P. — Jusqu'ici le paramètre P (¹) n'a été déterminé que par son influence sur la convergence des faisceaux diffractés : il est nécessaire pourtant, à titre de contrôle, d'en obtenir la valeur indépendamment de tout phénomène interférentiel.

1° *Méthode micrométrique.* — Appelons l_1 et l_{-1} les deux demi-largeurs du réseau comptées à partir du trait milieu et T le nombre des traits de chaque côté : on a évidemment

$$l_1 = b\,\mathrm{T} + c\,\mathrm{T}^2,$$
$$l_{-1} = b\,\mathrm{T} - c\,\mathrm{T}^2,$$

d'où

$$2b\,\mathrm{T} = l_1 + l_{-1},$$
$$2c\,\mathrm{T}^2 = l_1 - l_{-1}$$

et

$$\frac{b^2}{2c} = \mathrm{P} = \frac{(l_1 + l_{-1})^2}{4(l_1 - l_{-1})}.$$

Cette méthode exige une machine micrométrique très parfaite.

2° *Méthode du* MOIRÉ. — La méthode suivante dispense de toute machine de haute précision; elle est générale et permet de multiplier d'une manière presque indéfinie l'erreur suivant une loi quelconque d'équidistance des traits. Elle est fondée sur l'observation de *moirés* ou *franges,* produits par la superposition sous un petit angle de deux réseaux identiques. Appliquons-la à l'étude de la loi continue $s = bt + ct^2$. Les trois figures ci-contre permettront d'abréger les explications.

La première (*fig.* 3) représente un réseau grossier dont les intervalles croissent régulièrement de $\frac{1}{240}$ de millimètre à chaque trait dans le sens de la flèche : il a été tracé sur une planche de cuivre, tiré sur papier et reproduit par le procédé Dujardin. La

---

(¹) P représente le paramètre relatif à l'accélération de la distance des traits sur *l'arc s développé* : il coïncide avec le paramètre P_ν de la vis génératrice (p. 4) si la courbure de l'arc est très faible; sinon, on a sensiblement

$$\frac{1}{\mathrm{P}_\nu} = \frac{1}{\mathrm{P}} + \frac{\delta}{\mathrm{R}},$$

δ étant l'inclinaison moyenne de l'arc s sur l'axe de la vis pendant le tracé.

deuxième (*fig.* 4) représente la *superposition de deux tirages successifs* de la même planche sur une même feuille ; mais cette feuille, appliquée obliquement sur la planche, a été, au deuxième tirage, retournée de 180° dans son plan ; la position des deux flèches en est la preuve. Enfin la troisième (*fig.* 5) représente un autre mode de superposition ; la feuille de papier, inclinée vers la gauche par rapport à la planche, au premier tirage, a été inclinée, au second, du même angle vers la droite ; les flèches en font foi.

Fıg. 3.   Fig. 4.   Fig. 5.

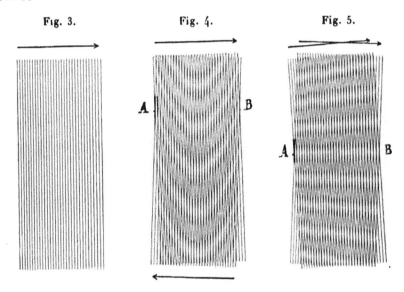

La *fig.* 4 (où les intervalles de largeur inverse sont superposés) offre un *moiré* formé de courbes dont on trouve aisément les équations ; celle qui nous intéresse, AB, et qui est jalonnée par les points de croisement des traits de même ordre, est une *parabole* dont le sommet a pour rayon de courbure $\mathcal{R}$

$$\mathcal{R} = P \frac{\sin \theta}{\cos^2 \theta},$$

2θ étant l'angle d'inclinaison des deux réseaux ([1]). On peut donc relever directement sur cette parabole la valeur du paramètre P. Au lieu de mesurer $\mathcal{R}$, ce qui serait un peu délicat, on relève la

---

([1]) Les coordonnées rectangulaires x, y d'un point de la courbe [l'origine des coordonnées étant l'intersection des deux traits milieux ($t = 0$) et l'axe des y la

longueur 2X de la corde de l'arc de parabole AB et la flèche Y, et l'on a

$$P = \frac{X^2}{2Y} \frac{\cos^2\theta}{\sin\theta}.$$

Grâce à la multiplication de la flèche Y (d'autant plus grande que l'angle θ est plus petit), la mesure n'exige pas d'appareils de haute précision.

La *fig.* 5 offre un contrôle important : la frange claire rectiligne AB prouve l'identité des deux réseaux superposés; la moindre inégalité se traduirait par une altération de la droite résultante.

L'application à la détermination de P dans les réseaux diffringents est évidente : le resserrement des traits rend plus curieuse encore la production du *moiré* sur un champ en apparence uniforme. Le phénomène apparaît soit avec deux réseaux transparents identiques (tracés avec la même machine), soit sur deux copies d'un même réseau : les copies photographiques sur gélatine bichromatée, suivant le procédé de M. Izarn (*Comptes rendus*, t. CXVI, p. 506), sont particulièrement propres à cette observation. Les franges apparaissent aussi en *moiré* lorsqu'on effectue deux fois le tracé sur la même surface, sous une obliquité convenable; c'est ainsi que j'opère depuis longtemps pour étudier les erreurs continues ou périodiques des vis.

Quel que soit le mode d'application de la méthode, on trouve dans l'observation de ces franges des contrôles très précieux.

Les vérifications numériques relatives aux propriétés locales précitées feront l'objet d'une prochaine Communication.

---

bissectrice de ces traits] sont

$$x = \frac{s + s'}{2\cos\theta} = \frac{bt}{\cos\theta}, \qquad y = \frac{s - s'}{2\sin\theta} = \frac{ct^2}{\sin\theta},$$

d'où

$$x^2 = y \frac{\sin\theta}{\cos^2\theta} \frac{b^2}{c} = \frac{\sin\theta}{\cos^2\theta} 2Py,$$

par élimination de t dans s et s' donnés par (11) et (12).

La demi-corde X s'obtient en substituant dans x $t = T$ (*voir* ci-dessus) et la flèche Y en faisant la même substitution dans y.

SÉANCE DU 7 JUILLET 1893.

PRÉSIDENCE DE M. JOUBERT.

La séance est ouverte à 8 heures et demie.

Le procès-verbal de la séance du 16 juin est lu et adopté.

Est élu membre de la Société :

M. MOURGUES, Conservateur du Musée minéralogique, Professeur de Chimie à l'Université de Santiago (Chili).

M. le PRÉSIDENT donne lecture de la lettre suivante adressée par M. Raffard :

« MONSIEUR LE PRÉSIDENT,

» A propos de la Communication de M. de Coincy sur les globes diffuseurs transparents de M. Frédureau et de la remarque de M. A. Blondel que, dès 1883, M. Pelham Trotter avait proposé l'emploi d'enveloppes de verre à cannelures orthogonales sur les deux faces, permettez-moi de rappeler que, déjà en 1878-1879, l'atelier Breguet avait construit une trentaine de grandes lampes diffusantes pour les travaux du port du Havre et ceux du canal de la Scarpe.

» Ces lanternes, dont il en reste encore une en magasin, étaient à base carrée; elles avaient $0^m,40$ de côté sur $0^m,85$ de hauteur; on les éclairait avec des régulateurs Serrin, alors la seule lampe à arc dont le fonctionnement ne laissait rien à désirer.

» D'abord ces lanternes furent garnies de vitres ordinaires que l'on enduisait légèrement de peinture blanche afin que le foyer n'éblouît pas les ouvriers et que les ombres ne fussent pas trop dures. Mais comme cela faisait perdre une grande partie de la lumière, j'eus l'idée de remplacer chacune des vitres planes par deux vitres ondulées du commerce superposées et placées de manière que les cannelures de l'une fussent perpendiculaires à celles de l'autre. La lanterne devint alors presque également lumineuse sur toute sa surface, les ouvriers purent en supporter l'éclat, les ombres étant adoucies par une pénombre suffisante. Il est vrai que le sol et les objets éclairés présentaient des marbrures, par suite des petites différences dans la répartition de la lumière, mais cet inconvénient n'avait aucune importance vu le travail grossier que l'on faisait.

» Veuillez agréer, Monsieur le Président, etc.

N.-J. RAFFARD. »

M. le Dr S. LEDUC fait une Communication sur *les courants alternatifs de haute tension produits à l'aide des machines électrostatiques.*

On peut, à l'aide des machines électrostatiques, produire des courants alternatifs de haute tension possédant des propriétés assez particulières pour rendre leur étude digne d'intérêt.

Lorsqu'une machine électrostatique fonctionne et qu'une série d'étincelles, continue en apparence, se produit entre les boules de ses excitateurs, les conducteurs de la machine sont le siège de variations de potentiel, de vibrations électriques, aujourd'hui bien connues. Ce sont ces vibrations électriques que nous utilisons pour la production de courants alternatifs.

Si l'on suspend par son armature interne une bouteille de Leyde à chacun des pôles de la machine et qu'on réunisse les armatures externes par un circuit d'une très grande résistance, les armatures internes font ainsi partie des conducteurs de la machine, et leurs vibrations électriques qui, au même instant, se font en sens inverse dans chaque armature, le potentiel s'élevant d'un côté lorsqu'il s'abaisse de l'autre, leurs vibrations électriques se transmettent aux armatures externes, dans lesquelles elles déterminent des modifications de l'état électrique alternatives, d'où résulte la production du courant alternatif dans le circuit qui unit ces armatures.

La résistance entre les armatures externes doit être telle que la capacité totale des bouteilles de Leyde soit proportionnée au débit de la machine.

Si, par exemple, on unissait par un conducteur de résistance négligeable les armatures externes, les conducteurs de la machine, dont font partie les armatures internes, auraient une trop grande capacité, les étincelles entre les excitateurs deviendraient intermittentes, et l'on ne pourrait obtenir un courant alternatif au sens propre du mot.

D'autre part, par suite de la grande résistance que nous introduisons entre les armatures externes, il ne saurait se produire de décharges oscillantes entre ces armatures.

· Les expériences ont été faites sous les yeux de la Société avec une machine de Wimshurst, à deux plateaux de verre, de $0^m,70$.

Les courants alternatifs obtenus à l'aide des machines électrostatiques ont des propriétés analogues, mais non identiques, à celles des courants de M. Tesla.

Les conducteurs parcourus par ces courants deviennent lumineux, et, dans de bonnes conditions d'expérience, de toute leur surface se dégagent des aigrettes bien différentes par leur intensité et par leurs caractères de celles de l'électricité statique. En variant la forme des conducteurs, en approchant d'autres conducteurs, on produit des effets lumineux très variés et très beaux.

La meilleure disposition pour effectuer cette expérience consiste à mettre l'une des armatures externes en communication avec le sol, et à attacher l'autre à une chaîne pendante, en contact en un point avec la table de la machine.

Si l'on enveloppe la chaîne pendante de l'expérience précédente avec un tube de caoutchouc, et si l'on prend ce tube à la main, il devient lumineux, comme phosphorescent, par la production de courtes aigrettes, sous forme d'effluves, entre la main et le tube; la sensation n'est pas pénible, et il y aura lieu de rechercher l'influence d'une semblable électrode sur l'organisme.

Si l'on approche un tube de Tesla du conducteur libre, il s'éclaire à une grande distance; et, si l'on écarte les boules des excitateurs, de façon à supprimer l'alternance tout en augmentant la tension, le tube s'éteint et doit être approché beaucoup plus près pour redevenir lumineux.

Une ampoule de lampe électrique suspendue au conducteur libre devient lumineuse et sa luminosité s'accroît lorsqu'on la touche.

Cette lampe et le tube de caoutchouc lui-même sont fortement attirés par un conducteur en communication avec le sol, par la main par exemple. La même expérience faite avec l'électricité statique donne une attraction suivie d'une répulsion, tandis qu'avec les courants alternatifs l'attraction seule se produit.

Les courants alternatifs de haute tension, obtenus avec les machines statiques, excitent les nerfs sensitifs et moteurs. Pour leur emploi, une seule électrode suffit. On se sert d'une pointe métallique mousse, tenue par un manche de verre, et fixée à la chaîne libre de l'une des armatures externes; cette pointe promenée sur la peau, lorsqu'elle passe sur un nerf sensitif ou moteur, l'excite dans toute sa distribution au-dessous de l'électrode.

La sensation, dans la région innervée par un nerf sensitif, est tellement nette, qu'elle permet de dessiner sur la peau la surface innervée. Plusieurs membres de la Société, parmi lesquels MM. Pellat, Gariel, d'Arsonval, vérifient par eux-mêmes ces propriétés.

Enfin l'expérience qui a causé le plus de surprise à l'auteur, a été la contraction par induction à distance, à l'aide des courants développés eux-mêmes par induction dans le corps humain. L'observateur étant placé entre la machine et une grenouille, s'il approche la main de l'animal comme pour le montrer de l'index, dès à une distance qui peut atteindre jusqu'à 1ᵐ, les muscles entrent en contraction; si l'on approche et si l'on éloigne la main, tous ces mouvements sont inscrits sur le myographe par la patte galvanoscopique.

M. Berget présente, au nom de M. van Aubel, une modification de l'aréomètre de Laska. L'auteur rappelle le principe de cet appareil, qui a pour but d'éliminer l'erreur due à la capillarité par deux observations dans le liquide dont on cherche la densité. Mais le gros diamètre du tube de l'aréomètre introduit des erreurs de lecture bien plus grandes, et il est peu pratique de faire les observations avec un cathétomètre, comme Laska le propose.

L'aréomètre de M. van Aubel est basé sur le même principe que celui de Laska; il a la forme du densimètre de Paquet et ne présente pas l'inconvénient signalé plus haut.

M. Berget présente enfin le résultat de ses propres *recherches relatives à la densité et à la masse de la Terre.*

Soit ρ la densité d'une couche attirante d'épaisseur *e* répartie uniformément sur un plan indéfini; soit *k* la constante de l'attraction newtonienne définie par la formule

$$f = \mathrm{K}\,\frac{mm'}{r^2},$$

l'action du plan attirant sur une masse extérieure μ est une force F donnée par la relation

$$\mathrm{F} = \mathrm{K} \times 2\pi\rho\,em.$$

Tel est le principe de la méthode nouvelle employée par l'auteur.

La couche plane infinie a été réalisée par un lac de 32 hectares situé dans le Luxembourg belge, et que son propriétaire, M. de Curel, a gracieusement mis à la disposition de M. Berget : en faisant baisser d'un mètre le niveau des eaux de ce lac, on a pu supprimer l'action de la couche *e* et la mesurer.

L'appareil de mesure était le baromètre à gravité de Mascart, mais rendu infiniment plus précis, pour les besoins de la cause, par l'emploi des franges d'interférence pour l'observation des mouvements du mercure. Tout l'appareil, planté sur de forts pilotis, était maintenu à température constante, par 100^{kg} de glace dans laquelle il était plongé.

Ces résultats sont, en unités C.G.S. :

Constante de l'attraction.........	$\mathrm{K} = 6,5 \times 10^{-8}$
Masse de la Terre...............	$\mathrm{M} = 5,85 \times 10^{27}$
Masse spécifique de la Terre.......	$\mathrm{D} = 5,4$

Modification de l'aréomètre de W. Laska;

Par M. Edm. van Aubel.

Cet appareil a pour but d'éliminer l'erreur due à la capillarité que l'on commet dans les mesures avec les aréomètres et qui est souvent très grande, comme l'ont montré les expériences de M. Duclaux.

L'aréomètre de Laska (*fig.* 1) se compose de deux tubes en verre, l'un large A, l'autre d'un diamètre plus petit *a* qui est soudé hermétiquement au premier et fermé à la partie inférieure. A la partie inférieure du tube large est soudée une petite ampoule en verre, contenant du mercure qui sert de lest.

Fig. 1.

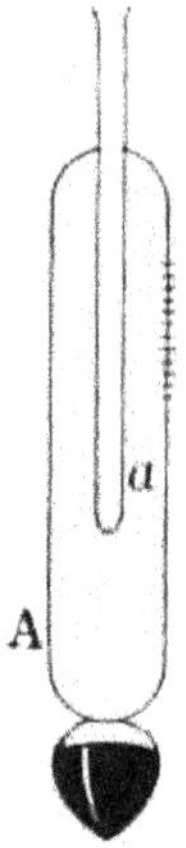

La manipulation de l'appareil est la suivante : on introduit l'aréomètre dans le liquide à étudier et l'on note le point d'affleurement.

Soient :

p le poids de l'instrument;
f la tension superficielle;
ω l'angle de raccordement;
r le rayon du tube large de l'aréomètre;
v le volume de la partie immergée;
d le poids spécifique du liquide.

On a l'équation d'équilibre

$$p + 2\pi r f \cos\omega = vd.$$

Ensuite on introduit, dans le tube ouvert a, une quantité exactement pesée de mercure et on lit la position de l'aréomètre : ω, f et r restent constants, et l'on a

$$p_1 + 2\pi r f \cos\omega = v_1 d.$$

On tire de ces équations

$$p_1 - p = (v_1 - v)d,$$

ou

$$d = \frac{p_1 - p}{v_1 - v}.$$

L'influence de la capillarité est éliminée, puisque les deux observations se font dans le même liquide, dont on veut déterminer la densité.

Le poids spécifique du liquide est donc égal au quotient du poids du mercure en milligrammes par la différence des lectures en millimètres cubes des deux positions de l'aréomètre.

Les lectures se font le plus facilement au moyen du cathétomètre. L'aréomètre doit être nettoyé très soigneusement avant chaque détermination.

Telle est la description que M. W. Laska a donnée dans *Zeitschrift für Instrumentenkunde*, 1889, t. IX, p. 176.

L'appareil, construit sous cette forme par Franz Müller, successeur du Dr H. Geissler à Bonn, est représenté (*fig.* 1) au $\frac{1}{3}$ de la grandeur réelle.

On peut évidemment simplifier la manipulation de l'instrument en introduisant dans le tube a un poids connu en métal, au lieu d'une quantité de mercure qu'il faut peser chaque fois.

Le diamètre de tube A étant relativement très grand (35^{mm}), il en résulte que l'on est obligé de faire les lectures des volumes au cathétomètre, si l'on veut obtenir un peu d'exactitude, sinon les erreurs de lecture seraient de beaucoup supérieures à celles qui proviennent de la capillarité.

Il faut avouer qu'il n'est guère pratique de devoir faire des déterminations aréométriques en se servant d'un cathétomètre. Aussi j'ai pensé que l'on pourrait avantageusement conserver le principe de l'appareil de Laska et lui donner la forme de l'aréomètre de Paquet (¹) (*fig.* 2).

Le tube a de la *fig.* 1 correspond au réservoir supérieur a de la *fig.* 2, et le tube A de la *fig.* 1 au tube T de la *fig.* 2.

Le réservoir supérieur a (*fig.* 2) n'a pas besoin d'être gradué en centimètres cubes comme cela doit être pour l'aréomètre de

(¹) PAQUET, *Journal de Physique*, t. IV, p. 266; 1875. — BUIGNET, *Journal de Physique*, t. IX, p. 93; 1880.

Paquet; il contiendra le poids supplémentaire en métal $p_1 - p$. La tige T, qui dans l'aréomètre de Paquet porte une graduation en parties correspondant à des décigrammes, sera pourvue dans le

Fig. 2.

cas actuel d'une division en centimètres cubes. Cette tige peut facilement avoir un diamètre beaucoup plus faible que le gros tube A de la *fig.* 1.

En faisant varier le poids supplémentaire $p_1 - p$, on obtiendra, pour la densité du liquide, plusieurs valeurs dont on pourra prendre la moyenne.

SÉANCE DU 21 JUILLET 1893.

PRÉSIDENCE DE M. MAREY.

La séance est ouverte à 8 heures et demie.
Le procès-verbal de la séance du 7 juillet est lu et adopté.

M. GUILLAUME aurait eu plusieurs objections graves à présenter au travail de M. Berget sur la mesure de la constante de la gravité; comme M. Berget n'assiste pas à la séance, la discussion est remise à plus tard.

M. Guillaume indique ensuite les divers procédés employés dans ces dernières années pour la mesure de cette constante : la balance de torsion, la balance ordinaire, le pendule. Ce dernier instrument ne parait pas devoir donner des résultats bien précis. La balance de torsion a été employée par MM. Cornu et Baille dans les belles expériences, bien connues des membres de la Société. M. Boys s'est servi du même instrument dans des dimensions extraordinairement réduites; les masses attirées sont de 1^{gr}, et agissent sur un bras de levier de 25^{mm}; les résultats de M. Boys ne sont pas encore publiés. M. Poynting s'est servi de la balance et a été conduit, pour la densité de la Terre, à la valeur $5,4934$; ses expériences paraissent avoir été exécutées dans d'excellentes conditions. MM. Richarz et Krigar-Menzel suspendent à l'un des fléaux d'une balance une certaine masse alternativement au-dessus et au-dessous d'un bloc de plomb de 100 tonnes. Les résultats de ces expériences ne sont pas encore connus.

Cette expérience présente une certaine analogie avec celle de M. Berget; il suffirait, en effet, de laisser fixe la masse attirée et d'abaisser la masse attirante pour réaliser des conditions semblables. La comparaison entre le gravimètre et la balance est tout à l'avantage de cette dernière. La lecture du gravimètre réduit sa sensibilité à $\frac{1}{2}$; dans la balance, au contraire, l'action sur les deux masses produit un effet double. Enfin, dans des conditions analogues de perfection, la balance est dix fois plus sensible que le gravimètre; elle est donc, en tout, 40 fois plus avantageuse. Mais elle est surtout beaucoup plus indépendante de toutes les causes d'erreur qui affectent le gravimètre : la température, la pression, et, en particulier, l'attraction de la Lune et du Soleil. L'emploi de la balance deviendrait particulièrement simple pour une masse attirante formée d'une couche pratiquement indéfinie, comme celle qu'a employée M. Berget.

Il est, dans les expériences sur la détermination de la gravité, une cause d'erreur à laquelle on n'a prêté jusqu'ici que peu d'attention : la pression produite par les radiations. Cette erreur se trouve éliminée d'elle-même dans les expériences de MM. Cornu et Baille, où toutes les surfaces sont invariables; mais elle peut affecter d'autres instruments, surtout ceux de petites dimensions. M. Guillaume donne une démonstration nouvelle de l'existence de cette pression, en s'appuyant sur le principe de Doppler et la loi de la conservation de l'énergie.

M. MERGIER ayant abordé, il y a quelques années, le problème des mesures de la résistance électrique du corps humain, s'est tout d'abord proposé d'établir un instrument de manipulation simple qui permît d'effectuer ces mesures avec la même facilité et la même sûreté que celle de l'intensité d'un courant électrique.

Dans ce but, M. Mergier a réalisé, il y a environ un an, un premier appareil qu'il présente à la Société. Cet instrument, construit par M. Gaiffe, est formé de deux cadres de fil conducteur disposés en croix et placés dans le champ magnétique d'un puissant aimant vertical en fer à cheval. Ces deux cadres sont en dérivation dans le circuit d'une pile. Leur position d'équilibre ne dépend que du rapport des résistances des deux circuits en dérivation. Elle ne varie pas lorsqu'on fait varier l'intensité dans le circuit principal en introduisant un nombre plus ou moins grand d'éléments de pile. Cette condition est assurée par l'élimination de toute force directrice, le courant arrivant à l'équipage mobile par trois pointes métalliques disposées selon le même axe vertical et plongeant dans des godets à mercure. Le système repose sur la pointe supérieure montée sur agate ou est suspendu par un fil de cocon sans torsion.

Pour mesurer la résistance du corps humain, on place, dans le circuit de l'un des deux cadres, deux cristallisoirs avec de l'eau salée, dans lesquels le sujet à mesurer plonge les mains ou les pieds selon le cas. Le courant est amené à l'eau salée par deux fils de platine. Pour éliminer l'erreur provenant de la polarisation de ces électrodes, on dispose dans le circuit de l'autre cadre un godet rempli d'eau salée dans lequel plongent également deux fils de platine. Il existe ainsi dans les deux circuits deux forces contre-électromotrices égales et dont les effets sont nuls.

Toutefois, il faut remarquer que dans cette mesure l'erreur due à la polarisation des tissus existe encore. Mais cet instrument n'en est pas moins intéressant, car il permet de faire rapidement des mesures de résistance sur des conducteurs liquides ou, mieux encore, sur les conducteurs métalliques. On peut le rendre apériodique par l'addition d'un cylindre de fer doux placé à l'intérieur des cadres mobiles, comme cela existe dans les galvanomètres Deprez-d'Arsonval.

On peut aussi avoir un instrument dans lequel les déviations soient proportionnelles aux résistances à mesurer. Il suffit, entre autres solutions, de placer les cadres mobiles dans un champ magnétique formé de deux aimants disposés de façon que les pôles de même nom soient en regard l'un de l'autre. Ainsi monté, l'appareil comporte des applications importantes. Associé à un système bolométrique, il devient enregistreur de température à distance. Avec un système de sélénium, dans le genre de celui déjà utilisé par M. Mercadier, on peut en faire une sorte de photomètre permettant d'explorer rapidement aux différentes heures de la journée l'intensité des radiations atmosphériques, ce qui peut être très important au point de vue photographique.

Mais ce sont là des applications que M. Mergier se réserve de montrer réalisées, lorsque ses recherches à ce point de vue seront assez avancées.

En ce qui concerne les mesures de la résistance électrique du corps humain, dont il veut uniquement s'occuper aujourd'hui, M. Mergier estime que ces mesures demandent à être faites à l'aide de courants alternatifs, pour que toute cause d'erreur due à la polarisation et des électrodes et des tissus soit éliminée.

Il présente, dans cet ordre d'idées, un instrument construit par M. Gaiffe et établi sur le même principe que le précédent, fonctionnant avec des courants alternatifs. Cet instrument comprend toujours deux cadres en croix en dérivation, mais ici ces cadres sont fixes. A l'intérieur du champ de ces cadres est une petite bobine mobile sur une pointe ou suspendue par un fil de cocon et prenant, comme précédemment, le courant dans des godets à mercure. Pour éviter les perturbations provenant de la direction imprimée à cette bobine par le champ magnétique terrestre, une seconde bobine identique à la première, mais roulée en sens inverse, est placée à l'extérieur du champ des bobines en croix. Ces deux bobines ayant même résistance forment ainsi un système absolument astatique. La position d'équilibre de l'équipage mobile, dans cet instrument, ne subit l'influence ni des variations d'intensité dans le circuit total, ni des changements de sens du courant. Elle ne dépend que des différences de résistance des deux circuits en dérivation. Il constitue donc un instrument qui permet d'effectuer rapidement, et à l'abri des causes d'erreur provenant du fait de la polarisation, les mesures de résistance du corps humain.

En terminant, M. Mergier présente à la Société un enroulement de bobine qui permet d'amener le téléphone au silence, dans les mesures de résistances électriques par la méthode de Kohlrausch. Cet enroulement est peut-être plus simple à effectuer que celui indiqué par M. Chaperon, et en tous cas il offre l'avantage sur celui-ci que la qualité de la bobine reste la même, quel que soit le nombre de tours de fil, tandis que, dans l'enroulement Chaperon, cette qualité dépend du nombre de couches de fil. Cet avantage est surtout sensible pour les bobines de petite résistance.

M. Guillaume demande quelle précision on peut obtenir dans les mesures de résistance des liquides par les courants alternatifs avec l'aide du téléphone. Suivant M. Kohlrausch cette précision serait de $\frac{1}{10000}$.

M. Mergier trouve que la résistance d'un liquide est facile à déterminer par cette méthode, mais il n'en est pas de même lorsque l'on veut comparer la résistance du corps humain à celle d'un fil métallique. Il est impossible dans ce cas d'obtenir l'extinction du bruit au téléphone; il est même impossible d'obtenir un minimum bien net. On a des résultats un peu plus satisfaisants par cette méthode en comparant entre elles les résistances de deux corps humains.

M. E. Ducretet fait remarquer que depuis 1889 il fait usage du verre platiné pour construire des résistances élevées, procédé déjà indiqué par M. Dini. Le mode de construction que MM. E. Ducretet et Lejeune appliquent, pour obtenir ces résistances sur verre platiné, donne un circuit en zigzag analogue à celui que réalise M. Mergier avec du fil de platine fin. Ces propriétés doivent être les mêmes et permettre la mesure des résistances par la méthode de Kohlrausch (courants alternatifs et téléphone).
Une plaque de verre platiné de 75^{mm} sur 110^{mm} permet la construction de résistances variant entre 25 ohms et 100000 ohms; les dimensions de ces plaques peuvent donc être réduites ou augmentées à volonté. Elles sont fixées dans un bocal en verre avec bouchon isolant et elles plongent dans de l'huile de pétrole épurée, blanche, dont l'isolement est très grand,

ainsi que M. Pellat a pu s'en rendre compte récemment. On évite ainsi les effets de l'humidité et des variations de température.

Une couche de mercure, variable d'épaisseur, introduite dans le fond du vase permet d'amener la résistance à la valeur qu'on désire lui donner. Ces résistances sont d'une construction très économique ; elles rendront service aux expérimentateurs.

M. Dini rappelle qu'il a employé, dès 1883, le verre platiné en vue de réaliser des rhéostats continus de grande résistance sous un espace restreint. Ce système est décrit dans un des numéros de 1883 de l'*Electricien*.

Appareil portatif pour la mesure rapide de l'isolement des conducteurs. — MM. E. Ducretet et L. Lejeune présentent un appareil de mesure électrique dont le but est la mesure des résistances d'isolement en général.

MM. E. Ducretet et L. Lejeune ne donnent pas l'appareil comme nouveau ; ils le croient cependant intéressant à cause de sa forme pratique, portative et à cause aussi de la grande étendue des mesures qu'il permet d'exécuter et de la précision de ces mesures.

La méthode de mesure employée est la suivante :

On fait passer le courant d'une pile dans une résistance fixe (10 000 ohms), qui sert de résistance de comparaison et dans un galvanomètre ; on note la déviation obtenue. On fait ensuite passer le courant de la même source dans la résistance à mesurer et dans le galvanomètre ; on note la nouvelle déviation. En écrivant que le rapport direct des intensités est égal au rapport inverse des résistances, on a une équation d'où l'on déduit immédiatement la résistance cherchée.

L'appareil est très simple ; il comprend une *boîte de piles* et l'*appareil de mesure proprement dit*.

La boîte de piles est composée de 80 petits éléments secs montés en tension et donnant aux bornes une différence de potentiel d'environ 100 à 110 volts.

L'appareil de mesure proprement dit comprend un galvanomètre avec shunts, la résistance de 10 000 ohms contenue dans la boîte et, sur le couvercle, à portée de la main, un commutateur à fiche, une clef de court-circuit et les bornes d'attache des fils.

Le commutateur à fiche sert à envoyer le courant soit dans la résistance fixe, soit dans la résistance à mesurer.

Le galvanomètre est établi de la manière suivante :

Un barreau aimanté est porté par une tige verticale pouvant osciller entre deux pivots ; le barreau se déplace à la surface d'une lame de cuivre rouge qui sert d'amortisseur ; le montage entre pivots a pour but la suppression des vis calantes, condition qu'on a pu réaliser tout en conservant à l'équipage une très grande mobilité.

La tige verticale porte aussi une aiguille en aluminium qui se déplace devant un cadran divisé ; un miroir facilite les lectures. La graduation est faite expérimentalement et à lecture directe; elle s'écarte peu d'une échelle des tangentes. On n'a donc besoin d'aucune Table.

Pour faciliter la mise au zéro du galvanomètre on l'a monté à centre; l'orientation est ainsi beacoup plus facile que si l'on était obligé de déplacer la boîte; la continuité du circuit est assurée par des contacts frottants.

Le barreau aimanté oscille à l'intérieur de deux bobines plates, juxta-posées, sur lesquelles on enroule le fil dans lequel passe le courant.

Pour faire une mesure on effectue les deux opérations indiquées :

Première opération. — Soit α la déviation obtenue avec un shunt dont le pouvoir multiplicateur est S.

La déviation vraie est $\alpha \times S$, correspondant à une résistance de 10 000 ohms.

Deuxième opération. — Soit α' la déviation obtenue avec un shunt dont le pouvoir multiplicateur est S'.

La déviation vraie est $\alpha' \times S'$, correspondant à la résistance x cherchée; et nous avons

$$x = \frac{\alpha \times S \times 10000}{\alpha' \times S'}.$$

Remarquons, d'ailleurs, qu'il n'est pas nécessaire de refaire à chaque nouvelle mesure le produit $\alpha \times S$; il suffit de s'assurer de temps en temps si ce produit n'a pas varié.

Au point de vue de la sensibilité, l'appareil permet de mesurer jusqu'à 35 mégohms de résistance sans employer l'aimant directeur; avec l'aimant directeur on peut arriver à 75 mégohms et l'on espère, avec quelques per-fectionnements, pouvoir aller jusqu'à 100 mégohms.

Il est, d'ailleurs, facile de se rendre compte que, pratiquement, la résis-tance intérieure de la pile et celle du galvanomètre n'ont pas à intervenir.

L'appareil a été construit pour la Compagnie des chemins de fer de l'Est; MM. E. Ducretet et L. Lejeune adressent en terminant tous leurs remer-cîments à M. Delauzon, ingénieur à cette Compagnie, ainsi qu'à M. Bon-fante, ingénieur au secteur électrique des Champs-Élysées.

Le mouvement des liquides étudié par la Chronophotographie. — M. MAREY a étudié divers mouvements par la Chronophotographie. On peut, par cette méthode, montrer par exemple les lois de la chute des corps. M. Marey fait projeter une série de photographies qui ont permis d'analyser dans certains cas les mouvements des liquides.

Dans le mouvement de *clapotis*, provoqué par l'immersion rythmique d'un morceau de bois dans une cuve formant un canal annulaire, on peut obtenir des ondes stationnaires avec des nœuds et des ventres. La Chrono-photographie donne les positions successives du profil des ondes à la sur-face du liquide. Ce profil affecte la forme d'une trochoïde.

En retirant et en enfonçant une seule fois le morceau de bois dans la cuve on obtient une onde à l'état de translation.

Les mouvements dans l'intérieur du liquide sont également analysés. Pour cela, des perles argentées convenablement lestées sont en équilibre indifférent dans le liquide. Lorsque celui-ci est en mouvement, les trajectoires de ces perles sont indiquées sur les photographies par des séries de points brillants. M. Marey a encore étudié les mouvements intérieurs dans un courant liquide qui rencontre un obstacle. L'obstacle doit opposer peu de résistance au courant lorsque les molécules sont à peine déviées. C'est précisément ce qui se passe lorsque l'obstacle a une forme analogue à celle des poissons. Enfin on peut analyser les mouvements d'un liquide dans le cas d'une chute d'eau avec barrage.

M. GUILLAUME pense qu'il serait intéressant d'essayer de calculer l'effort sur un barrage en tenant compte des divers mouvements qui se produisent dans le liquide.

M. MAREY a fait quelques essais pour analyser les mouvements d'un courant gazeux, mais l'expérience présente de grandes difficultés. Il est difficile d'entraîner sans différence de vitesse avec le gaz les corps en suspension qui doivent servir de repère.

SÉANCE DU 3 NOVEMBRE 1893.

PRÉSIDENCE DE M. LIPPMANN.

La séance est ouverte à 8 heures et demie.
Le procès-verbal de la séance du 21 juillet est lu et adopté.

Le Président annonce à la Société les pertes douloureuses qu'elle a faites pendant les vacances dans les personnes de MM. *Buchin*, Ingénieur à Bordeaux; *Civiale*, Capitaine du génie démissionnaire; *Létang*, ancien préparateur de Physique à la Faculté des Sciences de Paris.

M. le PRÉSIDENT donne lecture du télégramme suivant adressé à la Société par la Section de Physique de la Société physico-chimique russe :

Il n'y a personne en Russie qui ne soit profondément touché par les expressions chaleureuses des sentiments fraternels que témoigne la France entière en ces moments envers nos compatriotes. Nous, membres de la Section de Physique de la Société Physico-chimique russe, envoyons à nos confrères français et à toute la France le témoignage de joie profonde en présence des événements frappants à développer l'évolution des idées de la paix et de la justice indispensables pour le progrès de la Science. Vive la France!

Le Président,
TH. PETROUCHEFSKY.

Au reçu de ce télégramme, M. le SECRÉTAIRE GÉNÉRAL avait envoyé un télégramme de remerciements. — M. le Président, après la séance de ce soir, a répondu en ces termes par un second télégramme :

La Société française de Physique, réunie ce soir, a été vivement émue de votre dépêche. Elle applaudit avec transport à vos sentiments, qu'elle partage, et elle est heureuse de voir les liens de confraternité, qui nous unissent à la Société de Physique russe, fortifiés désormais par la chaleureuse amitié qui lie nos deux nations. Vive la Russie !

Le Président, G. LIPPMANN.

M. ENGEL rappelle qu'il a établi il y a quelque temps que, pour précipiter une molécule d'un chlorure de sa solution saturée à o°, il faut sensiblement, pour les chlorures monovalents, une molécule d'acide chlorhydrique, et pour les chlorures bivalents 2 molécules de cet acide.

En cherchant l'explication de ce phénomène, M. Engel a été amené à rechercher comment varie, avec la concentration, l'abaissement moléculaire du point de congélation des divers chlorures jusqu'à la saturation. Il a observé que, tandis que pour les chlorures monovalents l'abaissement moléculaire reste sensiblement le même et ne varie pour les différents chlorures que de 35 à 4o, cet abaissement augmente de valeur pour les chlorures bivalents et devient sensiblement double de celui des chlorures monovalents.

Ces faits ont la conséquence suivante : Si l'on calcule le nombre de molécules d'eau fixées par une molécule d'un chlorure alcalin ou alcalino-terreux au point de congélation de la solution saturée ou, ce qui revient généralement au même, au point de fusion du mélange réfrigérant du sel considéré et de glace, le produit de ce nombre de molécules d'eau par l'abaissement de la température est sensiblement une constante pour les chlorures alcalins et une autre constante, double de la première, pour les alcalino-terreux. La constante des chlorures alcalins s'obtient également pour les bromures et iodures alcalins. L'abaissement de température du point de congélation de la solution saturée d'un de ces sels est donc sensiblement en raison inverse du nombre de molécules d'eau fixées par une molécule du sel.

Cette relation empirique conduit elle-même à cette conséquence, c'est qu'au point de congélation de la solution saturée des chlorures, bromures et iodures alcalins, il y a une relation entre la solubilité exprimée en nombre de molécules d'eau fixées par une molécule de sel et les poids atomiques des éléments de la molécule. On constate en effet que le nombre de molécules d'eau fixées augmente avec le poids atomique du métal et diminue avec le poids atomique du métalloïde. Le nombre n de molécules d'eau est donné par la formule

$$n = 0{,}90 + 0{,}4885\,\mathrm{M} - 0{,}002211 \times \mathrm{M} \times \mathrm{M}',$$

dans laquelle M est le poids atomique du métal et M' le poids atomique du métalloïde. Si l'on ne considère que les chlorures, la formule devient

$$0,90 + 0,41\,M.$$

Pour plusieurs chlorures bivalents d'une part, pour les chlorure, bromure et iodure d'ammonium, d'autre part, le nombre de molécules d'eau fixées par la molécule du sel au point de congélation de la solution saturée est dans un rapport simple avec celui qu'on calcule à l'aide des formules ci-dessus.

M. Le Chatelier, sans méconnaître l'intérêt des rapprochements signalés par M. Engel, ne croit pas cependant qu'on y puisse voir l'indication d'aucune loi physique définie. Les chiffres qui ont été donnés pour démontrer la constance du produit du nombre de molécules d'eau fixées par la température de congélation varient déjà entre les limites extrêmes

$\frac{1}{2}\,CaCl^2$ .... $19,8$ [1]

AzH^4I .... $17,6$

Les expériences de Guthrie qui ont servi à calculer ces nombres conduisent en réalité à des écarts bien plus grands encore :

$NaCl$ .... $23,1$

$\frac{1}{2}\,BaCl^2$ .. .. $15,1$

Le chiffre donné pour $\frac{1}{2}\,CaCl^2$ devrait lui-même être augmenté si l'on s'en rapporte aux expériences de M. Hammerlt, citées par M. Bakhuis Roozeboom.

Ces rapprochements relatifs aux chlorures seraient-ils plus précis, qu'ils devraient encore être considérés comme accidentels, s'ils ne se retrouvaient pas pour les autres sels. Or le calcul des expériences de Guthrie relatives aux azotates donne des résultats moins concordants encore.

AzO^3Na .... $14,3$

AzO^3Ag .... $6,5$

La seconde loi relative aux abaissements moléculaires dans les solutions saturées ne peut être plus exacte, puisqu'elle n'est qu'un énoncé différent de la première loi. La vérification satisfaisante en apparence qui est fournie par la comparaison des deux sels AzH^4Cl et $CaCl^2$ disparaît si l'on compare d'autres sels, par exemple :

---

[1] Ces chiffres sont ceux de la communication de M. Engel à l'Académie des Sciences; ceux qui ont été donnés à la Société de Physique étaient entachés d'erreurs de calcul dont M. Engel s'est aperçu en les inscrivant au tableau. Le chiffre 20 donné pour $\frac{1}{4}\,BaCl^2$ était beaucoup trop fort; le même chiffre 20 donné pour $NaCl$ était par contre trop faible.

Na Cl abaissement moléculaire.............. 41,7
$\frac{1}{2}$ Ba Cl² » » 28,7

Toutes les expériences faites jusqu'ici sur les solutions un peu concentrées, à commencer par celles de M. Engel sur la précipitation des chlorures par l'acide chlorhydrique, ont montré que les propriétés de ces solutions ne pourraient être reliées à leur concentration que par des formules très complexes, dont aucune d'ailleurs n'est encore même approximativement connue. Il serait nuisible au progrès de la science de laisser s'accréditer l'opinion que quelques-unes de ces relations peuvent être formulées, même d'une façon approchée, en lois aussi simples que celles énoncées par M. Engel.

M. ENGEL répond qu'il a fait, au cours de sa Communication, des réserves expresses et *motivées* au sujet de l'extension à d'autres groupes de sels des relations qu'il vient de signaler; même pour les chlorures, rien, quant à présent, n'explique, par exemple, l'insolubilité de quelques-uns d'entre eux. Quant aux azotates, tous ceux qui s'occupent de ces questions savent que M. Raoult a depuis longtemps signalé les anomalies que présentent la plupart d'entre eux au point de vue de l'abaissement du point de congélation de leurs solutions; l'azotate d'argent, notamment, paraît doubler sa molécule dans les solutions concentrées.

M. Engel ne s'est pas servi exclusivement des expériences de Guthrie, comme le laisserait penser la discussion de M. Le Chatelier; il a constamment cité et utilisé les données de M. de Coppet et d'autres auteurs. Des divergences fort grandes existent souvent entre les expériences des divers expérimentateurs.

C'est ainsi que pour le point de congélation de la solution saturée du chlorure de baryum M. Guthrie trouve le nombre 7,2 et M. Rüdorff 8,7: c'est précisément en citant ces divers nombres, que M. Engel a reconnu une erreur de transcription; d'autre part, le chiffre 20 pour $\frac{1}{2}$ Ba Cl² s'appliquait non à l'abaissement moléculaire, comme le pense M. Le Chatelier, mais à la solubilité d'après les courbes de Gay-Lussac et de Mulder, prolongées jusqu'à — 8,7.

Dans la courte partie objective de sa discussion, M. Le Chatelier relève des écarts notables pour deux sels. Il choisit nécessairement les deux chlorures pour lesquels l'écart est le plus grand; mais il choisit aussi, parmi les données expérimentales, les plus défavorables aux relations signalées par M. Engel. Or, même dans ces conditions, le sens général du phénomène reste le même que pour les autres sels dont il a été question. Cela est surtout manifeste si l'on considère les courbes d'abaissement et de solubilité dans leur ensemble. Ainsi, pour le chlorure de sodium que cite M. Le Chatelier, la courbe de solubilité est une ligne droite, d'après tous les auteurs, depuis + 109° (ébullition) jusqu'à — 12° ou — 15°; ce n'est que pour les 6 à 8 derniers degrés que se manifeste un changement brusque dans la marche de la solubilité. Pareil fait n'a été observé pour aucun autre chlorure. De même la courbe des abaissements du chlorure de sodium reste parallèle à l'axe des abscisses dans presque toute son étendue et ne se relève que vers la fin (saturation). Si l'on prolonge la partie rectiligne de la courbe, toute anomalie disparaît. M. Raoult n'est arrivé à formuler les lois de la cryoscopie qu'en prolongeant ainsi jusqu'à l'origine la partie rectiligne de la plupart des courbes d'abaissement.

M. Le Chatelier trouve trop simples les relations énoncées par M. Engel. L'objection ne paraît pas grave ; la seule question qui puisse être en discussion est de savoir si elles sont exactes. Ce n'est qu'après avoir trouvé des relations simples et approchées dans des cas particuliers, qu'on pourra aborder l'étude du phénomène de la dissolution dans toute sa grande complexité.

M. Lippmann présente des photographies obtenues à l'aide de sa méthode par MM. Lumière (de Lyon).

Il fait observer que, grâce à l'habileté de ces praticiens distingués, l'isochromatisme des plaques, leur préparation, leur sensibilité ont fait des progrès assez sensibles pour que la méthode interférentielle ait pu fournir des *portraits* en quatre minutes d'exposition au soleil.

Pendant la projection de ces portraits, M. Lippmann fait observer, ce qui est une confirmation de sa méthode, que les couleurs ne sont visibles que sous l'incidence de la projection. Dès qu'on sort de cette incidence, on ne voit plus que l'aspect d'un négatif ordinaire, et il est à remarquer que les parties qui donnent du *blanc* par interférences sont justement celles qui sont noires sur ce négatif : ce qui démontre bien la réalité de la production interférentielle des couleurs.

SÉANCE DU 17 NOVEMBRE 1893.

PRÉSIDENCE DE M. LIPPMANN.

La séance est ouverte à 8 heures et demie.
Le procès-verbal de la séance du 3 novembre est lu et adopté.

Sont élus membres de la Société :

MM. Faivre-Dupaigré, Professeur au Lycée Saint-Louis, à Paris.
Dechevrens (Marc R.-F.) S. J., ancien Directeur de l'observatoire de Zi-Ka-Wei (Chine), à Saint-Hélier (île de Jersey).

M. le Secrétaire général annonce que, dans sa séance du 17 mars dernier, la Société d'agriculture et de commerce de Caen a pris l'initiative d'ouvrir une souscription pour ériger le buste de son ancien Secrétaire et Président,

Isidore Pierre. C'est là un hommage mérité, rendu à la mémoire de l'un des chimistes et des agronomes les plus éminents de notre époque.

Les membres de la Société de Physique qui désirent souscrire sont invités à envoyer leur souscription à M. *Gay*, Trésorier de la Société, qui la fera parvenir à la Société d'agriculture et de commerce de Caen.

M. Berget lit une Note de M. Edm. Van Aubel. Dans cette Note l'auteur montre que l'on peut avantageusement se servir du modèle de pont de Wheatstone, construit par M. Carpentier, pour calibrer un fil de pont par la méthode de Carey-Foster, l'une des plus commodes. Il décrit ensuite un appareil très simple qui permet de faire ce calibrage encore plus facilelement par le jeu d'un commutateur spécial.

M. Guillaume présente les résultats de quelques recherches entreprises dans le but de perfectionner la construction des règles étalon destinées aux laboratoires. Jusqu'ici, ces règles se composaient d'un support en bronze pourvu d'une lame d'argent incrustée à la face supérieure ou dans le plan des fibres neutres. Cette incrustation présente des inconvénients, et il est désirable de construire des règles d'une seule pièce; il faut, pour cela, employer un métal d'un prix peu élevé, suffisamment inaltérable, et assez dur pour permettre de recevoir un bon poli et des traits fins. La longueur d'une règle ne doit pas varier avec le temps, et il est de plus désirable que la dilatation soit faible et le module d'élasticité élevé.

Les recherches ont porté sur le bronze phosphoreux, le bronze d'aluminium, le bronze blanc (35 Ni, 65 Cu) et le nickel. Les deux premiers de ces métaux ne sont pas suffisamment inaltérables; le second se raccourcit par l'action d'un recuit à 100°. Le bronze blanc au contraire est moins attaquable que l'argent, et le nickel conserve indéfiniment un beau poli dans l'eau, et même dans la vapeur d'eau bouillante; ces deux métaux se polissent et se tracent admirablement. Leurs modules d'élasticité sont respectivement de 15 500 et 21 700 $\frac{kg}{mm^2}$; leurs dilatations sont données par :

Bronze blanc.... $l_t = l_0(1 + 0,000\,014\,58\,t + 0,000\,000\,006\,6\,t^2)$

Nickel......... $l_t = l_0(1 + 0,000\,012\,58\,t + 0,000\,000\,006\,5\,t^2)$

Le nickel répond à tous les desiderata; malheureusement, il est très difficile d'obtenir des barres parfaitement exemptes de piqûres; en attendant que l'industrie les livre couramment, le bronze blanc rendra des services.

M. Pellat se propose de montrer que la formation des nimbus dans un cyclone ou tourbillon aérien quelconque est due principalement à la détente sensiblement adiabatique qu'éprouve l'air en s'élevant dans l'axe du tourbillon et au refroidissement qui en résulte.

Quoique cette idée paraisse trop simple à M. Pellat pour être neuve, il ne l'a trouvée exposéee dans aucun des ouvrages ou articles sur la Météorologie qu'il a pu consulter.

M. Pellat montre d'abord que la théorie, l'expérience et l'observation sont d'accord pour établir qu'il y a un mouvement ascensionnel de l'air dans l'axe d'un tourbillon à partir du sol. En particulier, il est reconnu d'une façon incontestable que dans un tourbillon, l'air près du sol décrit des spirales de plus en plus rétrécies et aboutit constamment ainsi à l'axe; il ne peut donc ensuite que s'élever suivant cet axe.

M. Pellat, en appliquant les principes de la Thermodynamique, fait le calcul de la condensation de la vapeur dans une masse d'air humide qui se détend. Il présente des tableaux donnant comme résultat de ces calculs le degré de condensation, la température, la pression et l'altitude correspondantes pour des masses d'air partant du sol à la température de 20° pour la pression de 74^{cm} de mercure et ayant divers états hygrométriques. Il résulte de ces tableaux que pour des altitudes relativement faibles la condensation est déjà fort importante. Ce phénomène se reproduisant tant que dure le tourbillon, on conçoit que celui-ci soit toujours accompagné de nuages et de pluie.

M. Pellat fait ensuite remarquer que l'explication de la formation des nuages par le mélange de deux masses d'air à des températures différentes ne peut convenir que dans le cas de nuages extrêmement légers, car la condensation qui peut résulter du mélange est extrêmement faible s'il n'y a pas détente. En outre, par suite de cette faible condensation, la température finale du mélange étant légèrement supérieure à la moyenne arithmétique des températures initiales, le calcul montre que la pression augmente légèrement au lieu de diminuer, comme plusieurs auteurs l'ont indiqué.

M. Angot fait remarquer que la question traitée par M. Pellat a préoccupé depuis longtemps les météorologistes; la solution complète en a été donnée il y a plus de vingt-cinq ans.

Parmi les auteurs qui ont étudié ce problème, on peut citer Sir William Thomson (1862), Peslin (1868), Reye (1872), Hann (1874), sans parler des travaux plus récents de Pernter, Sprung, von Bezold, etc.

Le Mémoire de M. Peslin a été, en particulier, publié *in extenso* dans l'*Atlas météorologique de l'Observatoire de Paris* pour 1867 et dans le *Bulletin de l'Association scientifique de France* (1ᵉʳ semestre de 1868). On y trouve non seulement la formule générale qui correspond à la détente adiabatique de l'air sec ou saturé de vapeur d'eau, mais les diverses applications de cette formule aux mouvements généraux de l'atmosphère, à la décroissance de la température dans la verticale, à l'explication des pluies qui accompagnent la tempête, etc.

Dans les travaux postérieurs, on a développé davantage les idées de Peslin, ou donné des applications numériques plus nombreuses, mais sans rien ajouter d'essentiel.

Calibrage d'un fil;

Par M. Ed. Van Aubel.

La méthode de Carey Foster (¹) pour calibrer un fil est certainement une des plus simples ; comme celle de Strouhal et Barus, elle est indépendante des résistances de passage.

Le pont de Weatstone grand modèle construit par Carpentier (²) permet de calibrer un fil avec la plus grande facilité par la méthode de Carey Foster.

A cet effet, on retirera des godets à mercure du pont les résistances et on enlèvera le commutateur.

En établissant ensuite les communications qui se trouvent indiquées dans la *fig.* 1 (³), on calibrera le fil XY à l'aide du fil EF qui est quelconque.

Fig. 1.

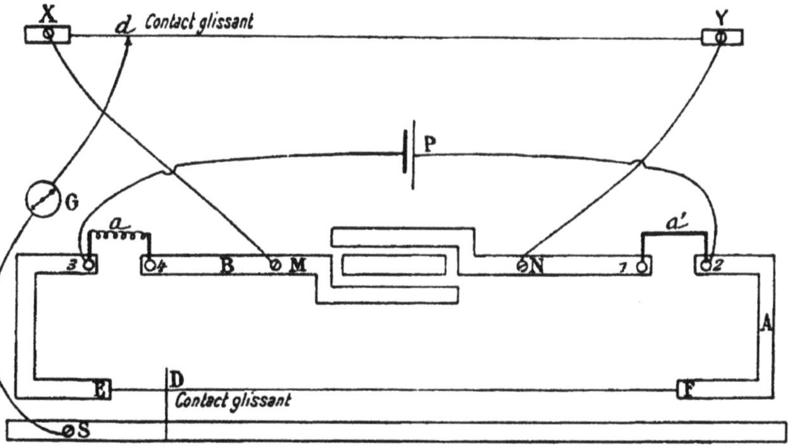

Inversement, on calibrera le fil EF au moyen d'un fil quel-

(¹) Mascart et Joubert, *Leçons sur l'Électricité et le Magnétisme*, t. II, p. 413. G. Wiedemann, *Die Lehre von der Elektricität*, deuxième édition, t. I. p. 421; 1893.

(²) E. Hospitalier, *Traité élémentaire de l'énergie électrique*, t. I, p. 141. Berget et Chappuis, *Leçons de Physique générale*, t. III, p. 413.

(³) Il est très facile de réunir les deux pôles de la pile aux godets 2 et 3, qui peuvent être vissés et dévissés.

conque XY en réunissant cette fois les deux pôles de la pile aux deux bornes M et N.

La résistance a sera constituée par un fil de manganine ([1]), par exemple, et la résistance a' sera un étrier formé d'un gros fil de cuivre.

La méthode consiste à mesurer la différence aa' des deux résistances en longueur du fil à calibrer; l'échange des résistances a et a' se fait avec la plus grande facilité, grâce aux godets de mercure 1, 2, 3, 4.

L'appareil dessiné *fig.* 2 permet d'effectuer ces expériences

Fig. 2.

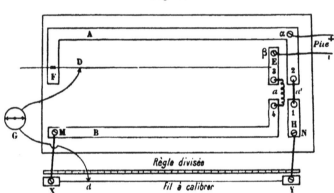

encore plus commodément; il ressemble à celui qu'a décrit G. Wiedemann.

A, B, E, H sont de larges bandes de cuivre. Les deux pôles de la pile sont réunis à α et β. EF est le fil auxiliaire quelconque, XY le fil à calibrer. D et d sont les deux contacts glissants; 1, 2, 3, 4 des godets en cuivre vissés sur les bandes métalliques H, A, E, B et contenant du mercure. Dans ces godets plongent quatre grosses tiges de cuivre C, H, I, K (*fig.* 3), qui pénètrent dans une plaque en ébonite L. Les deux tiges I et H sont réunies par une bande épaisse de cuivre qui forme la résistance a', tandis que les deux

---

([1]) On sait que la résistance électrique de cet alliage ne varie pas sensiblement avec la température.

tiges C et K sont soudées aux extrémités d'un fil de manganine

Fig. 3.

qui est la résistance a. En tournant ce commutateur L, on peut facilement intervertir les résistances a et a'.

Métaux propres à la construction des règles étalons;

Par M. Ch.-Ed. Guillaume.

Les règles de précision construites jusqu'ici sont de deux sortes; les unes, en platine iridié, réunissent tous les avantages métrologiques et confirment entièrement les prévisions de H. Sainte-Claire Deville; mais elles ont le défaut de coûter fort cher; en effet, malgré l'adoption du profil très économique étudié par H. Tresca, une règle de 1^m faite avec cet alliage revient à plus de dix mille francs. Les autres règles, que l'on construit couramment pour le prix de deux ou trois cents francs, ont montré de sérieux défauts qu'il était désirable d'atténuer ou de faire disparaître sans augmenter beaucoup le prix de revient.

La plupart de ces règles se composent d'une barre de laiton ou de bronze portant une bande d'argent ou d'or incrustée, et servant au tracé. Leurs principaux défauts sont : 1° variation avec le temps; 2° attaque de la lame d'or ou d'argent par le mercure, et de cette dernière par les vapeurs chlorées et sulfureuses; 3° défaut de dureté de l'argent.

Les causes de variation avec le temps ne sont point encore complètement isolées; mais il est prouvé que, dans le cas d'une incrustation en or, la lame et le support ont un certain degré d'indépendance qui produit des variations irrégulières de la lame. Il n'est pas démontré que la même cause agit dans le cas d'une lame d'argent; mais la possibilité de cette action subsiste, et il est désirable de construire les règles étalons d'une seule pièce.

Les recherches qui font l'objet de cette Note ont été entreprises dans le but de trouver un métal permettant d'éviter les défauts que je viens de signaler.

Conditions à remplir. — Le métal cherché doit remplir les conditions suivantes : prix relativement peu élevé, ce qui exclut les métaux employés à la construction des étalons de premier ordre, et limite aux métaux et alliages industriels; dureté et facilité de polissage; invariabilité de longueur avec le temps ou sous l'influence de recuits modérés; résistance à l'eau et aux agents chimiques ordinaires des laboratoires; pour les règles de grandes dimensions, module d'élasticité élevé. La condition d'invariabilité excluait les alliages contenant du zinc, c'est-à-dire les laitons et maillechorts.

Métaux étudiés. — Mes recherches ont porté sur les métaux suivants :

Nickel (barre coulée et rabotée); *bronze blanc* (35 Ni et 65 Cu; barre coulée et rabotée); *bronze d'aluminium* 10 pour 100 (barres coulées et fraisées); *bronze phosphoreux* (barre coulée et ajustée à la lime). Je m'étais proposé aussi d'étudier le ferro-nickel, qui s'était montré d'abord assez réfractaire à l'action de l'eau et des acides; mais une petite plaque de cet alliage qui était restée dans l'eau, à des températures comprises entre 0° et 40°, et en contact avec un morceau de laiton, se couvrit d'une épaisse couche de rouille; cette rouille était superficielle, et le métal bien essuyé paraissait très peu attaqué; mais son emploi n'en est pas moins rendu impossible par son peu de résistance à l'action de l'eau, et son étude a été suspendue; je crois néanmoins qu'il y aurait grand avantage à remplacer l'acier par le ferro-nickel dans une foule de cas; beaucoup plus inattaquable que l'acier, plus dur et deux fois plus rigide que le bronze, il conviendrait particulièrement à la construction des axes, des tourillons, etc., qu'il permettrait d'alléger considérablement.

Mes recherches ont porté sur l'élasticité, la dilatation et l'action du recuit à 100°; le travail d'atelier, pour lequel M. Carpentier a bien voulu me prêter son concours, a donné lieu à quelques remarques qui seront consignées plus loin.

Élasticité.

Je me suis servi, pour la mesure du module d'élasticité, d'un appareil monté autrefois par M. Benoît. La règle à essayer était placée sur deux rouleaux et chargée en son milieu de poids croissants; on déterminait, au cathétomètre, la flèche et l'écrasement des supports. Les mesures ont été faites dans deux positions à angle droit des règles, et pour des longueurs différentes. Les résultats très concordants de ces mesures ont montré que le métal de toutes ces barres était suffisamment homogène; les résultats moyens sont les suivants :

	Module d'élasticité en $\frac{kg}{mm^2}$.
Bronze d'aluminium, barre n° 1..........	10400
» » n° 2..........	10700
Bronze blanc.......................	15500
Nickel................................	21700

Des mesures comparatives sur deux espèces d'acier ont donné :

Acier au manganèse..................	22000
Acier au tungstène..................	24300

D'autre part, M. Benoît avait trouvé pour le bronze phosphoreux 12600, et pour le platine iridié pur des valeurs un peu inférieures à 20000, tandis que le platine iridié du Conservatoire avait donné un résultat voisin de 21500. On voit que le nickel dépasse ces valeurs.

Après que les barres en bronze blanc et en nickel eurent été étirées à froid, leur module d'élasticité devint respectivement 15700 et 21800 $\frac{kg}{mm^2}$.

Dilatation et recuit.

Après avoir poli de petites surfaces sur les quatre règles en nickel, bronze blanc, bronze d'aluminium et bronze phosphoreux, j'y traçai des traits distants d'un peu moins d'un mètre, de telle sorte que leur comparaison à diverses températures avec un mètre en platine iridié donnât des écarts positifs et négatifs; puis les règles furent comparées à huit températures différentes à la règle n° 17 en platine iridié du Conservatoire. Les coefficients de dilatation ainsi trouvés étaient les suivants :

$$\text{Ni}\dots\dots\dots\dots\dots\dots\dots \quad \alpha =(12\,580 + 6,5\,t)10^{-9},$$
$$\text{Bb}\dots\dots\dots\dots\dots\dots\dots \quad \alpha =(14\,580 + 6,6\,t)10^{-9},$$
$$\text{Ba}\dots\dots\dots\dots\dots\dots\dots \quad \alpha =(16\,237 + 5,2\,t)10^{-9},$$
$$\text{Bp}\dots\dots\dots\dots\dots\dots\dots \quad \alpha =(16\,350 + 8,8\,t)10^{-9}.$$

On a fait ensuite trois séries de comparaisons de chacune des Règles avec [17] au voisinage de 5°, puis on les a enfermées dans une étuve où elles ont été soumises, pendant deux heures, à la température de 100° dans un courant de vapeur d'eau.

Les Règles Ni et Bb furent comparées à [17], et remises dans l'étuve où toutes les règles furent ramenées cinq fois à 100°, et refroidies entre les recuits. Enfin la Règle Ni fut soumise à une aimantation passagère par contact avec l'inducteur d'une dynamo. Les résultats de toutes ces mesures réduits à 5° sont donnés ci-après :

Règles.	Avant le recuit.	Après deux heures à 100°.	Après cinq recuits à 100°.	Après aimantation.
Ni — [17].......	$-93^{\mu},6$	$-93^{\mu},7$	$-93^{\mu},9$	$-93^{\mu},3$
Bb — [17].......	$-29,8$	$-31,5$	$-31,9$	
Ba — [17].......	$-131,4$		$-136,3$	
Bp — [17].......	$-109,1$		$-108,8$	

On voit que la Règle Ni s'écarte au maximum de $0^{\mu},3$ de la première valeur; ces écarts ne dépassent pas les limites des erreurs d'observation; la Règle Bb montre un raccourcissement de 2^{μ}, la Règle Ba s'est raccourcie de 5^{μ}, tandis que la Règle Bp n'a pas varié.

L'état des surfaces a donné lieu aux remarques suivantes :

Avant l'étuve : Ni et Bb, surfaces parfaitement brillantes. Ba, une surface à peu près intacte, l'autre mouchetée; on voit, sur divers points de la règle quelques granules blanchâtres paraissant sortir du métal. Bp, forte patine, surfaces irisées et peu réfléchissantes.

Après l'étuve : Ni, surfaces intactes ; quelques dépôts qu'on enlève avec de l'acide chlorhydrique. Bb, surfaces à peu près intactes, quelques taches verdâtres ; légère sulfuration au contact du caoutchouc. Ba, très tachée ; l'une des surfaces complètement noircie. Bp, les traits se voient à peine sur les surfaces complètement noircies.

J'ajouterai que le bronze blanc s'amalgame lorsqu'il séjourne pendant plusieurs heures dans le mercure ; un contact peu prolongé le laisse indemne.

Conclusions de l'étude métrologique.

Le bronze d'aluminium et le bronze phosphoreux sont impropres à la construction des règles avec tracé direct.

Le bronze blanc peut servir à construire des règles avec tracé sur le métal lui-même ; cependant la sulfuration et la chloruration sont à craindre, et de plus les règles devraient, avant l'étude, être soumises à un recuit modéré. Le module d'élasticité, quoique très supérieur à celui des bronzes ordinaires, est encore un peu trop faible pour la construction des règles d'une grande longueur.

Le nickel réunit tous les avantages métrologiques.

Travail du métal.

Les diverses barres étudiées avaient été amenées à leur forme définitive par un travail d'atelier, au cours duquel on avait remarqué ce qui suit :

Nickel. — Métal de la dureté du fer, un peu gras ; se tourne bien, mais se fraise mal ; il prend un beau poli et se trace bien ; la barre coulée contient de nombreuses piqûres.

Bronze blanc. Moins dur et plus *gras* que le nickel ; travail analogue ; se polit et se trace bien ; la barre coulée est parfaitement saine.

Bronze d'aluminium. — Métal sec et grenu, très dur ; se travaille bien à la fraise et au tour ; beau poli ; l'une des barres est parfaitement saine; l'autre est piquée à la surface, l'intérieur est sain.

Bronze phosphoreux. — Possède les propriétés du bronze ordinaire, avec un peu plus de dureté.

Au point de vue spécial de la préparation de la barre, le nickel était le plus désavantageux; cependant les avantages métrologiques qu'il possède sur les autres métaux seraient suffisants pour compenser une légère différence de prix qui pourrait en résulter.

J'ai dit que la barre sur laquelle ont porté mes essais avait de nombreuses piqûres. Un étirage à froid en fit disparaître une partie, mais la barre sortit de ce traitement tellement craquelée qu'il fallut enlever une forte couche superficielle pour atteindre un noyau sain. Il n'est pas impossible d'obtenir du nickel exempt de piqûres, car nous avons eu l'occasion d'examiner des tiges ou des lames de ce métal ne présentant pas le moindre défaut; malheureusement les usines ne livrent pas encore à coup sûr des barres absolument saines; en attendant, le bronze blanc peut rendre de bons services. La Société genevoise pour la construction d'instruments de Physique a déjà, sur nos indications, entrepris la fabrication de ces règles. Nous avons eu au Bureau international l'occasion d'examiner un étalon en H d'un alliage par parties égales de nickel et de cuivre; son module d'élasticité est de $17300 \frac{kg}{mm^2}$; il est d'un très bel aspect et constitue déjà un progrès réel sur les règles que l'on fabriquait il y a quelques années.

SÉANCE DU 1ᵉʳ DÉCEMBRE 1893.

PRÉSIDENCE DE M. LIPPMANN.

La séance est ouverte à 8 heures et demie.
Le procès-verbal de la séance du 17 novembre est lu et adopté.

Sont élus membres de la Société :

MM. HALE (George), Directeur de l'observatoire de Chicago (États-Unis);
DE KOWALSKI (Joseph), Professeur à l'Université de Fribourg (Suisse);
WEISS, attaché au Laboratoire de Physique de l'École Normale supérieure à Paris.

M. le Secrétaire général annonce à la Société qu'un donateur qui désire garder l'anonyme fait don à la Bibliothèque d'une série d'ouvrages anciens et modernes relatifs à la Physique et à ses applications.

Il fait connaître, en outre, que M. le Commandant Defforges, pendant son voyage d'Amérique, a fait envoyer à la Société, grâce à ses efforts dévoués, les principales publications relatives à la Physique qui paraissent aux Etats-Unis; il annonce enfin que MM. Gauthier-Villars et fils ont fait gracieusement hommage à la Société de 400 exemplaires du Catalogue, en plus de ceux imprimés antérieurement.

Sur la loi des états correspondants pour les mélanges de liquides, par M. J. DE KOWALSKI. — M. Duclaux a démontré en 1876 qu'en mettant dans deux liquides qui ne se mélangent point un troisième liquide qui se dissout dans les deux, il se forme un liquide homogène qu'on nomme *solution ternaire.*

Une dizaine d'années plus tard Alexeïew a démontré que deux liquides qui ne se mélangent pas à la température ordinaire forment un liquide homogène à une température élevée.

Dans sa Communication, M. de Kowalski essaye de démontrer l'analogie qui existe, d'une part entre l'élévation de température dans le cas signalé par Alexeïew, et, d'autre part, l'action du troisième liquide, qu'il nomme *liquide actif,* dans le premier cas.

Soient deux liquides (*a*) et (A), qui ne se mélangent pas entre eux; mais chacun d'eux peut se mélanger en toutes proportions avec un troisième liquide *e* (liquide actif). Dans ce cas il existe une certaine quantité *q*, la plus petite du liquide (*e*), qui, ajoutée à l'unité de masse du liquide (*a*) et à (*m* — 1) unité de masse du liquide (A) produit alors un liquide homogène; une quantité plus petite du liquide actif ne peut le faire.

Soient *u* le volume de la masse *q* du liquide actif, *v* le volume d'un gramme du liquide (*a*) et V le volume d'un gramme du liquide (A); dans ce cas, le volume orthobarique d'un gramme du liquide (*a*) dissous dans (*c*) + (A) est

$$w = v + (m-1)V + u.$$

Cette équation est exacte si nous ne tenons pas compte de la diminution du volume pendant le mélange. On sait qu'il existe une certaine quantité Q du liquide actif qui, additionnée à l'unité de masse du liquide (*a*), lui permet de se mélanger en toutes proportions avec le liquide (A). L'auteur appelle cette quantité du liquide actif la *quantité critique* du mélange complet de deux liquides (*a*) et (A), par analogie à la dénomination de température critique lors du mélange de deux liquides.

Après avoir introduit l'idée de la quantité critique Q, on pourra y étendre les notions d'unités spécifiques, de quantités correspondantes, etc. On pourra même chercher à savoir si l'analogie signalée s'étend jusqu'aux lois trouvées par M. van der Waals pour les températures critiques et les états correspondants.

M. de Kowalski a tâché de répondre à cette question en se basant sur les expériences de M. H. Pfeiffer.

Dans ces expériences on ne trouve pas de données sur le volume du mélange répondant à la quantité Q; par conséquent il a exécuté le calcul d'une manière analogue à celle adoptée par M. Natanson.

Ces calculs donnant une réponse affirmative, M. de Kowalski croit donc qu'il y a lieu de s'arrêter à la conclusion suivante, et d'y attacher certaine vraisemblance :

L'équation caractéristique d'un système composé de n corps différents est indépendante de la nature de ces corps, pourvu que les paramètres soient exprimés en unités spécifiques.

M. ABRAHAM a étudié la mesure des coefficients d'induction, par comparaison avec une résistance et un temps. On peut difficilement dépasser le centième par les méthodes balistiques. On augmente déjà la sensibilité en renouvelant périodiquement les impulsions, ce qui produit une déviation permanente. Mais on peut faire de très bonnes mesures en se servant d'un galvanomètre différentiel qui permet de compenser cette déviation permanente.

L'auteur n'a pas trouvé ce procédé décrit dans les Traités, tandis qu'on y indique une méthode tout à fait parallèle pour la mesure des capacités.

I. *Coefficients d'induction propre.* — L'artifice du galvanomètre différentiel a été combiné avec la méthode classique du pont de Wheatstone, avec accumulation des impulsions instantanées.

L'auteur donne quelques nombres pour montrer que la concordance des mesures atteint le millième :

Deux bobines ont pour coefficient d'induction propre

$$0^{\text{henry}},05810 \quad \text{et} \quad 0^{\text{henry}},05512$$

et leur source, mesurée directement, est trouvée égale à

$$0^{\text{henry}},11318 \quad \text{au lieu de} \quad 0^{\text{henry}},11322.$$

II. *Coefficients d'induction mutuelle.* — Un commutateur tournant envoie n fois par seconde le courant induit de fermeture dans le premier circuit du galvanomètre; on établit l'équilibre à l'aide du second circuit. On arrête ensuite le commutateur et l'on met le circuit induit en dérivation sur une résistance r du circuit inducteur. Si l'équilibre du galvanomètre n'est pas troublé, on peut dire que la résistance r agit comme la résistance apparente $n M$ et l'on a, abstraction faite d'une correction peu importante,

$$M = \frac{1}{n}\, r.$$

La méthode ne demande donc *qu'une* résistance bien connue r pour laquelle on peut prendre un ohm étalon.

Cette méthode a été utilisée pour l'étude de la réciprocité des coefficients d'induction mutuelle. La relation $M_I^{II} = M_{II}^I$ s'est trouvée très exactement satisfaite *quand le champ ne contenait pas de fer*. On a trouvé, par exemple, pour deux solénoïdes de même axe

$$M^{II} = 0,04966 \quad \text{et} \quad M_{II}^I = 0,04968,$$

mais ces mêmes bobines, ayant été pourvues d'un noyau de fer doux, ont donné

$$M_I^{II} = 0,5290, \quad M_{II}^I = 0,5504$$

et l'on a trouvé encore les mêmes valeurs en doublant l'intensité du courant inducteur ([1]).

Quoique l'écart soit faible, il paraît bien supérieur aux erreurs possibles des mesures. L'expérience rapportée indique donc que la relation $M_I^{II} = M_{II}^I$ n'est plus nécessairement exacte si le champ n'est pas magnétiquement homogène. Toutefois la théorie et l'expérience établissent que si l'un des circuits est un solénoïde indéfini, les coefficients M_I^{II} et M_{II}^I ont *une même valeur* indépendante de la présence des masses de fer à l'extérieur du solénoïde.

L'auteur termine en faisant observer qu'il a pu se servir avantageusement comme différentiel d'un galvanomètre Thomson à deux paires de bobines.

Sur la loi de l'unité Thermodynamique;

Par M. Joseph de Kowalski.

M. Gibbs a démontré qu'on peut, à l'aide des deux principes de Thermodynamique, à savoir : *l'énergie du monde est constante et l'entropie du monde augmente*, trouver l'état d'équilibre d'un système hétérogène de corps, pourvu que l'on connaisse par expérience l'équation dite *caractéristique* du système. Cette équation se réduit, dans le cas où le système n'est formé que d'un seul corps, à la loi qui relie la pression avec le volume et la température. La loi de *Mariotte* n'était que la première approximation d'une telle équation.

([1]) Le champ magnétisant maximum était de $\frac{1}{10}$ CGS.

Les travaux inoubliables de Regnault ont démontré que cette loi n'est pas assez exacte pour exprimer la relation voulue. On en a proposé d'autres, et c'est surtout M. van der Waals qui doit être nommé ici ; son équation caractéristique donnée sous la forme

$$\left(p - \frac{a}{v^2}\right)(v - b) = RT$$

exprimait avec beaucoup d'approximation les faits donnés par l'expérience. Mais des mesures exactes, plus récentes, ont démontré que cette loi n'est aussi qu'une approximation. Ainsi nous pouvons dire que nous ne connaissons pas de loi tout à fait exacte nous donnant une équation caractéristique. Je croirais même qu'il serait inutile de vouloir exprimer cette équation sous forme algébrique finie.

Ce sont, en outre, des questions que l'expérience seule peut résoudre dans l'avenir, et comme l'équation caractéristique est la clef du problème de l'équilibre des corps, on ne saurait trop accentuer l'importance des travaux exacts nous donnant cette équation; mais il me semble que, dans l'état actuel de la Science, il est surtout utile d'étudier les propriétés générales des équations caractéristiques des corps, indépendamment des formes spéciales qu'on pourrait donner à ces équations. Comme telle j'apprécie la propriété suivante : *L'équation caractéristique d'un système de n corps différents, entre n + 3 paramètres, est indépendante de la nature de ces corps pourvu que les paramètres soient exprimés en unités spécifiques.*

Dans ce qui suit, je me propose d'étudier une classe de faits qui augmentent la vraisemblance avec laquelle on pourrait admettre la propriété ci-dessus énoncée, comme loi générale.

M. Duclaux a démontré, en 1876, qu'en mettant dans deux liquides qui ne se mélangent point un troisième liquide qui se dissout dans les deux, il se forme un liquide homogène, qu'on nomme *solution ternaire*. Une dizaine d'années plus tard Alexeïew a démontré que deux liquides qui ne se mélangent pas à la température ordinaire forment un liquide homogène à une température élevée.

Je veux maintenant démontrer l'analogie qui existe, d'une part, entre l'élévation de température dans le cas signalé par Alexeïew et, d'autre part, l'action du troisième liquide que je nomme *liquide actif,* dans le premier cas. En se reportant aux importants travaux sur les mélanges de M. Orme Masson et de M. L. Natanson, on peut en tirer des conclusions fort intéressantes.

Soient deux liquides, (a) et (A), qui ne se mélangent pas entre eux, mais dont chacun peut se mélanger en toutes proportions avec un troisième liquide (c) (liquide actif).

Dans ce cas il existe une certaine quantité q, minimum du liquide actif c, qui, ajoutée à l'unité de masse du liquide (a) et à $(m-1)$ unités de masse du liquide (A), produit un liquide homogène; une quantité plus petite du liquide actif ne peut le faire.

Soient

u le volume de la masse q du liquide actif;

v le volume de 1^{gr} du liquide (a);

V le volume de 1^{gr} du liquide (A).

Dans ce cas, le volume orthobarique de 1^{gr} du liquide (a) dissous dans $(c)+(A)$ est

$$w = v + (m-1)V + u.$$

Cette équation est exacte si nous ne tenons pas compte de la diminution du volume pendant le mélange. On sait qu'il existe une certaine quantité Q du liquide actif, qui, additionnée à l'unité de masse du liquide (a), lui permet de se mélanger en toutes proportions avec le liquide (A).

Nous allons appeler cette quantité du liquide actif *la quantité critique* du mélange complet des deux liquides (a) et (A), par analogie à la dénomination de *température critique,* lors du mélange des deux liquides. Après avoir introduit l'idée de la quantité critique Q, on pourra y étendre les notions d'unités spécifiques, de quantités correspondantes, etc. Nous pourrons même chercher à savoir si l'analogie signalée s'étend jusqu'aux lois trouvées par M. van der Waals pour les températures critiques et les états correspondants. J'ai tâché de répondre à cette question, en me basant sur les expériences de M. H. Pfeiffer. Dans ces expériences on ne trouve pas de données sur le volume du mélange répondant à la quantité Q; par conséquent, j'ai exécuté le calcul d'une manière analogue à celle adoptée par M. Natanson. Je prends un corps (a) comme normal et je calcule la proportion du volume orthobarique qui répond à la quantité $\frac{q}{Q}$ de ce corps et du volume orthobarique d'autres corps avec la même quantité donnée $\frac{q}{Q}$; cette proportion doit être indépendante de la quantité du corps actif, si la loi des états correspondants est démontrée.

Les résultats de ces calculs sont donnés dans les Tableaux suivants :

I. Quantités U en centimètres cubes d'alcool éthylique qui, ajoutées à 1^{cc} d'un des corps suivants, lui permettent de se mélanger avec l'eau en toutes proportions :

1. Formiate de propyle.................... U = 6,83
2. Formiate de butyle .... U = 8,00
3. Acétate de propyle .... U = 7,83
4. Propionate de méthyle................. U = 2,67
5. Propionate d'éthyle .... U = 7,66
6. Propionate de propyle................. U = 17,66
7. Butyrate de méthyle................... U = 8,00
8. Butyrate d'éthyle..................... U = 17,00
9. Valérate de méthyle (corps normal)..... U = 13,33

II. $\frac{q}{Q}$ quantités du liquide actif, exprimées en unités spécifiques; w volume orthobarique du liquide (a); μ rapport avec le volume orthobarique du corps normal.

	$(\alpha)\ \frac{q}{Q} = 0,250.$		$(\beta)\ \frac{q}{Q} = 0,375.$		$(\gamma)\ \frac{q}{Q} = 0,500.$	
1....	$w = 4,64$	$\mu = 0,58$	$w = 6,85$	$\mu = 0,56$	$w = 9,44$	$\mu = 0,55$
2....	$w = 5,94$	$\mu = 0,76$	$w = 8,92$	$\mu = 0,73$	$w = 12,15$	$\mu = 0,74$
3....	$w = 6,38$	$\mu = 0,82$	$w = 9,71$	$\mu = 0,80$	$w = 13,29$	$\mu = 0,78$
4....	»	»	$w = 3,45$	$\mu = 0,27$	»	»
5....	$w = 5,28$	$\mu = 0,67$	$w = 7,77$	$\mu = 0,64$	$w = 10,84$	$\mu = 0,64$
6....	$w = 10,22$	$\mu = 1,31$	$w = 16,20$	$\mu = 1,33$	$w = 22,88$	$\mu = 1,34$
7....	$w = 5,32$	$\mu = 0,68$	$w = 8,21$	$\mu = 0,67$	$w = 11,48$	$\mu = 0,67$
8....	$w = 9,99$	$\mu = 1,29$	$w = 15,83$	$\mu = 1,30$	$w = 22,27$	$\mu = 1,31$

$(\delta) \dfrac{q}{Q} = 0,625.$		$(\varepsilon) \dfrac{q}{Q} = 0,750.$		$(\zeta) \dfrac{q}{Q} = 0,875.$	
$w = 12,33$	$\mu = 0,65$	»	»	$w = 20,90$	$\mu = 0,59$
$w = 15,88$	$\mu = 0,71$	$w = 20,00$	$\mu = 0,70$	$w = 25,27$	$\mu = 0,70$
$w = 17,45$	$\mu = 0,80$	$w = 22,07$	$\mu = 0,80$	$w = 27,33$	$\mu = 0,77$
»	»	$w = 7,17$	$\mu = 0,25$	»	»
$w = 14,28$	$\mu = 0,65$	$w = 18,24$	$\mu = 0,64$	$w = 23,18$	$\mu = 0,64$
$w = 30,36$	$\mu = 1,35$	$w = 39,07$	$\mu = 1,37$	$w = 49,83$	$\mu = 1,38$
$w = 15,38$	$\mu = 0,68$	$w = 19,93$	$\mu = 0,70$	$w = 26,55$	$\mu = 0,73$
$w = 29,56$	$\mu = 1,32$	$w = 38,22$	$\mu = 1,31$	$w = 48,85$	$\mu = 1,34$

Les expériences de M. Pfeiffer ont été conduites dans un but
différent du nôtre et sont très incomplètes : nous pouvons nous
en persuader en remarquant les irrégularités des courbes obtenues
par la représentation graphique de ses résultats. Les diminutions
des volumes des mélanges n'ont pas été non plus prises en considération. Il nous semble donc qu'il y a lieu de nous arrêter à la
conclusion suivante, et d'y attacher une certaine vraisemblance :
*La loi de la correspondance thermodynamique subsiste encore
dans le cas des mélanges ternaires.*

Sur la mesure des coefficients d'induction ([1]);

Par M. H. Abraham.

Lorsqu'on détermine un coefficient d'induction en le comparant à une résistance et un temps, on atteint difficilement le
centième avec le galvanomètre balistique. On augmente déjà la
sensibilité et la précision en renouvelant périodiquement les impulsions, ce qui produit une déviation permanente.

Je me propose de montrer qu'on peut aller plus loin, en se servant
d'un *galvanomètre différentiel* qui permet de compenser cette
déviation. *Les mesures se font alors très aisément au centième,
et peuvent fournir le millième sans grande difficulté.*

([1]) Ce travail a été fait au laboratoire de Physique de l'École Normale supérieure.

COEFFICIENTS D'INDUCTION MUTUELLE.

1. Dispositif. — Les communications nécessaires sont établies par un commutateur tournant, que figurent les clefs K, K' (*fig.* 1), et dont on règle la vitesse par un procédé stroboscopique. On envoie dans le premier circuit du galvanomètre différentiel la décharge induite que provoque *n* fois par seconde l'établissement du courant inducteur. L'effet des impulsions périodiques est compensé en faisant traverser le deuxième circuit par un courant continu fourni par la même pile.

Fig. 1.

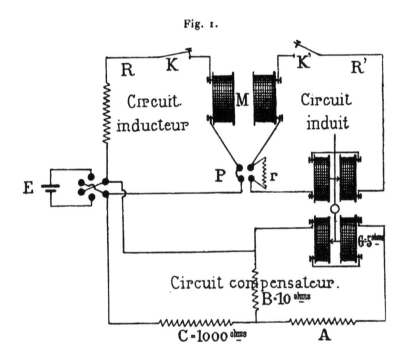

On arrête alors le commutateur, et, au moyen des godets de mercure P, le circuit induit est mis en dérivation sur une résistance *r* du circuit inducteur.

On substitue ainsi aux décharges successives un nouveau courant continu. Si l'équilibre du galvanomètre n'est pas troublé, on pourra dire que la résistance réelle *r* équivaut à la résistance fictive *n*M par laquelle les deux circuits étaient tout d'abord en relation; et l'on écrira, en faisant abstraction de toute correction,

$$M = \frac{1}{n}r.$$

Il n'est donc nécessaire de connaître avec précision que la seule résistance r : cette résistance sera constituée par un ohm étalon.

Ce mode d'emploi du galvanomètre différentiel, analogue à une double pesée, élimine bien des causes d'erreur. Il n'est pas nécessaire de connaître la constante du galvanomètre; les variations de la pile sont aussi sans influence, puisque à chaque instant c'est la même force électromotrice qui actionne les deux circuits.

M. Brillouin a indiqué autrefois ([1]) une méthode assez voisine de celle-ci, mais dans laquelle on devait mesurer les déviations simultanées de deux galvanomètres.

2. Formule complète. — Le circuit induit se compose de l'étalon r, du galvanomètre et de la bobine induite; nous désignons sa résistance par $R' + r$. La résistance *totale* de l'inducteur étant R et la force électromotrice de la pile E, le courant induit moyen aura pour valeur

$$I_1 = n\,M\,\frac{E}{R(R'+r)}.$$

Lorsque, dans la seconde expérience, la résistance r est commune aux deux circuits, le courant dérivé dans le galvanomètre a pour expression

$$I_2 = \frac{E\,r}{R\,r + R'r + RR'}.$$

L'égalité $I_1 = I_2$ s'écrira donc

$$\frac{n\,M}{R(R'+r)} = \frac{r}{R\,r + R'r + RR'},$$

d'où

$$M = \frac{1}{n}\,r\,\frac{R(R'+r)}{R\,r + R'r + RR'}.$$

Indiquons de suite une simplification. Dans nos mesures R (inducteur) était de l'ordre de 1000^{ohms}, R' (induit) de l'ordre de 100^{ohms}, r de l'ordre de 1^{ohm}. A moins de $\frac{1}{100000}$ près, la fraction $\frac{R(R'+r)}{R\,r + R'r + RR'}$ peut donc

---

être réduite à $\dfrac{R}{R+r}$, ce qui donne

$$M = \frac{1}{n}\, r\, \frac{R}{R+r}.$$

Ceci posé, il est bien certain qu'en faisant une mesure on ne s'astreindra pas à changer l'étalon r ou la vitesse n jusqu'à rendre I_2 rigoureusement égal à I_1. La période et l'étalon étant donnés, il sera plus aisé de modifier la résistance A du circuit compensateur A, B, C (*fig.* 1) pour rétablir l'équilibre. A prend donc des valeurs inégales A_1, A_2 pour les deux expériences, et l'on voit sans peine que l'on doit écrire

$$M = \frac{1}{n}\, r\, \frac{R}{R+r}\, \frac{BC + B(A_2 + G) + C(A_2 + G)}{BC + B(A_1 + G) + C(A_1 + G)}.$$

Comme les résistances C et A sont l'une de 1000^{ohms}, l'autre variable, mais du même ordre; que, de plus, B vaut 10^{ohms}; en ne commettant qu'une erreur inférieure au $\frac{1}{10000}$, la dernière fraction peut être remplacée par

$$\frac{A_2 + G + B}{A_1 + G + B}.$$

D'où la formule définitive

$$M = \frac{1}{n}\, r\, \frac{R}{R+r}\, \frac{A_2 + G + B}{A_1 + G + B}.$$

3. Voici maintenant quelques détails d'installation :

La pile. — Quand on interrompt le courant inducteur, le débit total de la pile diminue d'autant; sa force électromotrice utile remonte donc légèrement. Il serait illusoire de tenir compte d'une telle variation; il faut la rendre absolument insensible. On y arrive en prenant une pile de résistance intérieure très faible : une grande pile bouteille ou, mieux, un accumulateur.

Le galvanomètre différentiel. — C'est un galvanomètre Thomson (Carpentier n° 631-7) à quatre bobines de gros fil. Le couple des bobines supérieures forme l'un des circuits, les bobines inférieures constituent l'autre.

On réalise ainsi un galvanomètre différentiel très sûr et très sensible. Je le crois supérieur aux instruments dont les deux fils sont enroulés côte à côte sur une même monture; ou dont les bobines, se faisant vis-à-vis, agissent en sens inverse sur les mêmes aimants.

Enfin, c'est en renversant le courant de la pile que l'équilibre du galvanomètre est constaté. Ceci permet, non seulement de doubler la sensibilité, mais surtout d'éliminer les déplacements du zéro.

Le commutateur tournant. — Cet instrument a servi pour des recherches antérieures ([1]). J'en reproduis succinctement la description.

Représenté schématiquement (*fig.* 1) par les clefs K et K', il est formé de deux bagues en *laiton demi-rouge* portées par des cylindres d'ébonite, montés eux-mêmes directement sur l'axe d'une machine Gramme d'un cheval ([2]). Une de ces bagues sert pour l'inducteur, l'autre pour l'induit. Chacune tourne entre deux frotteurs (*fig.* 2 et 3). Elle est en communication permanente avec

Fig. 2.   Fig. 3.

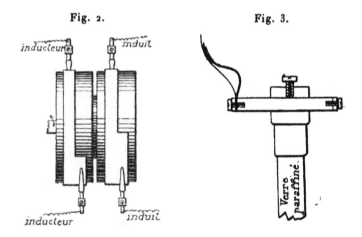

l'un d'eux, et se sépare de l'autre pendant une fraction de tour, grâce à une échancrure convenable.

([1]) *Sur une nouvelle détermination du rapport v* (*Ann. de Chim. et de Phys.*, t. XXVII, p. 433; 1892).

([2]) Pour que le galvanomètre ne soit pas influencé par la marche du moteur, ces deux appareils ont été éloignés de plus de six mètres; les fils de communication sont supportés par des isolants en verre.

Les communications sont établies dans l'ordre suivant :

1" Fermeture de l'induit;
2" Fermeture de l'inducteur;
3° Ouverture de l'induit;
4° Ouverture de l'inducteur.

De cette manière, on sépare le courant induit direct du courant inverse et l'on ne recueille que ce dernier.

Il est bon de ne pas mettre le galvanomètre en *court circuit* pendant le courant induit direct, car les forces électromotrices thermo-électriques inévitables causent alors des courants nuisibles.

Pour que le commutateur fût bien centré, il avait été tourné sur place. Il doit être visité avant chaque série d'expériences, car de mauvaises surfaces de contact avec les frotteurs causent des grippements qui, *brusquement,* rendent les contacts illusoires.

Stroboscopie. — Sur le conseil de M. Brillouin, j'ai adopté le dispositif de la *fig.* 4. La source de lumière est le filament *recti-*

Fig. 4.

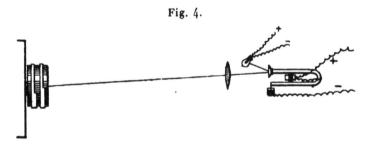

ligne d'une lampe à incandescence. Le diapason vibrant est muni d'un miroir plan. A l'aide de ce miroir et d'une lentille fixe on projette, au niveau de l'axe, sur le système tournant, l'image du filament incandescent. Quand le diapason vibre, ce trait lumineux se déplace et éclaire la partie centrale pendant un instant à chaque oscillation simple.

Sur la partie mobile on a centré un disque (*fig.* 5) dont les couronnes concentriques ont respectivement 1, 3, 4, ..., 8 secteurs noirs sur fond blanc. On rend la vitesse du moteur *aussi ré-*

gulière que celle du diapason en s'arrangeant de manière que l'une des couronnes paraisse immobile; il suffit pour cela d'agir à la main sur l'axe : ce réglage est extrêmement facile.

Le diapason est entretenu électriquement; on a accepté, pour sa période, la valeur trouvée par le constructeur, M. Kœnig : 72 vibrations simples par seconde.

Le commutateur faisait le plus souvent douze tours par seconde. Il convient de ne pas opérer avec des vitesses beaucoup plus considérables. On risquerait, en effet, de ne pas laisser au courant

Fig. 5.

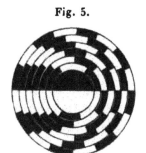

inducteur le temps de s'établir, et de ne pas permettre au courant induit de s'éteindre complètement.

Il faut, en effet, que la durée du contact soit bien supérieure à la constante de temps $\frac{L}{R}$ du circuit induit, qui atteint aisément plusieurs millièmes de seconde. Les contacts doivent donc durer *plusieurs centièmes de seconde;* et il serait imprudent de trop dépasser les vitesses employées. Si les coefficients d'induction sont un peu forts, il est essentiel d'augmenter la résistance de l'induit pour réduire sa constante de temps $\frac{L}{R}$.

Sensibilité. Précision. — Les valeurs des résistances indiquées conviennent à la mesure de coefficients d'induction inférieurs à un Henry (10^9 C.G.S.). On a toujours soin de choisir la résistance R du circuit inducteur de manière que la déviation du galvanomètre soit d'environ 500^{mm} de l'échelle, quand le circuit compensateur est ouvert. Or la compensation se fait au dixième de division; l'incertitude d'une lecture isolée est donc largement inférieure au millième.

· J'estime, d'autre part, que le diapason entretenu électriquement peut subir des variations de cet ordre, en sorte que la précision des expériences dépasserait difficilement le $\frac{1}{1000}$.

4. Contrôles. — On a commencé par s'assurer que le circuit inducteur n'agissait pas directement sur les aimants du galvanomètre : il n'y avait aucune déviation en renversant ce courant alors que le circuit induit était ouvert.

L'induction des fils de communication était négligeable. Pour l'établir, on a cherché à mesurer le coefficient d'induction mutuelle des deux circuits en mettant successivement en court circuit : 1° la bobine inductrice; 2° la bobine induite; 3° ces deux bobines à la fois. Pour ces contrôles le courant inducteur avait été décuplé et le commutateur lancé à toute vitesse. Si l'on supprimait alors les courts circuits, la tache lumineuse était violemment projetée hors de l'échelle. Cependant, en l'absence des bobines, la déviation n'atteignait pas le quart de millimètre.

APPLICATIONS DE LA MÉTHODE.

5. J'ai appliqué la méthode qui vient d'être indiquée à la vérification de la réciprocité des coefficients d'induction. Admettons que les équations du régime variable de deux courants, 1 et 2, soient de la forme

$$E_1 = i_1 R_1 + L_1 \frac{di_1}{dt} + M_{II}^{I} \frac{di_2}{dt},$$

$$E_2 = i_2 R_1 + L_2 \frac{di_2}{dt} + M_{I}^{II} \frac{di_1}{dt},$$

où les coefficients d'induction L_1, L_2, M_{I}^{II}, M_{II}^{I} sont des constantes. Multiplions respectivement ces équations par $i_1\, dt$, $i_2\, dt$ et ajoutons, il vient

$$E_1 i_1\, dt + E_2 i_2\, dt - R_1 i_1^2\, dt - R_2 i_2^2\, dt$$
$$= \left(L_1 i_1 + M_{I}^{II} i_2\right) di_1 + \left(M_{II}^{I} i_2 + L_2 i_1\right) di_1.$$

Or le premier membre représente l'énergie élémentaire (électrique et calorifique) fournie à l'ensemble des deux circuits. En admettant, encore, qu'il n'y ait pas d'autre énergie mise en jeu, le second membre doit être une différentielle exacte, ce qui entraîne l'unique relation

$$M_I^{II} = M_{II}^I.$$

S'il existe donc des coefficients d'induction mutuelle définis, c'est-à-dire indépendants des intensités, le principe de la conservation de l'énergie exige que le coefficient d'induction du premier circuit sur le second soit égal au coefficient d'induction du second sur le premier.

Voici une première expérience où l'on emploie deux solénoïdes concentriques *sans noyau de fer* :

$R = 1500$ ohms, $\qquad C = 1000$ ohms, $\qquad B = 10$ ohms, $\qquad G = 5$ ohms.

Induction de I sur II.		*Induction de II sur I.*	
$n = 12$	$A_1 = 1533,$	$= 12$	$A_1 = 2865,$
$r = 0,6$	$A_2 = 1523,$	$r = 0,6$	$A_2 = 2848,$
$M_I^{II} = 0^{\text{Henry}},04966,$		$M_{II}^I = 0^{\text{Henry}},04968.$	

La concordance est bonne.

6. Bobines contenant du fer. — La démonstration de la relation

$$M_{II}^I = M_I^{II}$$

ne suppose rien sur l'homogénéité du champ magnétique. Elle suppose seulement qu'*il existe* des coefficients d'induction. Dans le cas où le champ contient du fer, cela veut dire que le courant inducteur doit être d'assez faible intensité pour que le fer soit soumis à une force magnétisante correspondant à la partie rectiligne de la courbe d'aimantation.

Les coefficients d'induction étant beaucoup augmentés par la présence du fer, il ne faut pas oublier d'accroître la résistance de l'induit pour réduire sa constante de temps $\frac{L}{R}$ (§ 3).

Si l'on néglige cette précaution, on trouve, par exemple, pour les deux bobines dont il s'agit

$$M_I^{II} = 0^H,5433, \qquad M_{II}^I = 0^H,5683 \ (^1).$$

(¹) Et l'on peut en conclure à tort la non-réciprocité des coefficients d'induction pour des bobines contenant du fer (*Comptes rendus*, t. CXVII, p. 624; 1893).

Ces valeurs qui diffèrent de 4 pour 100 sont toutes deux *trop faibles*. En doublant la résistance de l'induit les valeurs trouvées deviennent quasi identiques

$$M_I^{II} = 0,5767, \qquad M_{II}^{I} = 0,5762,$$

et ne changent plus quand on augmente à nouveau la résistance.

Il fallait en outre s'assurer *expérimentalement* que le champ inducteur (¹) ne dépassait pas la limite au-dessous de laquelle l'aimantation du fer reste proportionnelle au courant. On a donc à peu près doublé ce champ. Les coefficients d'induction ne devaient pas varier, on a trouvé effectivement

$$M_I^{II} = 0^{\text{Henry}},5763.$$

Quand on atteint des forces magnétisantes de l'ordre de 0,1 C.G.S., il n'y a plus, à proprement parler de coefficient d'induction et les nombres M que l'on obtient doivent croître en même temps que le champ, puisque l'aimantation du fer croît tout d'abord *plus vite* que la force magnétisante.

On a, en effet, trouvé pour un autre couple de solénoïdes

$$M = 0^{\text{Henry}},1991 \qquad 0^{\text{Henry}},2000 \qquad 0^{\text{Henry}},2012 \qquad 0^{\text{Henry}},2053$$

pour des forces magnétisantes respectivement proportionnelles à

$$1 \qquad 1,821 \qquad 3,589 \qquad \text{et} \qquad 10,17$$

et dont la première valait 0,16 C.G.S.

7. J'ai multiplié les vérifications de la relation $M_{II}^{I} = M_I^{II}$; signalons encore les suivantes :

a. Petite bobine de 500 tours traversée par une âme de fils de fer doux formant circuit magnétique *fermé*. On place tout ce système dans un grand solénoïde. Les nombres trouvés sont

$$M_I^{II} = 0,1984, \qquad M_{II}^{I} = 0,1986.$$

(¹) Les deux bobines ont, l'une 3263 tours, l'autre 3272 tours, pour une même longueur de 48ᶜᵐ,5 avec des rayons moyens de 5ᶜᵐ,45 et 2ᶜᵐ,49. Le courant est fourni par *un* accumulateur et la résistance totale est tout d'abord de 5100ᵒʰᵐˢ. Avec ces données, on trouve pour valeur du champ 0,03 C.G.S environ.

b. Dans cette mesure l'une des bobines est un solénoïde très long, l'autre est une bobine plate entourant la première, une armature de fer est placée dans l'espace annulaire qui les sépare. On obtient

$$M_I^{II} = 0,01900, \qquad M_{II}^I = 0,01897.$$

Pour passer du cas de l'expérience à celui d'un solénoïde indéfini, il y aurait lieu de faire une correction pour les extrémités. En déplaçant le solénoïde on trouve une correction *assez incertaine* de $+0,00040$. Il faut donc remplacer les nombres ci-dessus par

$$0,01940 \quad \text{et} \quad 0,01937.$$

Ce dispositif a ceci de particulier que *le* coefficient d'induction mutuelle doit être indépendant de la présence du fer ([1]). En supprimant l'armature de fer doux, on trouve en effet

$$M = 0,01947.$$

L'écart est acceptable à cause de l'incertitude du terme correctif.

c. Prenant encore pour bobine intérieure un solénoïde très allongé on a successivement employé comme bobine extérieure deux enroulements de dimensions identiques formés d'un égal nombre de tours d'un fil de même diamètre ([2]). L'un des appareils est en fil de cuivre, l'autre en *fil de fer recuit.*

Les résultats sont :

	Henry
Bobine de fer..............	$M_I^{II} = 0,005613$
»	$M_{II}^I = 0,005617$
Bobine de cuivre..........	$M = 0,005610$

La constante M n'a donc pas été altérée par la présence du fer *même quand le courant circule dans le fer lui-même.*

Mais il n'en doit plus être ainsi quand la bobine de fer ou de cuivre *est à l'intérieur* du solénoïde indéfini. Dans ce cas les coefficients M_I^{II}, M_{II}^I, relatifs à un même couple de bobine doivent être égaux, mais ils doivent changer par la substitution de la bobine de cuivre à la bobine de fer. On a trouvé

Bobine de fer.......	$M_I^{II} = 0,05797$	$M_{II}^I = 0,05800$;

([1]) Si le solénoïde indéfini est inducteur, le résultat est bien naturel puisque le fer ne s'aimante pas. Dans le cas contraire, le fer est aimanté, mais, ainsi que M. Pellat a bien voulu me le signaler, il équivaut à un ensemble de courants qui *n'entourent pas* le solénoïde indéfini et sont, par suite, sans action sur lui.

([2]) 2366 spires en fil de 1^{mm}.

ces valeurs sont bien égales, mais elles diffèrent notablement de celle que donne la bobine de cuivre

$$M = 0,03678.$$

COEFFICIENTS D'INDUCTION PROPRE.

8. Méthode. — Trois des branches d'un pont de Wheatstone sont sans induction, la quatrième contient la bobine étudiée L (*fig.* 6).

Fig. 6.

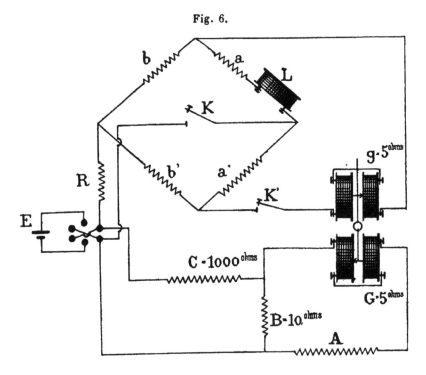

Ce pont est réglé pour un courant permanent; c'est le premier circuit du galvanomètre différentiel qui sert à constater l'équilibre. Le commutateur tournant, figuré par les clefs K et K', envoie n fois par seconde le courant induit de fermeture dans ce galvanomètre, que l'on ramène au zéro au moyen du courant compensateur.

On arrête alors le commutateur et l'on dérègle légèrement le pont en augmentant d'une certaine quantité r la résistance de la bobine L. Si l'équilibre n'est pas troublé, on peut dire que la résistance r a agi comme la résistance fictive nL et écrire la formule réduite

$$n\,\text{L} = r.$$

Soient a, a', b, b' les résistances des branches principales du pont, g celle du galvanomètre, R celle de la pile. L'induction à mesurer appartient à la branche a; c'est aussi à a qu'on *ajoute* r dans la seconde expérience; toutes les autres portions du circuit sont supposées dénuées d'induction. Nous désignerons enfin par A_1 et A_2 les valeurs de A correspondant aux deux équilibres. La formule complète est

$$\frac{n\,\text{L}}{r}\left\{1 + \frac{r[\,\text{R}(ag+ab+a'b)+a'b(a+a'+b)+a'g(a+b)]}{[b(a+a')+g(a+b)][\text{R}(a+a')+a'(a+b)]}\right\}$$
$$= \frac{\text{C}(A_2+\text{G})+\text{B}(A_2+\text{G})+\text{BC}}{\text{C}(A_1+\text{G})+\text{B}(A_1+\text{G})+\text{BC}}.$$

Mais on peut la simplifier.

Tout d'abord, en n'opérant qu'avec un pont symétrique, on aura

$$a = a', \qquad b = b'.$$

De plus, dans les expériences dont je rends compte, r était toujours de l'ordre de 1^{ohm}; comme on faisait R et b de l'ordre de 1000^{ohms} et que g valait 5^{ohms}, quelle que fût la valeur de a (qui variait entre 50^{ohms} et 200^{ohms}), on ne commettait qu'une erreur bien inférieure au $\frac{1}{1000}$ en adoptant la formule plus simple

$$\text{L} = \frac{1}{n}\, r\, \frac{2a+g}{2a+g+r}\, \frac{A_2+\text{B}+\text{G}}{A_1+\text{B}+\text{G}}.$$

La méthode n'exige donc bien *qu'une seule* résistance r connue en valeur absolue, les autres résistances ne figurant que dans des termes correctifs. Si l'on *diminue* de r' la résistance a' au lieu *d'augmenter* de r la résistance a, on doit employer la formule

$$\text{L} = \frac{1}{n}\, r'\frac{a'}{a}\, \frac{2a+g}{2a+g-r'}\, \frac{A_2+\text{B}+\text{G}}{A_1+\text{B}+\text{G}}.$$

Le réglage du pont doit être très soigné; un rhéostat à corde permet de l'effectuer au dix-millième d'ohm. Comme il faut aussi se mettre en garde contre les forces électromotrices thermo-électriques et contre les variations de température qui dérèglent le pont, on doit s'astreindre à opérer assez vite.

9. Contrôles. — Après avoir vu que les différents circuits n'influençaient le galvanomètre ni par action directe sur l'aimant, ni par induction mutuelle, on a établi que les inductions propres, autres que celle qu'il s'agissait de mesurer, n'avaient aucune influence sensible sur les expériences ([1]).

Pour le montrer on a essayé de mesurer l'induction propre d'un fil de maillechort très fin replié quatre fois sur lui-même et valant 100 ohms pour une longueur d'environ 60^{cm}. On a trouvé zéro.

Comme l'induction cherchée était pratiquement nulle, cette expérience montre bien que l'induction propre des branches du pont, si elle existe, n'ajoute aucune induction apparente à celle que l'on veut mesurer.

10. Mesures.

10. Mesures. — A titre de justification générale de la méthode, j'ai mesuré l'induction propre d'une même bobine en faisant varier les branches b et b' du pont, en modifiant aussi la résistance r', et en changeant la vitesse du commutateur. Avec les constantes

$$R = C = 1000 \text{ ohms}, \qquad B = 10 \text{ ohms}, \qquad G = g = 5 \text{ ohms},$$
$$a = a' = 171 \text{ ohms},$$

on a eu

Pour $b = b' = 100$ ohms et $r' = 3$ ohms. $\qquad$ Pour $b = b' = 1000$ ohms et $r' = 4$ ohms.

$n = 12$,	$n = 14,4$,	$n = 12$,	$n = 14,4$,
$A_1 = 2659$ ohms,	$A_1 = 2213$ ohms,	$A_1 = 3634$ ohms,	$A_1 = 3023$ ohms,
$A_2 = 2578$ ohms,	$A_2 = 2578$ ohms,	$A_2 = 2626$ ohms,	$A_2 = 2626$ ohms,
$L = 0^{Henry},\mathbf{2445}$,	$L = 0^{Henry},\mathbf{2446}$,	$L = 0^{Henry},\mathbf{2446}$,	$L = 0^{Henry},\mathbf{2443}$.

Sur un autre appareil j'ai constaté que la valeur de L ne changeait pas avec l'intensité du courant. Ayant fait varier R de 1000 à 1500 et 2000 ohms, j'ai obtenu pour L les valeurs

$$0^{Henry},11318, \qquad 0^{Henry},11318, \qquad 0^{Henry},11325,$$
$$\text{Moyenne}\ldots\ldots\ldots 0^{Henry},11318.$$

([1]) On a évité d'utiliser les bobines de 5000 et 10000 ohms dont la *capacité* aurait pu commencer à être gênante. Dans toutes les expériences de ce travail la capacité des bobines étudiées a été absolument négligeable en comparaison de leur induction propre et de leur conductibilité. Ainsi l'une de nos bobines, qui est de $0^{Henry},1$ et de 30 ohms débiterait plus qu'un condensateur de *cent microfarads,* alors que sa capacité ne saurait dépasser le centième de microfarad, comme j'ai pu m'en assurer ultérieurement.

L'appareil en question est formé de deux bobines à peu près pareilles (diamètre intérieur 2^{cm}, hauteur 2^{cm}, épaisseur 2^{cm}) dont chacune a environ 1500 tours de fil. Elles se faisaient suite dans le circuit, et l'on avait eu soin de les éloigner l'une de l'autre, en les orientant de manière à ne plus leur laisser d'induction mutuelle. Le coefficient d'induction propre du système devait alors être égal à la somme des coefficients d'induction propre des deux bobines.

Ces derniers coefficients, mesurés directement, se trouvaient valoir

$$0^{Henry},05810, \qquad 0^{Henry},05512,$$

dont la somme

$$0^{Henry},11322$$

est pratiquement identique à la valeur précédente

$$0^{Henry},11318.$$

11. Toutes les vérifications numériques se font ainsi au millième. L'ensemble de ces contrôles et la concordance générale des mesures me semblent donc prouver, en résumé, que la méthode du galvanomètre différentiel est susceptible de donner de bonnes mesures absolues tant pour les coefficients d'induction propre que pour les coefficients d'induction mutuelle.

SÉANCE DU 15 DÉCEMBRE 1893.

PRÉSIDENCE DE M. LIPPMANN.

La séance est ouverte à 8 heures et demie.
Le procès-verbal de la séance du 1er décembre est lu et adopté.

Est élu Membre de la Société :

M. LEFEBVRE (Pierre), Professeur au Lycée de Douai.

M. le SECRÉTAIRE GÉNÉRAL annonce qu'il a reçu un Mémoire de M. BANDSEPT intitulé : *Sur certains phénomènes observés avec la combustion rationnelle du gaz*, et que, sur l'avis de la Commission du *Bulletin*, ce Mémoire sera inséré *in extenso* dans le *Bulletin des séances*.

On procède à l'élection de la Commission des comptes : MM. BORDET, POIRÉ, POLLARD, membres sortants de cette Commission, sont réélus.

Cas paradoxal de réflexion cristalline; par M. E. Carvallo. —
1. Le fait paradoxal signalé par M. Carvallo est la réflexion de la lumière
à la surface de séparation de deux milieux qui ont le même indice de
réfraction. Que dans un cristal de spath d'Islande on taille une face AB
perpendiculaire à l'axe cristallographique X; qu'on le plonge dans un
liquide dont l'indice de réfraction soit égal à celui de l'onde plane extraordinaire qui se propage à 45° de l'axe X; qu'on fasse arriver une onde
lumineuse normale à SI, à 45° de l'axe X, l'onde extraordinaire se propagera, sans déviation, dans la direction IR₁, prolongement de SI; et si
l'on a eu soin de polariser la lumière perpendiculairement au plan d'incidence, ce rayon extraordinaire sera le seul à se propager dans le cristal : le rayon ordinaire disparaît. On pourrait croire que, dans ces conditions, toute la lumière pénètre dans le cristal. Il n'en est rien. Les
formules montrent qu'une partie de la lumière se réfléchit.

2. M. Carvallo établit en effet, pour le cas étudié, les équations de la
réflexion cristalline, dans la théorie de M. Sarrau, et il trouve pour le
rapport des amplitudes des vibrations réfléchies et incidentes

$$\frac{\tau'}{\tau} = +\,0,0576.$$

Pour comparer ce nombre à celui que donne le rayon ordinaire du
spath, il suppose maintenant la lumière polarisée dans le plan d'incidence
et il trouve pour le rapport des amplitudes du rayon réfléchi au rayon
incident

$$\frac{-t'}{t} = +\,0.0546.$$

Il arrive ainsi à cette conclusion assez étrange :

*A 45° de l'axe cristallographique du spath d'Islande, le rayon
ordinaire, qui a un indice de réfraction ($n = 1,65837$, $v = 1,56440$)
notablement différent de celui du liquide où plonge le cristal est un
peu moins fortement réfléchi que le rayon extraordinaire, qui a exactement le même indice que le liquide.*

3. *Vérification expérimentale.* — Sur la plate-forme d'un goniomètre,
on dispose une cuve rectangulaire DEFG (*fig.* 1), de façon que les
faces DE, EF soient perpendiculaires aux axes optiques HX et HY du
collimateur et de la lunette préalablement disposés à angle droit. Dans
cette cuve repose un prisme de spath ABC taillé de façon que l'axe soit
perpendiculaire à la face BC. On oriente le prisme de façon que l'image
de la fente du collimateur vienne se faire sur le réticule de la lunette
placée à 90° du collimateur. Enfin on remplit la cuve d'un liquide ayant
la densité voulue $v = 1,5654$.

Avec une flamme de sodium, on observe encore une faible lumière réfléchie. Si maintenant on place un polariseur entre le collimateur et le prisme, on constate que la quantité de lumière réfléchie ne varie pas sensiblement quand on fait tourner le polariseur dans sa monture, ce qui montre que le rayon ordinaire et le rayon extraordinaire sont à peu près également réfléchis.

Fig. 1.

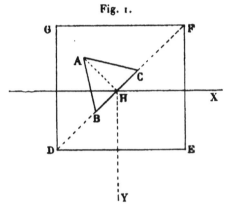

La section principale du polariseur est réglée à 45° de celle du prisme. Un analyseur, placé entre le prisme et la lunette, permet d'éteindre l'image réfléchie. Un calcul simple permet de déduire de l'azimut d'extinction le rapport $-\dfrac{t'}{t} : \dfrac{\tau'}{\tau}$, lequel doit avoir pour valeur $\dfrac{0,0546}{0,0576} = 0,948$. Malheureusement les quantités de lumière réfléchie étant très faibles, la flamme de sodium ne permet pas d'obtenir des mesures précises. Il y a une indécision d'environ 5° sur la position d'extinction de l'analyseur. Tout ce qu'on peut constater, c'est que le plan de polarisation a tourné environ de 90° par le fait de la réflexion. L'angle de la vibration réfléchie avec la section principale du prisme est donc voisin de 45°, et il est ainsi vérifié que les quantités de lumière réfléchie sont sensiblement égales pour le rayon ordinaire et pour le rayon extraordinaire.

Le Soleil devait me fournir une lumière plus facile à observer, étant beaucoup plus intense. Cette lumière, il est vrai, n'est pas homogène, et les calculs ci-dessus ne s'y appliquent pas; mais j'ai pensé qu'il devait se produire ici, comme dans la polarisation rotatoire, un phénomène analogue à celui de la teinte sensible. L'expérience a justifié cette prévision : on ne peut pas obtenir l'extinction; mais, de part et d'autre de la position de l'analyseur qui éteint la lumière jaune, l'image de la fente du collimateur se colore, soit en rouge, soit en bleu. Ce phénomène rend la méthode sensible.

On a trouvé pour la valeur du rapport précédent

$$-\frac{t'}{t} : \frac{\tau'}{\tau} = 0,952 \quad \text{(observé)}$$

Cas paradoxal de réflexion cristalline; par M. E. Carvallo. —
1. Le fait paradoxal signalé par M. Carvallo est la réflexion de la lumière
à la surface de séparation de deux milieux qui ont le même indice de
réfraction. Que dans un cristal de spath d'Islande on taille une face AB
perpendiculaire à l'axe cristallographique X; qu'on le plonge dans un
liquide dont l'indice de réfraction soit égal à celui de l'onde plane extraordinaire qui se propage à 45° de l'axe X; qu'on fasse arriver une onde
lumineuse normale à SI, à 45° de l'axe X, l'onde extraordinaire se propagera, sans déviation, dans la direction IR_1, prolongement de SI; et si
l'on a eu soin de polariser la lumière perpendiculairement au plan d'incidence, ce rayon extraordinaire sera le seul à se propager dans le cristal : le rayon ordinaire disparaît. On pourrait croire que, dans ces conditions, toute la lumière pénètre dans le cristal. Il n'en est rien. Les
formules montrent qu'une partie de la lumière se réfléchit.

2. M. Carvallo établit en effet, pour le cas étudié, les équations de la
réflexion cristalline, dans la théorie de M. Sarrau, et il trouve pour le
rapport des amplitudes des vibrations réfléchies et incidentes

$$\frac{\tau'}{\tau} = +0,0576.$$

Pour comparer ce nombre à celui que donne le rayon ordinaire du
spath, il suppose maintenant la lumière polarisée dans le plan d'incidence
et il trouve pour le rapport des amplitudes du rayon réfléchi au rayon
incident

$$\frac{-t'}{t} = +0.0546.$$

Il arrive ainsi à cette conclusion assez étrange :

*A 45° de l'axe cristallographique du spath d'Islande, le rayon
ordinaire, qui a un indice de réfraction* ($n = 1,65837,\ \nu = 1,56440$)
*notablement différent de celui du liquide où plonge le cristal est un
peu moins fortement réfléchi que le rayon extraordinaire, qui a exactement le même indice que le liquide.*

3. *Vérification expérimentale.* — Sur la plate-forme d'un goniomètre,
on dispose une cuve rectangulaire DEFG (*fig.* 1), de façon que les
faces DE, EF soient perpendiculaires aux axes optiques HX et HY du
collimateur et de la lunette préalablement disposés à angle droit. Dans
cette cuve repose un prisme de spath ABC taillé de façon que l'axe soit
perpendiculaire à la face BC. On oriente le prisme de façon que l'image
de la fente du collimateur vienne se faire sur le réticule de la lunette
placée à 90° du collimateur. Enfin on remplit la cuve d'un liquide ayant
la densité voulue $\nu = 1,5654$.

Avec une flamme de sodium, on observe encore une faible lumière
réfléchie. Si maintenant on place un polariseur entre le collimateur et le
prisme, on constate que la quantité de lumière réfléchie ne varie pas sensiblement quand on fait tourner le polariseur dans sa monture, ce qui
montre que le rayon ordinaire et le rayon extraordinaire sont à peu près
également réfléchis.

Fig. 1.

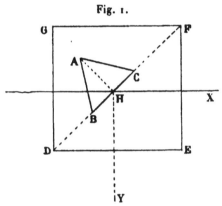

La section principale du polariseur est réglée à 45° de celle du prisme.
Un analyseur, placé entre le prisme et la lunette, permet d'éteindre l'image
réfléchie. Un calcul simple permet de déduire de l'azimut d'extinction le
rapport $-\dfrac{t'}{t} : \dfrac{\tau'}{\tau}$, lequel doit avoir pour valeur $\dfrac{0,0546}{0,0576} = 0,948$. Malheureusement les quantités de lumière réfléchie étant très faibles, la flamme
de sodium ne permet pas d'obtenir des mesures précises. Il y a une indécision d'environ 5° sur la position d'extinction de l'analyseur. Tout ce
qu'on peut constater, c'est que le plan de polarisation a tourné environ
de 90° par le fait de la réflexion. L'angle de la vibration réfléchie avec la
section principale du prisme est donc voisin de 45°, et il est ainsi vérifié
que les quantités de lumière réfléchie sont sensiblement égales pour le
rayon ordinaire et pour le rayon extraordinaire.

Le Soleil devait me fournir une lumière plus facile à observer, étant
beaucoup plus intense. Cette lumière, il est vrai, n'est pas homogène, et
les calculs ci-dessus ne s'y appliquent pas; mais j'ai pensé qu'il devait se
produire ici, comme dans la polarisation rotatoire, un phénomène analogue
à celui de la teinte sensible. L'expérience a justifié cette prévision : on ne
peut pas obtenir l'extinction; mais, de part et d'autre de la position de
l'analyseur qui éteint la lumière jaune, l'image de la fente du collimateur
se colore, soit en rouge, soit en bleu. Ce phénomène rend la méthode sensible.

On a trouvé pour la valeur du rapport précédent

$$-\frac{t'}{t} : \frac{\tau'}{\tau} = 0,952 \quad \text{(observé)}$$

au lieu de

$$0,948 \quad \text{(calculé)}.$$

La différence 0,004 entre ces deux nombres correspond à une erreur de 0°,7 sur la position de l'analyseur. Cette vérification doit être regardée comme satisfaisante.

Charge électrostatique à distance. — Transport de l'électricité à travers l'air; par M. Hurmuzescu. — Lorsqu'on a une machine électrostatique qui reste amorcée en circuit ouvert (c'est-à-dire lorsque la distance des électrodes est plus grande que la plus grande distance explosive que peut donner la machine) et que sur l'une des électrodes on met une pointe métallique, si l'on observe un électroscope sensible à feuilles d'or placé à une certaine distance : 1ᵐ ou 2ᵐ, on voit les feuilles d'or s'écarter progressivement jusqu'à une valeur maximum.

Si à ce moment on supprime le champ électrostatique en fermant le circuit de la machine et en ne la faisant plus tourner, l'écartement des feuilles après avoir diminué un peu (disparition de l'induction) reste stationnaire.

La vitesse avec laquelle se charge l'électroscope dépend de la distance à laquelle se trouve la pointe métallique, qui produit cette déperdition ou plutôt le vent électrique; elle est d'autant plus grande que la pointe est plus près de l'électroscope et que la différence de potentiel de la machine est plus grande.

La charge maximum dépend encore d'une certaine direction de la pointe par rapport à l'électroscope, elle est de même nature, comme signe d'électrisation, que celle de la pointe.

Lorsque la pointe est électrisée négativement la déperdition est plus grande. Le phénomène ne peut être dû qu'à la déperdition par la pointe et à la convection par les molécules de l'air, qui viennent frapper directement le bouton métallique de l'électroscope. En effet, si l'on entoure le bouton de l'électroscope d'un isolant parfait, tout le reste de l'appareil étant dans une cage métallique, ce phénomène n'a plus lieu. Il peut se produire un petit écartement des feuilles d'or de l'électroscope, dû à l'influence de l'isolant qui s'est chargé lui-même par convection; mais il disparaît quand on enlève l'isolant, si l'on a pris bien la précaution de protéger par un écran métallique tout le reste de l'électroscope et son support isolant.

On fait l'expérience avec une machine Wimshurst sur l'une de ses électrodes on met une pointe métallique non oxydée et à une distance de 2ᵐ ou 3ᵐ devant la machine et suivant la direction de la pointe un électroscope à feuilles d'or, sensible.

On éloigne les deux électrodes de la machine de manière qu'il n'y ait pas d'étincelles en faisant tourner la machine; après deux tours de manivelle on aperçoit les feuilles diverger et avec une dizaine de tours la charge maximum est atteinte.

L'isolant employé pour le support de cet électroscope a la propriété de bien isoler joint celle de pouvoir se travailler à la lime et au tour et gagner un très joli poli. Il est formé de soufre et de paraffine, mais il y a quelques précautions à prendre, pour avoir de bons résultats ; M. Hurmuzescu, dans une prochaine séance, présentera quelques appareils d'électrostatique faits avec cette nouvelle substance, et donnera plus de détails sur la manière de l'obtenir.

M. BERGET présente une expérience relative à la persistance des impressions lumineuses : trois tiges brillantes étant plantées perpendiculairement au plan d'un disque tournant, aux trois sommets d'un triangle équilatéral, l'œil aperçoit, pendant le mouvement, deux barres noires immobiles ; le phénomène n'est en aucune façon stroboscopique, car il est indépendant de la vitesse. M. Berget en donne l'explication suivante :

Chaque barre, dans chacune de ses positions, envoie à l'œil une ligne lumineuse, de sorte que, grâce au mouvement, l'observateur a la sensation d'un cylindre lumineux continu, excepté aux points où l'une des deux barres passe devant l'autre : pour ces positions, il y a minimum de lumière, et l'œil croit voir une ligne noire par contraste : c'est en effet ce qui a lieu.

Si cette théorie est exacte, en mettant sur le disque quatre barres au lieu de trois, il y a trois positions pour lesquelles il y a occultation, au lieu de deux ; on devra donc voir trois barres noires fixes, et, d'une manière générale, s'il y a n barres, on doit voir pendant le mouvement $(n - 1)$ lignes noires ; c'est ce que l'expérience démontre ; M. Berget projette le phénomène à la lumière oxhydrique.

M. Pellin projette des photographies envoyées par M. MACH fils à M. Joubert. Trois de ces photographies représentent l'onde aérienne produite par une balle de fusil.

Une autre est la photographie de l'onde sonore produite par une étincelle électrique.

Deux se rapportent à un jet d'air qui dans l'une est photographié directement et dans l'autre modifie la forme des franges d'interférence donnée par un appareil de Jamin à lames épaisses.

Ces deux photographies montrent des phénomènes périodiques indiquant la présence d'un mouvement vibratoire dans la veine gazeuse.

Sur certains phénomènes observés avec la combustion rationnelle du gaz;

Par M. A. Bandsept.

Pour obtenir une combustion complète, exempte de fumée, il faut reproduire les conditions déterminantes du processus naturel. Or, celui-ci veut que le combustible se rapproche, le plus possible, par ses propriétés physiques, de celles du gaz avec lequel il doit s'unir. Dès lors, le combustible doit être gazéifié, pour que sa combinaison avec l'oxygène puisse s'opérer rapidement. Il est, de plus, nécessaire que le combustible et le comburant soient amenés à se combiner en proportions définies, de façon que chaque élément de l'un rencontre la quantité exacte de l'autre requise pour parfaire sa saturation.

On n'arrive à ce résultat qu'en faisant, au préalable, le mélange de gaz et d'air ou d'oxygène, ce qui, d'ailleurs, est le seul moyen de le rendre intime.

Le procédé envisagé consiste donc dans la formation préalable de mélanges intimes et scientifiquement dosés, au moyen desquels on réalise une combustion parfaite, ne laissant que des résidus inertes.

Les gaz, diffusés l'un dans l'autre, ne doivent plus avoir de tendance à se séparer ultérieurement. Dans ces conditions, leur association intime donne naissance à des réactions profondes qui mettent en œuvre la plus grande somme de forces moléculaires emmagasinées dans les corps en présence.

Pour atteindre ce degré de perfection voulu, le mélange de gaz et d'air ou de gaz et d'oxygène subira trois effets : choc superficiel par volumes, frottements multiples par jets et laminage moléculaire. Ces actions sont exercées au moyen de mélangeurs-compresseurs qui produisent une trituration mécanique au point de rendre le composé si intime à tous degrés, si uniforme dans toute la masse gazeuse, qu'il acquiert une fixité relative, en même temps qu'il atteint son maximum de puissance calorifique.

Tout s'utilise alors le plus complètement possible; par conséquent, dans le résultat tout se tient : qualité, quantité et économie.

Les mélangeurs se règlent d'après la nature du combustible dont on fait usage ; ils dosent les éléments selon les exigences de la combustion lente et silencieuse, ou selon celles de la combustion rapide et par détonation. En pratique, ils débitent l'air et le gaz dans les proportions voulues pour éviter la formation de mixtures explosives.

D'ailleurs, les dangers que semblerait présenter l'application de mélanges gazeux, recélant une si haute énergie, sont écartés par des dispositions particulières qui ne sauraient jamais être en défaut. Le passage des composés dans une boîte d'essai (*fig.* 1),

Fig. 1.

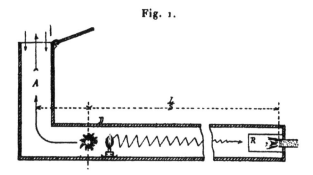

spécialement étudiée, permet de parcourir avec une connaissance absolue le cycle complet des combustions, depuis les moins intenses jusqu'à celles qui se résument en une conflagration violente. Et, de même que les mélangeurs gouvernent entièrement le composé qu'il s'agit d'utiliser, la canalisation du mélange se fait en toute sécurité par l'emploi de toiles métalliques, armant les brûleurs et les conduites, et qui empêchent les flammes de se propager en arrière, lorsque leur vitesse est trop grande ou que la pression initiale vient à manquer.

Préparée d'après les principes qu'on vient d'exposer, la combustion développe les plus hautes températures qu'il soit possible d'atteindre pour chaque mélange.

Ces températures peuvent être maintenues uniformes et constantes, quelle que soit la portée du dard enflammé et si petit que devienne son volume. Elles peuvent encore être graduées à volonté, appliquées ou retirées instantanément.

La flamme, dans ces conditions nouvelles, constitue un véritable outil susceptible de travailler en grandes nappes ou en pointes de feu déliées, suivant chaque application spéciale.

La chaleur de cette flamme est si intense, qu'on parvient à fondre tous les métaux, y compris le platine. Elle permet d'entretenir la combustion *dans* l'eau, au moyen de brûleurs immergés, qui représentent ainsi les agents les plus parfaits pour le chauffage et l'évaporation directs des liquides. En effet, rien ne se perd dans un pareil système, du moment que les appareils à feu sont plongés à une profondeur suffisante.

Les brûleurs immergés fonctionnent d'après le principe des cloches à plongeur. Une disposition de ce genre est représentée par la *fig.* 2, dans laquelle B est un vase en matière non conduc-

Fig. 2.

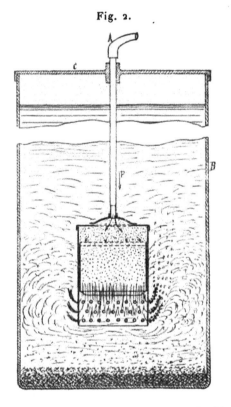

trice de la chaleur, C un support du tuyau P alimentant le brûleur et A le raccord avec la canalisation débitant le mélange. Le brûleur est supposé en activité et employé à précipiter certains éléments d'une dissolution saline.

En substance, il se compose d'une cloche en cuivre ou en tôle mince, perforée à son extrémité ouverte et terminée à l'autre par une poche adaptée sur le couvercle. Cette poche permet au mélange d'air et de gaz de se répandre et de circuler facilement dans le corps du brûleur, avec lequel elle communique par une plaque ajourée ou par des toiles métalliques à grosses mailles. Un tronçon cylindrique, ouvert aux deux bouts et dont le diamètre et l'épaisseur sont approximativement ceux du corps principal, peut coulisser dans celui-ci et donne le moyen de découvrir ou de masquer une ou plusieurs rangées d'orifices, à la partie inférieure de la cloche, en même temps que l'on abaisse ou relève la ou les toiles métalliques garnissant le rebord supérieur du tronçon mobile. Les choses étant aménagées pour le mieux des besoins, on fait arriver le mélange dans le brûleur, qu'on allume pour le plonger dans le liquide. Bien que la compression dans la chambre d'air augmente avec le plongement de l'appareil, mais elle est facilement contre-balancée par la pression de débit. Ce n'est qu'à 10^m de profondeur que l'on rencontre une résistance de 1 atmosphère; réduisant le mélange dans la chambre à la moitié de son volume primitif, la cloche se remplissant à moitié d'eau. La pression du mélange, dans les circonstances ordinaires, force donc aisément l'eau vers l'orifice de la cloche, là où commencent les séries de trous.

Dans ces conditions, la chambre intérieure se remplit du mélange qui peut ainsi brûler à la surface de séparation. D'une manière générale, il faut, lorsque le brûleur est en fonction, que le niveau intérieur de l'eau ne soit jamais assez élevé pour fermer le passage ménagé pour la sortie des flammes. Celles-ci doivent pouvoir se développer librement, jaillir à l'extérieur, où leur transformation s'opère à mesure qu'elles viennent en contact avec les couches liquides en mouvement. La pression régnant dans le voisinage immédiat du foyer favorise les remous dans la masse fluide. Une gaine de bulles enveloppe la flamme et constitue l'intermédiaire entre les gaz en ignition et l'eau qui en doit absorber la chaleur.

Le transport de l'énergie calorifique développée s'effectue sur les produits mêmes de la combustion et l'absorption progressive, le long de la colonne gazeuse, se remarque parfaitement par le grossissement successif des bulles. Pour la bonne règle, celles-ci doivent arriver éteintes à la surface, de façon qu'il n'y ait plus aucun dégagement ou perte de chaleur. La combustion sera d'autant mieux utilisée, le refroidissement de ses produits d'autant plus complet, qu'on aura réglé plus exactement la pression à laquelle le mélange est débité, la hauteur d'immersion du brûleur et la densité du liquide au sein duquel on opère.

On peut se rendre compte du degré de perfection atteint pendant l'opération sous eau, par le bruit plus ou moins strident que fait le brûleur lorsqu'on le retire du liquide. Avec une combustion très complète, la remonte détermine un certain vide et un appel subséquent de l'air tenu en dissolution ; d'où résulte un frottement vif contre la paroi métallique, laquelle émet un son plus aigu que quand la combustion est moins parfaite. Cette dernière se décèle également par l'oxyde de carbone qui se dégage et que l'on peut, au besoin, faire brûler à la surface du bain....

La possibilité de faire bouillir 〈à toutes profondeurs〉 d'un liquide entraîne des conséquences importantes dans une foule de cas. Pour beaucoup d'opérations industrielles, on économisera largement sur les frais d'installation de chaudière, poêles, bassins, cuves, etc., qu'on remplacera couramment par des récipients non métalliques. En même temps, les divers traitements en usage : évaporation, réduction, précipitation, etc., se feront dans des conditions de rendement très avantageuses.

Entre autres résultats remarquables, il a été trouvé que 80 pour 100 de la puissance absolue du combustible étaient utilisés dans le chauffage direct, sous eau, et que ce rendement eût encore été dépassé, si l'air n'avait pas fait défaut, comme le démontrait l'analyse des produits.

Ainsi, au cours de certaines expériences entreprises avec du gaz au titre de 16,4[candles] par 5 pieds cubes à l'heure, l'unité de chaleur anglaise étant 1 livre d'eau élevée de 1° Fahrenheit, on notait les données moyennes suivantes :

Consommation gaz en pieds cubes.	Poids d'eau traitée en livres.	Durée de l'essai.	Accroissement des températures en degrés F.	Unités de chaleur Liv. F. par pied cube.
	50	18,0	69	493
	75	16,5	66	495
			Moyenne....	494

La capacité du 16 candles gaz, de Londres, ayant été estimée à 622 calories F. L., il s'ensuit que le rendement utile est exprimé par le rapport $\frac{494}{622} = 79,4$ pour 100, résultat d'autant plus favorable que, dans aucun cas, la combustion n'a été tout à fait complète. D'après l'analyse des gaz recueillis, on peut estimer que l'utilisation eût été de 85 pour 100 à 90 pour 100 de la valeur théorique du combustible, si l'alimentation d'air avait pu être encore mieux proportionnée.

Le brûleur immergé, alimenté par un mélange dosé préalablement et qui se débite sous pression, constitue donc le meilleur moyen et le plus simple qu'il soit possible d'imaginer pour mesurer la quantité de chaleur due à la combustion d'un gaz. En effet, la chaleur étant *complètement* absorbée par l'eau, il est évident que les relevés au thermomètre de cet appareil fourniront la mesure directe des calories qui entrent dans la composi-

---

(¹) Le mouvement violent autour et au-dessus du brûleur, *sous* eau, est une conséquence de la chaleur, et ce n'est pas à la pression dans la cloche que le brûleur doit son existence. Ce mouvement est le produit de bulles auxquelles donnent naissance celles plus petites dégagées autour de la flamme, réalisant ainsi les conditions essentielles de l'ébullition ; cette dernière peut donc être déterminée à toutes hauteurs du bain. Si l'influence de la pression était prédominante, il s'ensuivrait que la chaleur n'exercerait plus toute son action thermique sur le liquide, et ne donnerait guère lieu qu'à des effets comparables à ceux d'une force purement mécanique, utilisés à maintenir l'agitation dans les couches supérieures du liquide. Cette supposition étant contraire aux chiffres élevés du rendement, on doit en conclure que l'action calorifique est prépondérante dans le phénomène.

Avec la combustion sous eau, la température d'ébullition se trouve abaissée ; de là une récupération d'unités de chaleur qui varie selon les circonstances. Elle correspond à cette fraction de tension de la vapeur qui, dans les procédés ordinaires, est employée à équilibrer la charge hydrostatique sur les bulles en formation.

tion des mélanges soumis à l'épreuve. On n'aura plus à faire intervenir des corrections, comme celles nécessitées par les méthodes en usage, car il est facile de tenir compte de toutes les circonstances qui accompagnent la combustion au sein du liquide.

Cas paradoxal de réflexion cristalline;

Par M. E. Carvallo.

1. Le fait paradoxal que je veux signaler est la réflexion de la lumière à la surface de séparation de deux milieux qui ont le même indice de réfraction. Il m'a été suggéré par les formules classiques de la réflexion cristalline et je l'ai vérifié par expérience. Il me paraît intéressant, parce que les vérifications de ces formules sont peu nombreuses et qu'un fait paradoxal prévu par la théorie et vérifié par expérience semble plus probant que tout autre.

2. *Le cas paradoxal.* — Dans un cristal de spath d'Islande, taillons une face AB perpendiculaire à l'axe cristallographique X (*fig.* 1) et plongeons-le dans un liquide dont l'indice de réfrac-

Fig. 1.

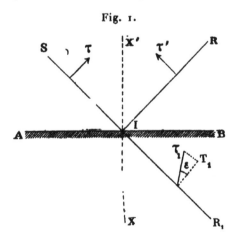

tion soit égal à celui de l'onde plane extraordinaire qui se propage à 45° de l'axe X. Faisons alors arriver une onde lumineuse normale à SI, à 45° de l'axe X. L'onde extraordinaire se propagera, sans déviation, dans la direction IR_1, prolongement de SI; et si nous avons soin de polariser la lumière perpendiculairement au plan d'incidence, ce rayon extraordinaire sera le seul à se propager dans le cristal : le rayon ordinaire disparaît. On pourrait croire que, dans ces conditions, toute la lumière pénètre dans le cristal. Il n'en est rien. Les formules montrent qu'une partie de la lumière se réfléchit suivant IR.

3. *Application de la théorie au cas précédent.* — Soient en effet τ, τ', τ_1 les amplitudes des trois vibrations, incidente, réfléchie et réfractée, dans le système de M. Sarrau ([1]). Je dois écrire que, de part et d'autre de la surface réfléchissante, il y a continuité ([2]) :

1° Entre les projections des vibrations sur le plan de séparation ;

2° Entre les vecteurs de Neumann ([3]).

On sait que ces conditions au nombre de cinq, en apparence, se réduisent réellement à quatre, dans le cas général. Ici, à cause de la symétrie, elles se réduisent à deux, qui sont respectivement, en désignant par i l'angle d'incidence (de 45°), et par ε l'angle de la vibration réfractée avec le plan d'onde,

$$(1) \qquad \tau \cos i - \tau' \cos i = \tau_1 \cos(i + \varepsilon),$$

$$(2) \qquad \tau + \tau' = \tau_1 \cos \varepsilon.$$

Pour retrouver les équations de M. Cornu ([4]), il suffit de poser $\tau_1 \cos \varepsilon = T_1$. Les équations (1) et (2) deviennent alors

$$(1) \qquad \tau \cos i - \tau' \cos i = T_1 [\cos i - \sin i \tan g \varepsilon],$$

$$(2) \qquad \tau + \tau' = T_1.$$

Elles montrent que l'on n'a pas $\tau' = 0$; car elles donneraient,

---

([1]) Ou encore les amplitudes de la *force électrique* dans la théorie de Maxwell.

([2]) POINCARÉ, *Th. math. de la lumière*, t. I, p. 363.

([3]) Dans la théorie de Maxwell, ce sera la *force magnétique*.

([4]) CORNU, *Sur la réflexion cristalline* (*Ann. de Ch. et de Phys.*, 4ᵉ série, t. XI, p. 283).

pour τ, deux valeurs incompatibles. Pour calculer τ', je remplace, dans l'équation (1), T_1 par sa valeur tirée de (2). Il vient

$$\tau \cos i - \tau' \cos i = (\tau + \tau')[\cos i - \sin i \, \tang \varepsilon],$$

d'où l'on tire

(3) $$\tau' = \frac{\tau \sin i \, \tang \varepsilon}{2 \cos i - \sin i \, \tang \varepsilon} = \tau \frac{\tang i \, \tang \varepsilon}{2 - \tang i \, \tang \varepsilon}.$$

4. *Application numérique*. — Je dois remplacer, dans cette formule, i par $45°$; ε par sa valeur déduite de la théorie de la double réfraction (théorie de Maxwell ou de M. Sarrau). C'est l'angle de la vibration avec l'onde plane. Pour calculer cet angle, je désigne par θ et θ' les angles que le plan d'onde d'une part et la vibration d'autre part font avec le plan perpendiculaire à l'axe du cristal. On aura, en désignant par n et n' les deux indices principaux,

$$\tang \theta' = \frac{n^2}{n'^2} \tang \theta,$$

d'où l'on tire

$$\frac{n^2}{n'^2} = \frac{\tang \theta'}{\tang \theta} = \frac{\sin \theta' \cos \theta}{\cos \theta' \sin \theta}$$

et, par une transformation connue des proportions,

$$\frac{n^2 - n'^2}{n^2 + n'^2} = \frac{\sin \theta' \cos \theta - \cos \theta' \sin \theta}{\sin \theta' \cos \theta + \cos \theta' \sin \theta} = \frac{\sin(\theta' - \theta)}{\sin(\theta' + \theta)}.$$

Si maintenant on remplace θ par $45°$ et θ' par $45° + \varepsilon$, il vient

$$\frac{n^2 - n'^2}{n^2 + n'^2} = \tang \varepsilon.$$

Si je remplace $\tang \varepsilon$ par cette valeur et $\tang i$ par 1 dans la formule (3), j'obtiens en définitive

(4) $$\frac{\tau'}{\tau} = \frac{n^2 - n'^2}{n^2 + 3 n'^2}.$$

Pour la raie D, on a

$$n = 1,65837, \qquad n' = 1,48650.$$

L'application de la formule (4) donne alors

(5) $$\frac{\tau'}{\tau} = 0,0576.$$

5. *Comparaison du rayon extraordinaire au rayon ordinaire.* — Il est intéressant de comparer ce nombre $\frac{\tau'}{\tau} = 0,0576$ à celui que donne le rayon ordinaire du spath. Supposons donc maintenant la lumière polarisée dans le plan d'incidence. Dans ce cas, les formules (¹) sont celles de la réflexion vitreuse, et l'on a, en désignant par τ_1 et τ'_1 les amplitudes des vibrations incidente et réfléchie,

$$(6) \qquad -\frac{\tau'_1}{\tau_1} = \frac{\sin(i-r)}{\sin(i+r)}$$

ou, en faisant $i = 45°$, $r = 45° - \alpha$,

$$-\frac{\tau'_1}{\tau_1} = \tan g\,\alpha.$$

Pour calculer α, nous avons la loi de Descartes

$$\frac{\sin i}{\sin r} = \frac{n}{\nu},$$

où ν est l'indice de réfraction du liquide dans lequel plonge le cristal. De cette formule on tire

$$\sin r = \frac{\nu}{n} \sin i.$$

Dans cette formule, n et i sont connus; la valeur de ν, indice de réfraction du rayon extraordinaire à $45°$ de l'axe, se déduit des valeurs des indices principaux $n = 1,65837$, $n' = 1,48650$ par la formule

$$\frac{1}{\nu^2} = \frac{1}{n^2}\cos^2 45° + \frac{1}{n'^2}\sin^2 45°.$$

On trouve

$$\nu = 1,5654.$$

Cette valeur de ν portée dans la formule précédente, avec $i = 45°$ et $n = 1,65837$, donne

$$r = 41°52'20'',$$

d'où l'on déduit

$$\alpha = 45° - r = 3°7'40''$$

(¹) Il ne faut pas confondre cette nouvelle signification attribuée à la lettre τ, avec celle qui lui avait été donnée au n° 3.

et enfin

$$-\frac{\tau_1'}{\tau_1} = \tang\alpha = 0,0546.$$

Comparons cette valeur $-\frac{\tau_1'}{\tau_1} = 0,0546$ à celle qui a été obtenue pour le rayon extraordinaire $-\frac{\tau'}{\tau} = 0,0576$; nous arrivons à cette conclusion assez étrange :

A 45° de l'axe cristallographique du spath d'Islande, le rayon ordinaire, qui a un indice de réfraction notablement différent de celui du liquide où plonge le cristal ($n = 1,65837$ et $\nu = 1,56540$), est un peu moins fortement réfléchi que le rayon extraordinaire $\left(-\frac{\tau_1'}{\tau_1} = 0,0546 \; et \; \frac{\tau'}{\tau} = 0,0576\right)$ qui a exactement le même indice que le liquide.

6. *Vérification expérimentale qualitative.* — Sur la plate-forme d'un goniomètre, on dispose une cuve rectangulaire DEFG (*fig.* 2), de façon que les faces DE, EF soient perpendiculaires

Fig. 2.

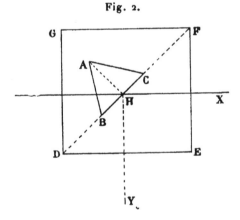

aux axes optiques HX et HY du collimateur et de la lunette préalablement disposés à angle droit. Dans cette cuve repose un prisme de spath ABC taillé de façon que l'axe soit perpendiculaire à la face BC. On oriente le prisme de façon que l'image de la fente du collimateur vienne se faire sur le réticule de la lunette placée à 90° du collimateur. Enfin on remplit la cuve d'un liquide ayant la densité voulue $\nu = 1,5654$.

On observe encore une faible lumière réfléchie. Si maintenant on place un polariseur entre le collimateur et le prisme, on constate que la quantité de lumière réfléchie ne varie pas sensiblement quand on fait tourner le polariseur dans sa monture, ce qui montre que le rayon ordinaire et le rayon extraordinaire sont à peu près également réfléchis. Je vais maintenant indiquer quelques détails expérimentaux, avant d'aborder la vérification numérique des formules.

7. *Composition et vérification du liquide d'indice* $\nu = 1,5654$. — Le liquide est composé d'un mélange de sulfure de carbone et de benzine. Les indices de ces liquides sont

$$a = 1,6303 \quad (CS^2),$$
$$b = 1,5002 \quad (C^{12}H^6).$$

Pour connaître les proportions en volume des deux liquides à mélanger, on applique la loi de Gladstone que l'on peut écrire, en appelant x et y les volumes inconnus,

$$ax + by = \nu(x + y).$$

On en tire

$$\frac{x}{y} = \frac{\nu - b}{a - \nu} = \frac{0,0652}{0,0649} \quad \left\{ \begin{array}{l} CS^2 \\ C^{12}H^6 \end{array} \right.$$

J'ai été assez surpris de trouver, pour le mélange ainsi formé, non pas l'indice souhaité $1,5654$, mais $1,5420$. La benzine employée n'était-elle pas pure? Y a-t-il une action des deux liquides l'un sur l'autre? N'ai-je pas eu la précaution d'agiter le liquide pour rendre le mélange intime, avant de prélever la portion qui a servi à la mesure? Laissant de côté ces questions, j'ai pris le parti d'abaisser l'indice du sulfure de carbone par des additions successives et méthodiques du mélange d'indice $1,542$.

Je suis alors arrivé très vite au résultat cherché en notant chaque fois la déviation produite par le mélange placé dans un prisme à liquide. Comme vérification, j'ai constaté que, le liquide étant dans la cuve, dans la position de la *fig.* 1, le rayon extraordinaire transmis n'est pas dévié par son passage à travers les milieux réfringents.

8. *La cuve et le prisme.* — La cuve est à faces parallèles soi-

gnées et l'angle des deux couples de faces est très suffisamment droit. Les écarts de ces angles sont voisins de 10′. Le prisme est celui que j'ai étudié antérieurement (¹); il appartient au laboratoire de M. Cornu, à l'École Polytechnique. L'angle de l'axe cristallographique avec BC ne diffère de 90° que de 9′,5.

9. *Méthode de mesure pour la vérification des formules*

$$(7) \quad \begin{cases} \dfrac{\tau'}{\tau} = 0,0576 & \text{(rayon extraordinaire)}, \\[2mm] -\dfrac{\tau'_1}{\tau_1} = 0,0546 & \text{(rayon ordinaire)}. \end{cases}$$

La section principale du polariseur est réglée à 45° de celle du prisme. Un analyseur, placé entre le prisme et la lunette, permet d'éteindre l'image réfléchie. Un calcul simple permet de déduire de l'azimut d'extinction le rapport $-\dfrac{\tau'_1}{\tau_1} : \dfrac{\tau'}{\tau}$, lequel doit avoir pour valeur $\dfrac{0,0546}{0,0576}$.

10. *Essai de la flamme de sodium.* — Malheureusement les quantités de lumière réfléchie étant très faibles, la flamme de sodium ne permet pas d'obtenir des mesures précises. Il y a une indécision d'environ 5° sur la position d'extinction de l'analyseur. Tout ce qu'on peut constater, c'est que le plan de polarisation a tourné environ de 90° par le fait de la réflexion. L'angle de la vibration réfléchie avec la section principale du prisme est donc voisin de 45°, et il est ainsi vérifié que les quantités de lumière réfléchie sont sensiblement égales pour le rayon ordinaire et pour le rayon extraordinaire.

11. *Vérification numérique avec le Soleil.* — Le Soleil devait me fournir une lumière plus facile à observer, étant beaucoup plus intense. Cette lumière, il est vrai, n'est pas homogène, et les calculs ci-dessus ne s'y appliquent pas. Mais j'ai pensé qu'il devait se produire ici, comme dans la polarisation rotatoire, un phénomène analogue à celui de la teinte sensible. L'expérience

---

(¹) *Annales de l'École Normale*, Supplément pour 1890.

a justifié cette prévision : on ne peut pas obtenir l'extinction ; mais, de part et d'autre de la position de l'analyseur qui éteint la lumière jaune, l'image de la fente du collimateur se colore, soit en rouge, soit en bleu. Ce phénomène rend la méthode sensible.

Les résultats de l'observation sont réunis en un schéma sur la *fig.* 3. On y a représenté les azimuts de l'analyseur qui donnent l'ex-

Fig. 3.

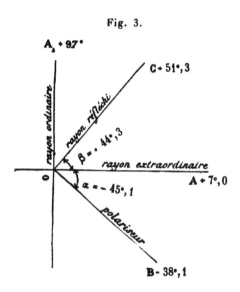

tinction de la lumière jaune, conformément au Tableau suivant :

	Azimuts d'extinction.
Rayon extraordinaire à travers le prisme............	$\div$ 7,0
» ordinaire à travers le prisme.................	$\dotplus$ 97,0
» transmis par le polariseur....................	— 38,1
» réfléchi par la surface BC du prisme.........	+ 51,3

Les angles que font entre eux ces azimuts d'extinction mesurent ceux que font entre eux les azimuts des vibrations éteintes. On peut donc regarder ces azimuts d'extinction comme représentant ceux des vibrations elles-mêmes.

Pour comparer les nombres observés à la théorie, je désigne par α et β les angles que font, avec l'azimut de la vibration extraordinaire du prisme, ceux de la vibration incidente et de la vibration réfléchie. Ces angles seront comptés comme en Trigonométrie.

On a, sur la figure,

$$(8) \qquad \begin{cases} \alpha = AB = -38°,1 - 7°,0 = -45°,1, \\ \beta = AC = +51°,3 -- 7°,0 = +44°,3. \end{cases}$$

L'angle α étant regardé comme donné, comparons le nombre observé β à celui qui résulte de la théorie. Celle-ci donne, en prenant pour unité la vibration incidente, transmise par le polariseur,

$$\tau = \cos\alpha, \qquad\qquad \tau_1 = \sin\alpha,$$
$$\tau' = 0,0576\cos\alpha, \qquad \tau_1' = -0,0546\sin\alpha,$$

d'où l'on tire

$$\frac{\tau_1'}{\tau'} = \frac{-0,0546}{0,0576}\, \tan g\,\alpha,$$

et, en remplaçant α par sa valeur $-45°,1$,

$$\frac{\tau_1'}{\tau'} = +0,952.$$

Ce rapport représente la valeur de $\tan g\,\beta$ assignée par la théorie. On en déduit, pour la comparaison avec l'observation,

β calculé	43˙,6
β observé................	44,3
Différence O — C.........	+ 0,7

Cette vérification doit être regardée comme satisfaisante.

OUVRAGES REÇUS PAR LA SOCIÉTÉ

PENDANT L'ANNÉE 1893.

Almanach-Annuaire de l'Électricité et de l'Électrochimie. — Année 1893. Publié par M. Firmin Leclerc ; vol. in-18.

American Journal of Science (the). — 3ᵉ série, vol. XLIV et XLVI, 1893; in-8°.

Annalen der Physik une Chemie, neue Folge. — Band XLVII à XLVIII, 1893.

Annales de la Faculté des Sciences de Marseille. — T. I, II et III, 1891 à 1893; 3 vol. in-4°.

Annales de Chimie et de Physique. — 6ᵉ série, t. XVIII, XIX et XX, 1893; 3 vol. in-8°.

Annales de l'École polytechnique de Delft. — Année 1893; in-4°.

Annales de l'Institut météorologique de Roumanie. — Publié par S.-C. Hepites, t. V, 1889; 1 vol. in-4°.

Annales télégraphiques. — 3ᵉ série, t. XX, année 1893; in-8°.

Annuaire pour l'an 1893 avec des Notices scientifiques. — Publié par le Bureau des Longitudes. Paris, Gauthier-Villars et fils; in-18.

Annual Report of the Board of Regents of the Smithsonian Institution to July 1889. — 1890; 2 vol. in-8°.

Annual Report of the Board of Regents of the Smithsonian Institution. Report of the U. S. National Museum, for the year ending June to 1889. — 1 vol. in-8°.

Archives des Sciences physiques et naturelles de Genève. — T. XXX, 1893; in-8°.

Archives d'Électricité médicale, expérimentale et chimique. — Publiées par J. Bergonié, 1ʳᵉ année, 1893; 1 vol. in-8°.

Astronomical Society of the Pacific.

Astronomy and astro-physics, january at october 1893. Charleton College Northfield, Minn.; in-8°.

Beiblätter zu den Annalen der Physik und Chemie. — Band XVII, 1893.

Boletin de la Sociedad nacional de mineria de Santiago de Chile. — T. V, année 1893; in-4°.

Boletin mensual del Observatorio meteorologico del Colegio pio de Villa Colon. — Montevideo, année 1891; 1 vol. in-8°.

Bulletin de la Société belge d'Électriciens. — T. X, année 1893; in-8°.

Bulletin de la Société française de Minéralogie. — T. XVI, année 1893; in-8°.

Bulletin de la Société internationale des Électriciens. — Année 1893; in-8°.

Bulletin de la Société nationale d'encouragement pour l'Industrie nationale. — T. VII, 4° série, 1893; in-4°.

Bulletin de la Société philomathique de Paris. — 8° série, t. V, 1892-1893; in-8°.

Bulletin de la Société vaudoise des Sciences naturelles. — 3° série, vol. XXIX, année 1893.

Bulletin de l'Association des Ingénieurs électriciens sortis de l'Institut électrotechnique Montefiore. — 2° série, année 1893; in-8°.

Bulletin des Sciences physiques. — Publié par les soins de la Société amicale des élèves et anciens élèves de la Faculté des Sciences de Paris, t. IV, 1891-1892; in-8°.

Bulletin international de l'Académie des Sciences de Cracovie. — Année 1893; in-8°.

Bulletin international de l'Électricité. — Année 1893; in-4°.

Catalogue of Scientific Papers (1800 à 1883) compiled by the Royal Society of London. London, C.-J. Clay and Sons, Cambridge University Press. Warehouse Ave Maria Lane; 9 vol. in-4°.

Comptes rendus hebdomadaires des séances de l'Académie des Sciences; t. CXVI et CXVII, 1893; in-4°.

Electrician (The). — Vol. XXVIII et XXIX, 1893; in-4°.

Électricien (L'). — Revue internationale de l'Électricité et de ses applications. 2° série, t. V, année 1893; in-8°.

Fortschritte der Physik im Jahre 1887 et 1888. Dargestellt von der Physikalischen Gesellschaft zu Berlin; in-8°.

Industrie électrique (l'). — Revue de la Science électrique et de ses applications industrielles, t. I et II, années 1892 et 1893; in-4°.

Journal de Physique théorique et appliquée, fondé par J.-Ch. d'Almeida et publié par MM. E. Bouty, A. Cornu, E. Mascart, A. Potier. 3° série, 1893; 1 vol. in-8°.

Journal de Physique, Chimie et Histoire naturelle élémentaires. — Publié par M. A. Buguet. 7° année, 1893; in-8°.

Journal and Proceedings of the Royal Society of New South Wales.— Vol. XXVI, 1892; 1 vol. in-8°.

Journal of the Franklin Institute (The).

Journal de la Société Physico-chimique de Saint-Pétersbourg. — T. XXV, 1893; in-8°.

Journal of the Institution of Electrical Engineers (*Index of the*), Vol. XI à XX; 1882-1891. In-8°.

Journal of the Institution of Electrical Engineers including original Communications on Telegraphy and Electrical Science. — Vol. XXII, 1893; in-8°.

Mémoires de la Société d'Émulation du Doubs. — 6° série, VI° vol., 1891. Besançon, Dodivers et C¹°, 1892; 1 vol. in-8°.

Memoirs and Proceedings of the Manchester Litterary and philosophical Society. — T. VII. année 1892-93; in-8°.

Mémoires et Comptes rendus des travaux de la Société des Ingénieurs civils. — 4° série, 46° année, année 1893.

Mémorial du Dépôt général de la Guerre, imprimé par ordre du Ministre, t. VI, 1832 à XIII, 1887; 8 vol. in-4°.

Memorias y revista de la Sociedad científica. — Antonio Alzate (Mexico); t. VII, 1893; in-8°.

Ministère de l'Instruction publique. — Revue des Travaux scientifiques, t. XIII, 1892; in-8°.

Moniteur industriel. — Vol. XX, année 1893; in-4°.

Nature (de Londres). — Vol. XLVII, 1893; in-4°.

Nuovo Cimento (Il).

Observatoire de Greenwich. — Magnetical and Meteorological observations made at the Royal observatory Greenwich, 1844 à 1847; 4 vol. in-4°.

— Results, 1848 à 1890; 43 vol. in-4°.

— Greenwich Spectroscopic and Photographic Results, 1879 à 1890; 13 vol in-4°.

·— Diagrams representing the diurnal change in magnitude and direction of the magnetic forces in the horizontal plane at the Royal observatory Greenwich for each month of the several years 1841 to 1876. Appendix to Greenwich observations, 1884; 1 vol. in-4°.

— Reduction of Greenwich Meteorological observations. Barometer 1854-1873. Air and moisture thermometers 1849-1868, earth thermometers, 1847-1873; 1 vol. in-4°.

— Reduction of Greenwich meteorological observations. Part II : Barometer 1874-1876 and thermometers, 1869-1876. Appendix I to Greenwich observations 1887; 1 vol. in-4°.

Observatoire du Puy de Dôme. — Observations météorologiques 1873-1877. Clermont-Ferrand, Bellet et fils; 1887; 1 vol. in-8°.

Pamietnik Academii Umiejetnosciw Krakowie Tomo osiemnastego. — Zeszyt 2, 1892; in-4°.

Paris-Photographe. — Publié par M. Nadar, année 1893; 1 vol. in-8°.

Philosophical Magazine and Journal of Science. — Fifth series, vol. XXXV and XXXVI, 1893.

Philosophical Review (The), publié par M. Nichols.

Proceedings and Transactions of the Nova Scotian Institute of natural Science of Halifax, Nova Scotia. — Vol. VII, 1888-1889, Part III; in-8°.

Proceedings of the Physical Society of London. — Vol. XII, 1893; in-8°.

Publications of the Lick observatory. Vol. I, 1887; 1 vol. in-4°.

Proceedings of the Royal Society. — Vol. LIII et LIV, 1893; in-8°.

Proceedings of the Royal Society of Edinburg. — Vol. XVIII et XIX, 1891-1892.

Revue générale des Sciences pures et appliquées. — Publiée par M. Louis Olivier, 4ᵉ année, 1893; in-4°.

Revue industrielle (la). — Année 1893; in-4°.

Rosprawy Akademii Umiejetnosci Wydziall Matematyczno-Przyrodciczy. — Seyria 2, t. II. Krakowie, 1893; 1 vol. in-8°.

Scientific Proceedings of the Royal Dublin Society (The).— Vol. VIII, 1892; in-8°.

Scientific Transactions of the Royal Dublin Society (The). — Vol. IV, 2ᵉ série, nᵒˢ 10 à 13; in-4°.

Smithsonian Institution. — Report of the U. S. national Museum under the direction of the Smithsonian Institution for the year ending june 30, 1890. Washington. Government Printing office, 1891; 1 vol. in-8°.

Société nationale d'encouragement pour l'Industrie nationale.— Procès-verbaux des séances. Année 1893; in-8°.

Technology quarterly and Proceedings of the Society of Arts.

United States coast and Geodetic survey.

Abraham (Henri). — Sur une nouvelle détermination du rapport v entre les unités électromagnétiques et électrostatiques (Thèse). Paris, Gauthier-Villars et fils; 1892; in-4°.

Amagat (E.-H.). — Recherches sur l'élasticité des solides et la compression du mercure (Extr. *Annales de Chimie et de Physique*, 6ᵉ série. T. XXII; 1891); br. in-8°.

— Mémoire sur l'élasticité et la dilatabilité des fluides jusqu'aux très hautes pressions (Extr. *Annales de Chimie et de Physique,* 6° série, t. XXIX, 1893); br. in-8°.

Ampère (André-Marie). — Théorie mathématique des phénomènes électro-dynamiques. Paris, A. Hermann. 1883, 2° édition, conforme à la première publiée en 1826; 1 vol. in-4°.

Bandsept (A.). — Production et utilisation rationnelles de la chaleur intensive du gaz (combustion sans fumée.) Communication faite à l'Association des gaziers belges. Bruxelles; 1893, br. in-8°.

Beaulard (Fernand). — Sur la coexistence du pouvoir rotatoire et de la double réfraction dans le quartz (Thèse). Marseille, Barlatier et Barthelet; 1893; in-4°.

Becquerel. — Traité expérimental de l'Électricité et du Magnétisme et de leurs rapports avec les phénomènes naturels. Paris, Firmin Didot frères, 1834-1840; 7 vol. in-8°.

Becquerel et Becquerel (Edmond). — Traité d'Électricité et de Magnétisme avec leurs applications aux Sciences physiques, aux Arts et à l'Industrie. Paris, Firmin Didot èt frères, 1855-1856; 3 vol. in-8°.

Becquerel et Breschet. — Recherches sur la chaleur animale au moyen des appareils thermo-électriques (Extr. *Arch. du Muséum.* T. I, br. in-4°).

Bergonié (J.). — Phénomènes physiques de la Phonation. Thèse présentée au concours pour l'Agrégation. Section des Sciences physiques. Paris, J.-B. Baillière et fils, 1883; in-8°.

Bernard (Claude). — La Science expérimentale. Paris, J.-B. Baillière et fils, 1878; 1 vol. in-8°.

Biot (J.-B.). — Traité de Physique expérimentale et mathématique. Paris, Deterville, 1816; 4 vol. in-8°.

Birkeland (Kr.) et Sarasin (Ed.). — Sur la nature de réflexion des ondes électriques au bout d'un fil conducteur (Extr. *Comptes rendus de l'Académie des Sciences.* Novembre 1893); in-4°.

Bjerknes (V.). — De la dissipation de l'énergie électrique du résonateur de M. Hertz (Extr. *Comptes rendus de l'Académie des Sciences.* Novembre 1892); in-8°.

— Die Resonanzerscheinung und das Absorptionsvermögen der Metalle für die Energie electrischer Wellen (Extr. *Ann. der Phys. und Chimie,* t. XLVII; 1892); br. in-8°.

Blake (F.). — Duty trial fly-wheel, high duty, automatic cut-off, cross-compound, pumping engine, designed and built by the Geo. F. Blake manufacturing Co, New-York, Boston, Philadelphia and Chicago, U. S. A., 1893; br. in-18.

Blondel (André). — On flash-lights and the physiological perception of instantaneous flashes (International Maritim Congress London Meeting, July 1893); br. in-8°.

— On the electric Machinery and arc light of Lighthouses. Experiments made by the Lighthouses department of France (International maritim Congress London Meeting, July 1893); br. in-8°.

— Du couplage des alternateurs et de leur fonctionnement en marche synchronique (Extr. *Bull. de la Société internationale des Électriciens,* janv. 1893); br. in-4°.

— Sur un étalon secondaire pour la photométrie des lampes à arc (Extr. *Bull. de la Soc. int. des Élect.,* 1893); in-4°.

Buse (Jules). — Nos éclairages; électricité, gaz, pétrole. Gand. Het Volk; 1892; in-18.

Bureau international des Poids et Mesures. — Notice sur les thermomètres destinés à la mesure des basses températures. Paris, Gauthier-Villars et fils; 1893; br. in-8°.

Borgmann. — Traité d'Électricité. T. I. Saint-Pétersbourg, 1893 (en russe).

Brunhes (Bernard). — Étude expérimentale sur la réflexion cristalline interne. Thèse. Paris, Gauthier-Villars et fils; 1893; in-8°.

Carvallo (E.). — Traité de Mécanique à l'usage des élèves de Mathématiques élémentaires, Paris, Nony; 1893; 1 vol. in-8°.

— Perfectionnements à la méthode de M. Mouton pour l'étude du spectre calorifique (Extr. *Journal de Phys.,* 3° série, t. II, janvier 1893); br. in-8°.

Casalonga (D.-A.). — Discours prononcé aux obsèques de M. Ch. Armengaud jeune; br. in-8°.

— Métamorphoses de la chaleur thermodynamique élémentaire. — Mouvement de l'éther et de la matière. — Chaleur. — Force vive. — Étude critique de certaines propositions de la théorie de la chaleur notamment du principe et du cycle de S. Carnot avant et après les réformes de Clausius. Paris, 1893; br. in-8°.

Charpy. — Recherches sur les solutions salines (Thèse). Paris, Gauthier-Villars et fils; 1892; in-4°.

Chwolson (O.). — Actinometrische Untersuchungen zur Construction eines Pyrheliometers und eines Actinometers (Extr. *Rep. für Meteorologie,* Bd. XVI, n° 5). Saint-Pétersbourg, 1893; br. in-4°.

Comité international des Poids et Mesures. — Procès-Verbaux des séances de 1892. Paris, Gauthier-Villars et fils, 1893; 1 vol. in-8°.

Cornu (A.). — Notice sur la corrélation des phénomènes d'électricité statique et dynamique et la définition des unités électriques. (Extr. *Annuaire pour l'an* 1893 publié par le Bureau des Longitudes.) Paris, Gauthier-Villars et fils, 1893; br. in-18.

— Sur la nécessité d'introduire diverses précautions additionnelles dans les observations astronomiques de haute précision. (Extr. de la *X° Conférence générale de l'Association géodésique internationale*). Neuchâtel, Attinger frères; 1893; br. in-4°.

Cornu (A.) et Benoît (J.-René). — Détermination de l'étalon provisoire international. Rapport présenté au Comité international des Poids et Mesures. (Extr. du Tome X des *Travaux et Mémoires du Bureau int. des Poids et Mesures*). Paris, Gauthier-Villars et fils, 1893; in-4°.

— Détermination de l'étalon provisoire international. Rapport présenté au Comité International des Poids et Mesures, au nom de la Commission mixte composée de MM. Broch, Foerster et Stas, membres du Comité international, et MM. Dumas, Tresca et Cornu, membres de la Section française de la Commission internationale du mètre (Extr. du Tome X des *Travaux et Mémoires du Bur. Intern. des Poids et Mesures*). Paris, Gauthier-Villars et fils; 1893; br. in-4°.

De La Rive (A.). — Traité d'Électricité théorique et appliquée. Paris, J.-B. Baillière, 1854; 3 vol. in-8°.

De Marchena. — Les machines frigorifiques (Encyclopédie des Aide-Mémoire). Paris, Gauthier-Villars et fils; Masson, 1893; 1 vol. petit in-8°.

Drion (Ch.) et Fernet. — Traité de Physique élémentaire, entièrement revu et modifié, par E. Fernet. 12ᵉ édition, par E. Fernet et A. Chervet. Paris, G. Masson; 1893; 1 vol. in-18.

Duhem (P.). — Introduction à la Mécanique chimique. Paris, G. Carré, 1863; br. in-8°.

Dvořák (V.). — Schulversuche über mechanische Wirkungen des Schalles, sowie über einen einfachen Schallmesser (Extr. *Zeitschrift für der Physik und Chem. Unterricht.* April 1893); br. in-4°.

Ebert (H.) und Wiedemann (E.). — Versuche über electrodynamische Schirmwirkungen und electrische Schatten (Extr. *Ann. der Phys. und Chemie*, Band XLIX; 1893)); in-8°.

— Ueber electrische Entladungen; Erzeugung electrischer Oscillationen und die Beziehung von Entladungsröhren zu denselben (Extr. *Ann. der Phys. und Chemie*, Band XLVIII, 1893, in-8°, et Band XLIX, 1893); 2 br. in-8°.

— Leuchterscheinungen in electrodenlosen gasverdünnten Räumen unter dem Einflusse rasch wechselnder electrischer Felder (Extr. *Annalen der Phys. und Chemie*. Band XL, 1893) ; br. in-8°.

Fleuriais (G.). — Loch double moulinet, description et emploi (Extr. *Annales hydrographiques;* 1893). Paris, Imprimerie nationale; 1893; br. in-8°.

Foussereau (G.). — Polarisation rotatoire. — Réflexion et réfraction vitreuses, réflexion métallique. Leçons faites à la Sorbonne en 1891-92, rédigées par M. J. Lemoine. Paris, G. Carré; 1893; 1 vol. in-8°.

Friedel (Charles). — Cours de Minéralogie, professé à la Faculté des Sciences de Paris. — Minéralogie générale. Paris, G. Masson; 1893; 1 vol. in-8°.

Ganot (A.). — Traité élémentaire de Physique. 21ᵉ édition, entièrement refondue; par G. Maneuvrier. Paris, Hachette; 1893; 1 vol. in-8°.

Gossart (E.). — Méthode générale d'analyse des mélanges liquides, 1892 ; br. in-8°.

— Nouveau procédé de dosage de l'alcool dans toutes les boissons, 1893; br in-8°.

Griffiths (E.-H.) M. A. — The value of the mechanical equivalent of heat, deduced from some experiments performed with the view of establishing the relation between the electrical and mechanical units; together with an investigation into the capacity for heat of water at different temperatures (Extr. *Phil. Trans. of the Royal Soc. of London;* vol. CLXXIV); 1893; 1 vol. in-4°.

Guillaume (Ch.-Ed.). — Rapport sur l'étude des métaux propres à la construction des règles étalons (Extr. *Procès-Verbaux des séances pour* 1892); br. in-8°.

— Ueber die Bestimmung der Korrektion für den herausragenden Faden mittels eines Hilfsrohres (Extr. *Zeitschrift für instrumentenkunde;* 1893); in-4°.

— Unités et étalons (*Encyclopédie des Aide-Mémoire*). Paris, Gauthier-Villars et fils, Masson, 1893; 1 vol. petit in-8°.

Harrison (W.-J.). — Étude relative à la création d'un musée photographique national d'archives documentaires (Extr. *Moniteur de la Photographie,* 2° série, t. I; 1894); br. in-8°.

Hébert (Alex.). — Examen des boissons falsifiées (*Encyclopédie des Aide-Mémoire*). Paris, Gauthier-Villars et fils; 1893; 1 vol. petit in-8°.

Heen (P. de). — Sur un état de la matière caractérisé par l'indépendance de la pression et du volume spécifique. (Extr. *Bulletin de l'Académie royale de Belgique,* 3° série, t. XXIV; 1892.) Bruxelles, Hayez; 1892; br. in-8°.

Hepites (Stefan). — Annales de l'Institut météorologique de Roumanie, t. VI; 1890; 1 vol. in-4°.

Herschel (J.-F.-W.). — Traité de la lumière. Traduit de l'anglais avec notes par MM. *P.-F. Verhulst* et *A. Quetelet* et supplément au *Traité de la Lumière* de Sir J.-F.-W. Herschel par *A. Quetelet.* Paris, De Malher et Cᵗ; 1829; 3 vol. in-8°.

Jacquez (E.). — Dictionnaire d'Électricité et de Magnétisme, étymologique, historique, théorique, technique avec la synonymie française, allemande et anglaise. Paris, C. Klincksieck; 1883.

Janet (Paul). — Premiers principes d'Électricité industrielle. Piles, accumulateurs, dynamos transformateurs. Paris, Gauthier-Villars et fils, 1893; 1 vol. in-8°.

Lamé (G.). — Cours de Physique de l'École Polytechnique. Paris, Bachelier, 1836; 3 vol. in-8°.

Lapraik (M.). — Ueber die Absorptionsspectra einiger Chromverbindungen, Inaugural Dissertation der hohen philosophischen Facultät der Universität erlangen zur Erlangung der Doctorwürde. Leipsig, A. Barth, 1893; br. in-8°.

Laurent (H.). — Théorie des Jeux de hasard (*Encyclopédie des Aide-Mémoire*). Paris, Gauthier-Villars et fils; 1893; 1 vol. petit in-8°.

Lavergne. — Les Turbines (*Encyclopedie des Aide-Mémoire*). Paris, Gauthier-Villars et fils, 1893; 1 vol. petit in-8°.

Lefort (Jules). — L'émission de la voie chantée. Paris, Lemoine et fils; 1 vol. in-4°.

Lefèvre (Julien). — Recherches sur les diélectriques (Thèse). Nantes, Em. Grimaud, 1893; in-4°.

— Sur la puissance et le grossissement de la loupe et du microscope (Thèse) Nantes, Em. Grimaud, 1893; in-4°.

Lehmann (O.). — Molekularphysik mit besonderer Berücksichtigung mikroskopischer Untersuchungen und Anleitung zu solchen sowie einem Anhang über mikroskopische Analyse. Leipzig, W. Engelmann, 1888-1889; 2 vol. in-8°.

Lethuillier et **Pinel.** — Résumé d'expériences faites pour démontrer les fausses indications que donnent les niveaux d'eau à tubes de verre lorsqu'ils sont mal montés. Rouen, 1893; br. in-4°.

Linde (I.). — Magnetisierung bei Transformatorem (Extr. *Elektrotechnische Écho;* 1891); in-4°.

— Ueber die Form der elektromotorischen Kraft an Wechselstrommaschinen und den Verlauf des primären Stromes in den primären und sekundären Kreisen eines Transformators (Extr. *Elektrotechnische Echo;* 1891); br. in-4°.

— Methode zur Bestimmung des Selbstpotentials. (Extr. *Repert. der Phys.,* XXVII); in-4°.

Lussana (Silvio.). — La resistenza elettrica delle soluzioni acquose e sue variazioni in corrispondenza al massimo di densità. Ricerche sperimentali (Extr. *Atti del R. Istituto Veneto di Scienze,* etc., t. IV, série VII; 1892-93); in-8°.

— Influenza del magnetismo e del calore sul trasporto degli ioni. Ricerche sperimentali (Extr. *Atti del R. Istituto Veneto di Scienze,* etc., t. IV, série VII; 1892-93); in-8°.

— La Termoelettricità negli elettroliti allo stato solido. Influenza di una trasformazione molecolare. Ricerche sperimentali (Extr. *Atti del R. Istituto Veneto di Scienze,* etc., t. IV, série VII; 1892-93); in-8°.

— Ricerche sperimentali sul potere termo-elettrico ne gli elettroliti. Venezia, Ferrari, 1893; br. in-8°.

Lussana (Silvio) e Bozzola (Giovanni). — Relazione fra la temperatura di gelo e quella del massimo di densità dell'acqua che contiene disciolti dei sali. Ricerche sperimentali (Extr. *Atti del R. Istituto Veneto di Scienze,* etc., t. IV, série VII; 1892-93); in-8°.

Macé de Lépinay (J.). — Sur les franges des caustiques (Extr. *Comptes rendus de l'Académie des Sciences,* fév. 1893); in-4°.

— Mesures optiques d'étalons d'épaisseur (Extr. *Journal de Physique,* 3° série, t. II, 1893); br. in-8°.

— Quelques remarques relatives à la théorie du mirage de Biot (Extr. *Journal de Physique,* 3ᵉ série, t. II, 1893).

— Contribution à l'étude du mirage (Extr. *Ann. de Chimie et de Physique,* 6ᵉ série, t. XXVII, 1892); br. in-8°.

Malosse (Th.). — Calorimétrie et thermométrie. Paris, F. Savy, 1886; br. in-8°.

Mascart (E.). — La Météorologie appliquée à la prévision du temps. Leçon faite le 2 mars 1880 à l'École supérieure de Télégraphie, recueillie par M. *Th. Moureaux.* Paris, Gauthier-Villars, 1881; 1 vol. in-18 jésus.

— Traité d'Optique, t. III. Paris, Gauthier-Villars et fils, 1893; 1 vol. in-8°.

Mathias (E.). — Remarques sur le théorème des états correspondants (Extr. *Ann. de Toulouse,* t. V, 1893); br. in-4°.

— Sur la densité critique et le théorème des états correspondants (Extr. *Ann. de Toulouse,* t. VI, 1893); br. in-8°.

Meslin (G.). — Sur l'équation de Van der Waals et la démonstration du théorème des états correspondants (Extr. *Comptes rendus de l'Académie des Sciences,* février 1893); in-4°.

— Sur de nouvelles franges d'interférences rigoureusement achromatiques (Extr. *Mém. de l'Ac. de Montpellier,* t. I, 2ᵉ série; 1893). Montpellier, Ch. Boehm; 1893; br. in-8°.

— Sur les franges d'interférence semi-circulaires (Extr. *Journal de Phys.,* 3ᵉ série, t. II; 1893); br. in-8°.

— Sur les nouvelles franges d'interférences semi-circulaires (Extr. *Comptes rendus de l'Acad. des Sciences;* mars 1893); in-4°.

Metz (G. de). — Ueber die absolute Compressibilität des Quecksilbers (Extr. *Annalen der Phys. und Chemie.* Band XLVII; 1892); br. in-8°.

Minel (P.). — I. Introduction à l'électricité industrielle. — Potentiel. — Flux de force. — Grandeurs électriques. II. Circuit magnétique. — Induction. — Machines (*Encyclopédie des Aide-Mémoire*). Paris, Gauthier-Villars et fils; 1893; 2 vol. petit in-8°.

Moride (Édouard). — Étude sur l'aréomètre de Baumé. Marseille, Barlatier et Barthelet; 1893; br. in-8°.

Moureaux (Th.). — Déterminations magnétiques faites en France pendant l'année 1890 (Extr. *Ann. du Bur. cent. mét. de France*); in-4°.

— Déterminations magnétiques faites en France pendant l'année 1891 (Extr. *Ann. du Bur. cent. mét. de France*); in-4°.

Musschenbroek (Pierre Van). — Essai de Physique; avec une description de nouvelles sortes de machines pneumatiques et un recueil d'expériences par M. J.-V. M. Traduit du hollandais, par *Pierre Massuet.* Leyden, Samuel Luchtmans, 1751; 2 vol. in-4°.

Naudin (Laurent). — Fabrication des Vernis (*Encyclopédie des Aide-Mémoire*). Paris, Gauthier-Villars et fils, 1893; 1 vol. petit in-8°.

Pellat (H.). — Cours de Physique à l'usage des Élèves de la classe de Mathématiques spéciales. Paris, P. Dupont; 1893. 2ᵉ édit.; 2 vol. in-8°.

Poinsot. — Éléments de Statique. Paris, Bachelier, 1848, 9ᵉ édition; 1 vol. in-8°.

Pollard (G.) et Dudebout (A.). — Architecture navale. — Théorie du navire. Paris, Gauthier-Villars et fils, 1892-94; 4 vol. in-8°.

Pouillet. — Éléments de Physique expérimentale et de Météorologie. Paris, L. Hachette, 1853; 2 vol. in-8° (sauf les planches).

Raffard (N.-J.). — Considérations sur le régulateur de Watt. — Régulateur à double action centrifuge et tangentielle et à stabilité variable. — Obturateur à mouvement louvoyant (Extr. *Publications technologiques de la Société des anciens élèves des Écoles d'Arts et Métiers;* 1871-72 et 1888); Paris, 1893; br. in-8°.

— Ancien projet de locomotive électrique à grande vitesse. Régularisation du mouvement des machines au moyen de l'accouplement élastique Raffard (Extr. *Bulletin technologique de la Société des anciens élèves des Écoles nationales d'Arts et Métiers,* oct. 1892). Paris, Chaix, 1892; br. in-8°.

— Ancien projet de locomotive électrique à grande vitesse. — Régularisation du mouvement des machines au moyen de l'accouplement élastique Raffard (Extr. *Bulletin de la Société des anciens élèves des Écoles nationales d'Arts et Métiers;* 1892). Paris, Chaix, 1892; br. in-8°.

— Accouplement élastique des arbres de transmission. — Vapeur sèche à de grandes distances de la chaudière. — Fermeture magnétique des lampes de sûreté des mines (Extr. *Bulletin des anciens élèves des Écoles d'Arts et Métiers;* 1889.) Paris, Chaix, 1889; in-8°.

— Compteur totalisateur à deux roulettes et à mouvement différentiel (Extr. *Bulletin des anciens élèves des Écoles d'Arts et Métiers;* 1889.) Paris, Chaix, 1889; br. in-8°.

— L'arbre, la manivelle, la bielle et le volant. Régularisation du mouvement et diminution du frottement dans les appareils à simple effet. — Dynamomètre de transmission pour les grandes vitesses (Extr. *Bulletin des anciens élèves des Écoles d'Arts et Métiers;* 1890.) Paris, Chaix, 1890; br. in-8°.

— Historique de l'application de la vapeur surchauffée aux machines à vapeur fixes et aux locomotives (Extr. *Bulletin technologique de la Société des anciens élèves de l'École nationale d'Arts Métiers;* 1892.) Paris, Chaix, 1892; br. in-8°.

Rayleigh (Lord). — On Waves (Ext. *Phil. Mag.*, april 1876.); br. in-8°.

Salleron (J.). — Sur la nouvelle balance de M. Mendeleef (Extr. *Comptes rendus de l'Académie des Sciences,* fév. 1875); br. in-4°.

— Sur quelques modifications subies par le verre (Extr. *Comptes rendus de l'Académie des Sciences,* oct. 1880); in-4°.

Sarasin (Ed.) et de la Rive (L.). — Interférences des ondulations électriques par réflexion normale sur une paroi métallique. Égalité des vitesses de propagation dans l'air et le long des fils conducteurs (Extr. *Archives des Sciences phys. et naturelles*, t. XXIX ; 1893) ; br. in-8°.

Schaeberle (J.-M.). — Terrestrail atmospheric absorption of the Photographic Rays of light (*Contribution from the Lick observatory*, n° 3). Sacramento, Johnston; 1893); 1 vol. in-8°.

Sebert (Général). — Rapport fait au nom de la Commission chargée de suivre les travaux d'installation des moteurs de la Société d'Encouragement pour l'industrie nationale (Extr. *Bull. de la Soc. d'Encouragement*); br. in-8°.

Service géographique de l'Armée. — Table des logarithmes à huit décimales des nombres entiers de 1 à 120000 et des sinus et tangentes de dix secondes en dix secondes d'arc dans le système de la division centésimale du quadrant, publiée par ordre du Ministre de la Guerre. Paris, Imprimerie nationale; 1891; 1 vol. grand in-4°.

Sinigaglia (P.). — Accidents de chaudière (*Encyclopédie des Aide-Mémoire*). Paris, Gauthier-Villars et fils, 1893; 1 vol. petit in-8°.

Smée (A.). — Nouveau Manuel d'Électricité médicale ou Élément d'électrobiologie, suivie d'un traité sur la vision. Traduit de l'anglais par *M. Magnier*. Paris, Encyclopédie Roret, 1850; 1 vol. in-18.

Somzée (Léon). — Les dégagement de grisou. — Étude sur les moyens de les combattre et d'en réduire les effets. Bruxelles, J. Goffin, 1892; br. in-4°.

Stokes (George Gabriel) M. A., D. C. L., LL. D., F. R. S. — Mathematical and Physical Papers. Cambridge, at the University Press, 1880; 2 vol. in-8°.

Thiesen (Max). — Kilogrammes prototypes. *Première Partie :* Comparaisons des prototypes nationaux du kilogramme entre eux. 71 p. et CCCLXV (*Travaux et Mémoires du Bureau international des Poids et Mesures*, t. VIII). Paris, Gauthier-Villars et fils, 1893; 1 vol. in-4°.

Thomson (Lord Kelvin, William). — Conférences scientifiques et allocutions. Traduites et annotées sur la 2ᵉ édition par M. *P. Lugol*, avec des extraits de Mémoires récents de Sir W. Thomson et quelques *Notes* par M. *Brillouin.* — Constitution de la matière. Paris, Gauthier-Villars et fils, 1893; 1 vol. in-8°.

Tissot (J.). — Essai de Philosophie naturelle. Paris, Germer-Baillière et Cⁱᵉ, 1881, t. I; 1 vol. in-8°.

Trouvé (G.). — Manuel théorique instrumental et pratique d'Électrologie médicale. Paris, Doin, 1893; 1 vol. in-18.

Tyndall (John). — Faraday inventeur. Traduit de l'anglais, par l'abbé *Moigno*. Paris, Gauthier-Villars, 1868; 1 vol. in-18.

Uchard (A.). — Remarques sur les lois de la résistance de l'air. — Influence de la vitesse initiale d'un corps sur sa chute dans l'air. Paris, Berger-Levrault, 1892; in-8°.

Waals (Dʳ I.-D. Van der). — Die Continuität des gasförmigen und flüssigen

Zustandes (aus dem *Hotländischen Uebersetzt und mit Zusätzen*), versehen von Dr. Fr. Rotz. Leipzig, I.-A. Barth, 1881; in-8°.

Vermand. — Les moteurs à gaz et à pétrole (*Encyclopédie des Aide-Mémoire*). Paris, Gauthier-Villars et fils, 1893 ; 1 vol. petit in-8°.

Vidal (Léon). — Traité pratique de Photolithographie. Paris, Gauthier-Villars et fils, 1893; 1 vol. in-18.

— La Photographie des couleurs (Extr. *Moniteur de la Photographie;* 1893); in-8°.

Witz (A.). — Du rôle et de l'efficacité des enveloppes de vapeur dans les machines compound (Extr. *Société industrielle du Nord de la France*). Lille, Danel, 1893; br. in-8°.

Wœhler (F.). — Éléments de Chimie. Édition française de *L. Grandeau,* avec le concours de *F. Sacc* et *H. Sainte-Claire Deville.* Paris, Mallet-Bachelier, 1861; 1 vol. in-8°.

SOCIÉTÉ FRANÇAISE DE PHYSIQUE.

LISTE DES MEMBRES.

ANNÉE 1894.

SOCIÉTÉ FRANÇAISE DE PHYSIQUE,

44, RUE DE RENNES, 44.

(1894.)

— —

BUREAU.

MM. JOUBERT, *Président*.
CAILLETET, *Vice-Président*.
PELLAT, *Secrétaire général*.
BERGET, *Secrétaire*.
POINCARÉ (L.), *Vice-Secrétaire*.
GAY (J.), *Archiviste-Trésorier*.

CONSEIL.

Membres résidants :		*Membres non résidants :*	
MM. AMAGAT.	1892.	MM. BLONDLOT (Nancy).	1892.
HOSPITALIER.		CHAPPUIS (P.) (Lausanne).	
KROUCHKOLL.		GÉRARD (ERIC) (Liège).	
LEDUC.		MOUTON (Fontenay-sous-Bois).	
BECQUEREL.	1893.	ANDRÉ (Lyon).	1893.
CANCE.		GUÉBHARD (Nice).	
VASCHY.		GUYE (Ph.-A.) (Genève).	
WYROUBOFF.		PILTSCHIKOFF (Kharkoff).	
BLONDEL.	1894.	LOUGUININE (Moscou).	
COLARDEAU.		MICHELSON (A.) (Chicago).	
FRON.		PÉROT (Marseille).	
HILLAIRET.		PIONCHON (Bordeaux).	

ANCIENS PRÉSIDENTS.

1873.	MM.	FIZEAU.
1874.		BERTIN.
1875.		JAMIN.
1876.		QUET.
1877.		BECQUEREL (Ed.).
1878.		BLAVIER.
1879.		BERTHELOT.
1880.		MASCART.
1881.		CORNU.
1882.		GERNEZ.
1883.		JANSSEN.
1884.		POTIER.
1885.		MAREY.
1886.		SEBERT.
1887.		WOLF.
1888.		ROMILLY (de).
1889.		MASCART.
1890.		MALLARD.
1891.		FRIEDEL.
1892.		VIOLLE.
1893.		LIPPMANN.

MM. ALMEIDA (d'), *Secrétaire général, Fondateur* (1873-1880).

JOUBERT, *Secrétaire général honoraire* (1880-1890).

NIAUDET, *Trésorier-Archiviste honoraire* (1875-1882).

MAURAT, *Trésorier-Archiviste honoraire* (1883-1890).

MEMBRES HONORAIRES (¹).

MM. **FIZEAU** (**A.-H.-L.**), Membre de l'Institut.

STOKES (**G.-G.**), Professeur à l'Université de Cambridge (Angleterre).

KELVIN (**W. Thomson, Lord**), F. R. S., Professeur à l'Université de Glasgow (Écosse).

BELL (**Alex. Graham**), de Washington (États-Unis).

BERTHELOT (**M.**), Sénateur, Secrétaire perpétuel de l'Académie des Sciences.

JANSSEN (**J.**), Membre de l'Institut.

BERTRAND (**J.**), Membre de l'Académie Française, Secrétaire perpétuel de l'Académie des Sciences.

ROWLAND, Professeur à l'Université Johns Hopkins, à Baltimore (États-Unis).

DONATEURS (²).

COMPAGNIE DES CHEMINS DE FER DU MIDI . . . . 2 000^{fr}

COMPAGNIE DES SALINS DU MIDI 1 000

(¹) *Membres honoraires décédés :*

MM. A. BECQUEREL.	1874-78.	
V. REGNAULT.	1876-78.	
SECCHI.	1876-78.	
BILLET.	1876-82.	
PLATEAU.	1880-83.	
JAMIN.	1882-86.	
EDLUND.	1884-88.	
BROCH.	1878-89.	
JOULE.	1878-89.	
HIRN.	1890-90.	
ED. BECQUEREL.	1882-91.	

EXTRAIT DES STATUTS, Art. IV. — Le titre de Membre honoraire est conféré comme un hommage et une distinction particulière à des physiciens éminents de la France et de l'étranger.

Les Membres honoraires ont voix délibérative dans les séances de la Société et du Conseil. Ils sont nommés par la Société à la majorité des voix, sur la présentation du Conseil.

Il ne peut en être nommé plus de deux chaque année.

Leur nombre est de dix au plus.

(²) Les noms des personnes qui auront donné à la Société une somme supérieure ou égale à 500^{fr} resteront inscrits, avec le chiffre de la donation, immédiatement après les Membres honoraires, et avant les Membres à vie, sous le titre de DONATEURS. Les Membres à vie pourront acquérir ce titre en ajoutant une somme de 300^{fr} à leur souscription perpétuelle. (Décision du Conseil du 1er décembre 1891.)

MM. **ANONYME** (pour aider à la publication des Mémoires)..... 5 000^{fr}

GUEBHARD, agrégé à la Faculté de Médecine de Paris (pour l'amélioration de la Bibliothèque)..................... 10 000

ANONYME (pour aider à la publication du volume des constantes)... 5 000

JENNESSON, Principal de Collège (Legs)................ 500

ANONYME (Solde des comptes de la Société chez MM. Gauthier-Villars et fils)....................................... 5 547,50

BISCHOFFSHEIM, Membre de l'Institut................. 1 500

SAUTTER et **LEMONNIER**, Une machine dynamo.

MEMBRES A VIE (¹).

MM. D'ABBADIE, Membre de l'Institut, 120, rue du Bac.

* ABRIA, Professeur à la Faculté des Sciences de Bordeaux.

* D'ALMEIDA, Inspecteur général de l'Instruction publique, Secrétaire général de la Société.

ALVERGNIAT, Constructeur d'instruments de physique, 10, rue de la Sorbonne.

ANGOT, Météorologiste titulaire au Bureau central météorologique, 12, avenue de l'Alma.

ARNOUX (René), Ingénieur civil, 16, rue de Berlin.

ARSONVAL (D^r D'), Membre de l'Académie de Médecine. Professeur suppléant au Collège de France, 28, avenue de l'Observatoire.

AUBERT, Professeur au Lycée Condorcet, 139, rue de Rome.

BABINSKI, Ingénieur civil des Mines, 54, rue Bonaparte.

BAILLE, Répétiteur à l'École Polytechnique, 26, rue Oberkampf.

BAUME PLUVINEL (comte de la), 7, rue de la Baume.

BARDY, Directeur du Laboratoire central des Contributions indirectes, 26, rue du Général-Foy.

BANDSEPT, Ingénieur, 58, chaussée de Wavre, à Bruxelles.

BARON, ancien Directeur à l'Administration des Postes et des Télégraphes, 64, rue Madame.

BENOIT (René), Directeur du Bureau international des Poids et Mesures, au Pavillon de Breteuil, à Sèvres.

BIENAYMÉ, Directeur du matériel au Ministère de la Marine, 74, rue de Rennes.

(¹) Les Membres résidants ou non résidants sont libérés de toute cotisation moyennant un versement unique de 200 francs ou quatre versements de 50 francs pendant quatre années consécutives. Les sommes versées pour rachat des cotisations sont placées en valeurs garanties par l'État et leur revenu seul peut être employé aux besoins de la Société. (STATUTS, Art. III, dernier paragraphe.)

(*) Membres décédés.

MM. Bischoffsheim (Raphaël-Louis), Membre de l'Institut, 3, rue Taitbout.

Bjerknes (Wilhelm), chargé de Cours à l'Université de Stockholm (Suède).

* Blavier, Inspecteur général des Télégraphes, Directeur de l'École supérieure de Télégraphie.

Blondel, Ingénieur des Ponts et Chaussées, 2, boulevard Raspail.

Blondin, Professeur au Lycée, villa Bombarde, à Orléans.

Blondlot, Correspondant de l'Institut, Professeur adjoint à la Faculté des Sciences, 8, quai Claude-le-Lorrain, à Nancy.

Boitel, Professeur au Lycée Lakanal, 5, route de l'Hay, à Bourg-la-Reine.

Bordet (Lucien), ancien Inspecteur des Finances, ancien élève de l'École Polytechnique, Administrateur de la Cie des forges de Châtillon et de Commentry, 181, boulevard Saint-Germain.

Bourgeois (Léon), Répétiteur à l'École Polytechnique, 1, rue du Cardinal-Lemoine.

Bouty, Professeur à la Faculté des Sciences, 9, rue du Val-de-Grâce.

Branly, Professeur à l'École libre des Hautes Études scientifiques et littéraires, 21, avenue de Tourville.

* Bréguet (Antoine), ancien élève de l'École Polytechnique.

Brewer, Constructeur d'instruments pour les Sciences, 76, boulevard Saint-Germain.

Brillouin, Maître de Conférences à l'École Normale supérieure, 35, rue de l'Arbalète.

* Brion, Professeur de Physique.

Brisse (Ch.), Répétiteur à l'École Polytechnique, 18, rue Vauquelin.

Broca (Dr André), ancien élève de l'École Polytechnique, Préparateur de Physique à la Faculté de Médecine, 211, boulevard Saint-Germain.

Brunhes (Bernard), Maître de Conférences à la Faculté des Sciences, à Lille.

* Buchin, Ingénieur électricien.

* Cabanellas, Ingénieur électricien.

Cadot, Professeur au Lycée de Douai.

Cailho, Ingénieur des Télégraphes, 21, rue Bertrand.

Canet, Directeur de l'Artillerie des forges et chantiers de la Méditerranée, 3, rue Vignon.

Carpentier, ancien élève de l'École Polytechnique, constructeur d'instruments de Physique, 34, rue du Luxembourg.

Carvallo, Examinateur d'admission à l'École Polytechnique, 19, villa Saïd.

Caspari, Ingénieur hydrographe de la Marine, 30, rue Gay-Lussac.

Chabaud (Victor), Constructeur d'instruments de Physique, 12, rue de la Sorbonne.

MM. CHANCEL (Félix), Ingénieur des Arts et Manufactures, 34, rue Saint-Jacques, à Marseille.

CHAUTARD, Doyen honoraire de la Faculté libre des Sciences de Lille, au château de la Chapelle, par Croissanville (Calvados).

CHAVES (Antonio Ribeiro), 116, rua do Ouvidor, à Rio de Janeiro (Brésil).

CHERVET, Professeur au Lycée Saint-Louis, 18, rue Nicole.

CLAVERIE, Censeur du Lycée Buffon.

COLARDEAU (Emmanuel), Professeur au Collège Rollin, 29, avenue Trudaine.

COMPAGNIE DES CHEMINS DE FER DU MIDI, 54, boulevard Haussmann.

COMPAGNIE DES SALINS DU MIDI, 84, rue de la Victoire.

CONTAL, Préparateur de Physique au Collège Rollin, 12, avenue Trudaine.

COPPET (DE), 41, villa Irène, à Nice.

CORNU, Membre de l'Institut, 9, rue de Grenelle.

CULMANN, Docteur ès Sciences, Professeur au Lycée de Winterthur, à Schlotzhosfstrass (Suisse).

CURIE (Pierre), Préparateur de Physique à l'École de Physique et de Chimie industrielles de la Ville de Paris, 13, rue des Sablons, à Sceaux.

DAMBIER, Professeur au Collège Stanislas, 16, rue du Luxembourg.

DEFFORGES (le Commandant G.), détaché à l'État-Major général du Ministère de la Guerre, 41, boulevard de La Tour-Maubourg.

DELEBECQUE, Ingénieur des Ponts et Chaussées, à Thonon.

DOLLFUS (Eugène), Chimiste, fabricant d'indiennes, 32, rue d'Altkirch, à Mulhouse.

DROUIN (Félix), 5, rue Descombes.

* DUBOSCQ (JULES), Constructeur d'instruments de Physique.

DUCLAUX, Membre de l'Institut, Professeur à l'Institut agronomique, 35 ter, rue de Fleurus.

DUCLOS, ancien Directeur d'École normale à Cérisols, par Sainte-Croix de Volvestre (Ariège).

DUFET, Maître de Conférences à l'École Normale supérieure, Professeur au Lycée Saint-Louis, 35, rue de l'Arbalète.

DUMOULIN-FROMENT, Constructeur d'instruments de précision, 85, rue Notre-Dame-des-Champs.

DYBOWSKI, Professeur au Lycée Louis-le-Grand, 16, rue Rottembourg.

ENGEL, Professeur à l'École Centrale, 50, rue d'Assas.

FAVÉ, Ingénieur hydrographe, 1, rue de Lille.

FERNET, Inspecteur général de l'Instruction publique, 9, rue de Médicis.

FONTAINE (Hippolyte), Ingénieur électricien, 52, rue Saint-Georges.

FOUSSEREAU, Secrétaire de la Faculté des Sciences, 56, boulevard de Port-Royal.

FRIEDEL, Membre de l'Institut, 9, rue Michelet.

MM. GARIEL (C.-M.), Membre de l'Académie de Médecine, Professeur à la Faculté de Médecine, 39, rue Jouffroy.

GAUTHIER-VILLARS, Libraire-Éditeur, 55, quai des Grands-Augustins.

GAY (Jules), Professeur au Lycée Louis-le-Grand, 16, rue Cassette.

GAYON, Professeur à la Faculté des Sciences, Directeur de la station agronomique, 41, rue Permentade, à Bordeaux.

GERNEZ, Maître de conférences à l'École Normale supérieure, 18, rue Saint-Sulpice.

GODARD (Léon), Docteur ès sciences, 82, boulevard Saint-Germain.

GODEFROY (l'abbé), Professeur de Chimie à l'Institut catholique, 8, passage Gourdon.

GODRON (H.), Ingénieur des Ponts et Chaussées, 9, rue des Grandes-Poteries, à Alençon.

GOLOUBITZKY, Collaborateur de la Société des amis des Sciences de Moscou, à Kalouga Faroussa (Russie).

* GOTENDORF (Silvanus).

GOURÉ DE VILLEMONTÉE, Professeur au Lycée Buffon, 31, rue de Poissy.

GRAMONT (Arnaud DE), Licencié ès Sciences, 81, rue de Lille.

GRAY (Robert Kaye), Ingénieur électricien de l'India Rubber, Gutta and telegraph works C° limited, à Londres.

GROSSETESTE (William), Ingénieur, 11, rue des Tanneurs, Mulhouse.

GROUVELLE, Ingénieur, Professeur à l'École Centrale, 18, avenue de l'Observatoire.

GUÉBHARD (Dr Ad.), Agrégé de Physique de la Faculté de Médecine, Villa Mendiguren, à Nice.

HUGO (Comte Léopold), 14, rue des Saints-Pères.

INFREVILLE (Georges D'), Électricien de la *Western Union Telegraph,* Expert de la *National Bell Telephone C°*, 110, Liberty Street, New-York (États-Unis).

* JAMIN, Membre de l'Institut.

JANET (Paul), Professeur à la Faculté des Sciences, 1, rue Molière, à Grenoble.

JAVAL, Membre de l'Académie de Médecine, Directeur du laboratoire d'Ophtalmologie à la Sorbonne, 52, rue de Grenelle.

* JENNESSON, Ancien Principal.

JÉNOT, Professeur au Collège Rollin, 17, rue Caulaincourt.

JOLY, Professeur adjoint à la Faculté des Sciences, 2 *bis*, square du Croisic.

JOUBERT, Inspecteur général de l'Instruction publique, 67, rue Violet.

KŒCHLIN (Horace), Chimiste, 16, rue Masséna, à Lyon.

LACOUR, Ingénieur civil des Mines, 60, rue Ampère.

LAURENT (Léon), Constructeur d'instruments d'optique, 21, rue de l'Odéon.

LE BEL, ancien Président de la Société chimique, 25, rue Franklin.

MM. LEBLANC, ancien élève de l'École Polytechnique, 63, allée du Jardin Anglais, au Raincy.

LECHAT, Professeur honoraire du Lycée Louis-le-Grand, 4, rue de Calais.

LE CHATELIER (André), Ingénieur des Constructions navales, 25, cours Gambetta, à Lyon.

LE CHATELIER (Henry), Ingénieur des Mines, Professeur de Chimie générale à l'École des Mines, 73, rue Notre-Dame-des-Champs.

LE CHATELIER (Louis), Ingénieur des Ponts et Chaussées, 95, rue de Rennes.

LE CORDIER (Paul), chargé de Cours à la Faculté des Sciences de Clermont-Ferrand.

LEDUC, Maître de Conférences à la Faculté des Sciences, 136, rue d'Assas.

LEMOINE (E.), ancien élève de l'École Polytechnique, 5, rue Littré.

LEMONNIER, ancien élève de l'École Polytechnique, 194, rue de Rivoli.

LEMSTRÖM (Selim), Professeur de Physique à l'Université de Helsingfors (Finlande).

LEQUEUX, Ingénieur des Arts et Manufactures, 64, rue Gay-Lussac.

LEROY, Professeur au Lycée Michelet, 245, boulevard Raspail.

LESPIAULT, Professeur à la Faculté des Sciences de Bordeaux.

* LÉTANG (Paul), Ingénieur électricien.

LIMB, Ingénieur, Préparateur de Physique à la Faculté des Sciences, 104, rue d'Assas.

LIPPMANN, Membre de l'Institut, Professeur à la Faculté des Sciences, 10, rue de l'Éperon.

LYON (Gustave), ancien élève de l'École Polytechnique, Ingénieur civil des Mines, 24 bis, rue Rochechouart.

MACH (Dr E.), Professeur de Physique à l'Université de Prague (Autriche).

MALLARD, Membre de l'Institut, Ingénieur en Chef des Mines, Professeur de Minéralogie à l'École des Mines, 11, rue de Médicis.

MANEUVRIER, Agrégé de l'Université, Sous-Directeur du Laboratoire des recherches à la Sorbonne, 54, rue Notre-Dame-des-Champs.

MACQUET (Auguste), Ingénieur au corps des Mines, Professeur à l'École des Mines du Hainaut, à Mons (Belgique).

MARTIN (Ch.), rue de Bonneval, à Chartres.

MASCART, Membre de l'Institut, Professeur au Collège de France, 176, rue de l'Université.

MASSON (G.), Libraire-Éditeur, 120, boulevard Saint-Germain.

MAURAT, Professeur honoraire du Lycée Saint-Louis, à Rochecorbon (Indre-et-Loire).

MENIER (Henri), 8, rue de Vigny.

MESLIN, Chargé de Cours à la Faculté des Sciences de Montpellier.

* MEYER (Bernard), Ingénieur des Télégraphes.

MM. Molteni, Ingénieur-Constructeur, 44, rue du Château-d'Eau.

* Moncel (comte du), Membre de l'Institut.

Montefiore (Lévi), Sénateur, Ingénieur, Fondateur de l'Institut électrotechnique, à Liège.

Moser (Dr James), Privat-Docent à l'Université, viii, Laudongasse, 43, à Vienne (Autriche).

Muirhead (Dr Alexandre F. C. S.), 3, Elm Court, Temple E. C. Londres:

Nerville (de), Ingénieur des Télégraphes, 116, boulevard Haussmann.

Nogué (Émile), Attaché à la maison Pellin-Duboscq, 138, rue d'Assas.

* Niaudet, Ingénieur civil.

Ogier (Jules), Docteur ès Sciences, Chef du laboratoire de Toxicologie, 1, quai d'Orsay.

Ollivier (A.), Ingénieur civil, 51, boulevard Beaumarchais.

Palmade, Professeur au Lycée de Nîmes.

Palmade, Capitaine du Génie, au fort Saint-Sauveur, à Lille.

Pavlidès (Démosthènes), Docteur en Médecine, 14, rue Cadet.

Pellat, Professeur adjoint à la Faculté des Sciences, 3, avenue de l'Observatoire.

Pérard (L.), Professeur à l'Université, 101, rue Saint-Esprit, Liège (Belgique).

* Pérot, Dessinateur et Graveur.

Picou, Ingénieur des Arts et Manufactures, 75, avenue de la Grande-Armée.

Piltschikoff (Nicolas), Professeur à l'Université de Kharkoff (Russie).

Poincaré (A.), Inspecteur général des Ponts et Chaussées, 14, rue du Regard.

Poincaré (Lucien), Professeur au Lycée Louis-le-Grand, 17, rue d'Assas.

Popp (Victor), Administrateur-Directeur de la Compagnie des horloges pneumatiques, 54, rue Étienne-Marcel.

Potier, Membre de l'Institut, Ingénieur en chef des Mines, Professeur à l'École Polytechnique, 89, boulevard Saint-Michel.

Poussin (Alexandre), Ingénieur, au château de La Houblonnière, par Lisieux.

Pupin, Secrétaire do la Faculté de Médecine de Paris.

Puyfontaine (Comte de), 34, avenue Friedland.

Raffard (N.-J.), Ingénieur, 5, avenue d'Orléans.

Raymond, Ingénieur des Constructions navales, à Toulon.

* Raynaud, Directeur de l'École supérieure de Télégraphie.

Renault, Licencié ès Sciences physiques, 25, rue Brézin.

Ribière (Charles), Ingénieur des ponts et chaussées attaché au service des phares, 6, rue Bizet.

Rigout (A.), Docteur en Médecine, 10, rue Gay-Lussac.

Rivière, Professeur au Lycée Saint-Louis, 17, rue Gay-Lussac.

MM. RODDE (Ferd.), 3, cité Magenta.

RODDE (Léon), rua do Ouvidor, 107, à Rio de Janeiro (Brésil).

RODOCANACHI (Emmanuel), 54, rue de Lisbonne.

ROGER, Chef d'institution honoraire, 161, rue Saint-Jacques.

ROMILLY (Félix DE), 25, avenue Montaigne.

ROMILLY (Paul DE), Ingénieur en Chef des Mines, 7, rue Balzac.

ROZIER (F.), Docteur en Médecine, 19, rue du Petit-Pont.

SAINTE-CLAIRE DEVILLE (Emile), Ingénieur à la Compagnie du gaz, 9, rue Brémontier.

* SAINTE-CLAIRE DEVILLE (Henri), Membre de l'Institut.

* SALET, Maître de conférences à la Faculté des Sciences.

SCHWEDOFF, Professeur à l'Université d'Odessa (Russie).

SEBERT, Général d'Artillerie de Marine, Administrateur des forges et chantiers de la Méditerranée, 14, rue Brémontier.

SELIGMANN-LUI, Sous-Inspecteur des Télégraphes, 103, rue de Grenelle.

* SPOTTISWOODE (W.), Président de la Société royale de Londres.

STRAUSS, Chef du Génie, 16, boulevard de la Liberté, à Gap.

STREET (Charles), Ingénieur des Arts et Manufactures, 39, rue Joubert.

TEPLOFF, Colonel du Génie impérial russe, rue Vladimirskaïa, 15, Maison Friederichs, Saint-Pétersbourg.

* TERQUEM, Professeur à la Faculté des Sciences, à Lille.

* THOLLON, Physicien à l'Observatoire de Nice.

THOUVENEL, Professeur au Lycée Charlemagne, 100, rue de Rennes.

TOUANNE (DE LA), Ingénieur des Télégraphes, 13, rue Soufflot.

TULEU, Ingénieur, 58, rue Hauteville.

VAGNIEZ (Édouard), à Amiens.

* VAN DEN KERCHOVE, Sénateur, Gand (Belgique).

VASCHY, Ingénieur des Télégraphes, Répétiteur à l'École Polytechnique, 68, avenue Bosquet.

VAUTIER (Théodore), Professeur adjoint de Physique à la Faculté des Sciences, 30, quai Saint-Antoine, à Lyon.

VERRIER (J.-F.-G.), Membre de plusieurs Sociétés savantes, 13, boulevard Saint-Germain.

VILLIERS (Antoine), Agrégé à l'École de Pharmacie, 30, avenue de l'Observatoire.

VIOLLE, Professeur au Conservatoire des Arts et Métiers, Maître de Conférences à l'École Normale supérieure, 89, boulevard Saint-Michel.

WALLON (E.), Professeur au Lycée Janson de Sailly, 24, rue de Saint-Pétersbourg.

* WARREN DE LA RUE, Correspondant de l'Institut.

WEISS (Dr Georges), Ingénieur des Ponts et Chaussées, Professeur agrégé de Physique à la Faculté de Médecine, 119, boulevard Saint-Germain.

MM. Weyher, Ingénieur, Administrateur-Directeur de la Société centrale de Construction de machines, 36, rue Ampère.

Wunschendorff, Ingénieur des Télégraphes, 92, rue de Rennes.

Wyrouboff, Docteur ès Sciences, 141, rue de Rennes.

Cauro (Joseph), ancien élève de l'École Polytechnique, 6, rue Berthollet.

* Chabry (Dr L.), Docteur ès Sciences.

Chauveau, ancien élève de l'École Normale supérieure, Météorologiste adjoint au Bureau central, 51, rue de Lille.

Faivre-Dupaigre, Professeur au Lycée Saint-Louis, 95, boulevard Saint-Michel.

Galimard, Pharmacien de 1re classe, à Dijon.

Gall (Henry), Directeur de l'Usine de produits chimiques, à Villers, par Hermes (Oise).

Gaudin, ancien élève de l'École Polytechnique, 38, rue Gay-Lussac.

Gérard (Anatole), Ingénieur électricien, 16, rue des Grandes-Carrières.

Husson, Contrôleur du câble télégraphique, à Haïphong (Tonkin).

Jobin, ancien élève de l'École Polytechnique, 21, rue de l'Odéon.

Kerangué (Yves de), Capitaine en retraite, à Kernouël, près Paimpol (Côtes-du-Nord).

Krouchkoll, Docteur ès Sciences, 6, rue Édouard-Detaille.

Lapresté, Professeur au Lycée Buffon, 7, rue Charlet.

Laviéville, Professeur au Lycée Condorcet, 56, rue de Lisbonne.

Lefebvre (Pierre), Professeur au Lycée, 34, rue de Bellaing, Lille.

Macé de Lépinay, Professeur à la Faculté des Sciences, 105, boulevard Longchamps, à Marseille.

Mestre, Ingénieur à la Cie des Chemins de fer de l'Est, 168, rue Lafayette.

Pérot (Alfred), Professeur d'Électricité industrielle à la Faculté des Sciences, 119, boulevard Longchamps, à Marseille.

Perreau, Agrégé, préparateur au Collège de France.

Pollard (Jules), Ingénieur de la Marine, 28, rue Bassano.

Serpollet, Ingénieur, 27, rue des Cloys.

LISTE DES MEMBRES DE LA SOCIÉTÉ.

MM.

ABBADIE (d'), Membre de l'Institut, 120, rue du Bac.

ABRAHAM, Agrégé, préparateur de Physique à l'École Normale supérieure.

ADAM, Professeur au Lycée de Poitiers.

AGUILAR Y SANTILLAN (Raphael), Préparateur de Physique à l'École Normale de Mexico (Mexique).

ALBERT (Fernand), Professeur au Collège de Pontoise, 4, rue de la Terrasse, à Créteil.

ALLUARD, Professeur honoraire à la Faculté des Sciences, 22 *bis*, place de Jaude, Clermont-Ferrand.

ALVERGNIAT, Constr. d'instruments de Physique, 10, rue de la Sorbonne.

AMAGAT, Correspondant de l'Institut, Répétiteur à l'École Polytechnique, 34, rue Saint-Lambert.

AMET (E.), aux usines Saint-Hubert, à Sézanne (Marne).

ANDRÉ (Ch.), Professeur à la Faculté des Sciences, Directeur de l'Observatoire de Lyon.

ANGOT, Météorologiste titulaire au Bureau central météorologique, 12, avenue de l'Alma.

ANTHONISSEN (Joseph), 21, rue Hauteville.

APPERT (Louis), Ingénieur des Arts et Manufactures, Ingénieur verrier, 50, rue de Londres.

ARCHAMBAULT (J.), Professeur en retraite, 9, boulevard du Temple.

ARGYROPOULOS, Professeur de Physique, à Athènes (Grèce).

ARMAGNAT, Ingénieur, 20, rue Delambre.

ARNOUX (René), Ingénieur civil, 16, rue de Berlin.

ARNOYE (Léon), Professeur au Lycée, 40, rue Gasseras, à Montauban.

ARSONVAL (D' d'), Membre de l'Académie de Médecine, Professeur suppléant au Collège de France, 28, avenue de l'Observatoire.

ARTH, Chargé d'un Cours de Chimie industrielle à la Faculté des Sciences de Nancy.

ARTHAUD, Chef des travaux histologiques au Laboratoire de Physiologie générale du Muséum, 1, rue Larrey.

ATTAINVILLE (d'), Docteur en Médecine, 7, rue Brunel.

AUBERT, Professeur au Lycée Condorcet, 139, rue de Rome.

AUDIBERT, Professeur au Collège de Béziers.

AYLMER (John), Ingénieur, 4, rue de Naples.

AYMONNET (J.-F.), Professeur de Physique, 54, boulevard Arago.

BABINSKI, Ingénieur civil des Mines, 54, rue Bonaparte.

BABLON, 42, rue Boulard.

BAILLAUD (B.), Doyen honoraire de la Faculté des Sciences, Directeur de l'Observatoire de Toulouse.

MM.

BAILLE, Répétiteur à l'École Polytechnique, 26, rue Oberkampf.

BAILLY, Professeur au Lycée de Pau.

BANDSEPT, Ingénieur, 58, chaussée de Wavre, à Bruxelles (Belgique).

BANET-RIVET, Professeur au Lycée Saint-Louis, 19 *bis,* boulevard de Port-Royal.

BARBIER (**Paul**), Ingénieur, 129, avenue de Villiers.

BARDEL, Libraire, à Évreux.

BARDY, Directeur du laboratoire central de l'Administration des Contributions indirectes, 26, rue du Général-Foy.

BARON, Directeur à l'Administration des Postes et Télégraphes, 64, rue Madame.

BARRAUD (**Ph.**), Docteur en Médecine, 50, rue Saint-Placide.

BARY (**Paul**), Ingénieur électricien, 5, rue Gay-Lussac.

BASSET, Professeur au Lycée de Bourges.

BASSOT, Membre de l'Institut, Lieutenant-Colonel du Génie, Chef de la Section de Géodésie au Service géographique de l'armée, 16, rue Saint-Dominique.

BASTIDE, Employé au Secrétariat de la Faculté des Sciences de Paris.

BATTELLI (**Angelo**), Professeur à l'Université de Pise (Italie).

BAUDOT, Inspecteur-Ingénieur des lignes télégraphiques, 6, rue Mayet.

BAUME PLUVINEL (**Comte Aymar de la**), 7, rue de La Baume.

BEAULARD (**Fernand**), Professeur au Lycée, 1, rue Adanson, à Aix.

BÉCORDEL (**H. de**), Receveur principal, à Grasse.

BECQUEREL (**Henri**), Membre de l'Institut, Répétiteur à l'École Polytechnique, 21, boulevard Saint-Germain.

BÉDART, Professeur agrégé de Physiologie à la Faculté de Médecine de Lille.

BÉDOREZ, Proviseur du Lycée de Nancy.

BEGHIN (**Auguste**), Professeur à l'École nationale des Arts industriels, 50, rue du Tilleul, à Roubaix.

BELL (**Alexander Graham**), 95, Scott Circle, Washington D. C. (U. S. A).

BELLE (**Gaston**), Ministre plénipotentiaire, 15, avenue Kléber.

BELLATI (**Manfredo**), Professeur de Physique technique à l'École des Ingénieurs, à l'Université de Padoue (Italie).

BENAVIDES (**Francisco da Fonseca**), Professeur à l'Institut industriel de Lisbonne (Portugal).

BENOIT (**René**), Docteur ès sciences, Directeur du Bureau international des Poids et Mesures, au pavillon de Breteuil, Sèvres.

RERGER (**Georges**), Député, 8, rue Legendre.

BERGERON (**J.**), Docteur ès sciences, Sous-Directeur du Laboratoire de Géologie à la Faculté des Sciences, 157, boulevard Haussmann.

BERGET (**Alphonse**), Docteur ès sciences, attaché au laboratoire des recherches physiques à la Sorbonne, 16, rue de Vaugirard.

BERGON, Ancien Directeur au Ministère des Postes et des Télégraphes, 56, rue Madame.

MM.

BERGONIÉ (D^r), Professeur de Physique à la Faculté de Médecine, 6 *bis*, rue du Temple, à Bordeaux.

BERNARD (**Alfred**), Professeur au Lycée de Périgueux.

BERNARD, Préparateur de Physique, au Lycée de Bastia.

BERNARD, Professeur au Collège de Melun.

BÉDART, Professeur agrégé de Physiologie à la Faculté de Médecine de Lille.

BERSON, Professeur à la Faculté des Sciences, 3, avenue Frisac, à Toulouse.

BERTHELOT, Sénateur, Secrétaire perpétuel de l'Académie des Sciences, 3, rue Mazarine.

BERTHELOT (**Daniel**), Docteur ès sciences, Préparateur à la Faculté des Sciences, 3, rue Mazarine.

BERTIN-SANS, Chef des Travaux pratiques de Physique à la Faculté de Médecine de Montpellier.

BERTRAND (**J.**), Membre de l'Académie Française, Secrétaire perpétuel de l'Académie des Sciences, 4, rue de Tournon.

BERTRAND (**A.-L.**), Chef de Bataillon du Génie, attaché à la Section technique du Génie au Ministère de la Guerre, 8, rue Saint-Dominique.

BESANÇON (**M.-J.**), Professeur à l'École Turgot.

BESOMBES (**Noël**), Inspecteur des Postes et Télégraphes, 2, place Saint-Michel, à Marseille.

BESSON (**Léon**), Ancien Officier de Marine, Sous-Chef de l'Exploitation à la Compagnie générale Transatlantique, 6, rue Aubert.

BEZODIS, Professeur honoraire de l'Université, 9, avenue Marceau.

BIBLIOTHÈQUE DES FACULTÉS, à Caen.

BIBLIOTHÈQUE UNIVERSITAIRE DE LILLE.

BIBLIOTHÈQUE ROYALE DE BERLIN.

BICHAT, Correspondant de l'Institut, Professeur à la Faculté des Sciences de Nancy, 1 *bis*, rue des Jardiniers.

BIDAUX (**Maurice**), Pharmacien de 1re classe, à Chaville.

BIENAYMÉ, Inspecteur général du Génie maritime, 74, rue de Rennes.

BISCHOFFSHEIM (**Raphaël-Louis**), Membre de l'Institut, 3, rue Taitbout.

BJERKNES (**Vilhelm**), Chargé de Cours à l'Université de Stockholm (Suède).

BLOCH (**Salvator**), Professeur au Lycée de Clermont-Ferrand.

BLONAY (**Roger de**), 23, rue La Rochefoucauld.

BLONDEL, Ingénieur des Ponts et Chaussées, 2, boulevard Raspail.

BLONDIN, Professeur au Lycée, villa Bombarde, à Orléans.

BLONDLOT (**R.**), Correspondant de l'Institut, Professeur adjoint à la Faculté des Sciences, 8, quai Claude-le-Lorrain, à Nancy.

BOBILEFF, Professeur de Mécanique à l'Université de Saint-Pétersbourg (Russie).

BOISARD (**Louis**), Agrégé des Sciences Physiques, Professeur à l'École Monge, 51, rue Rennequin.

BOITEL, Professeur au Lycée Lakanal, 5, route de l'Hay, à Bourg-la-Reine.

MM.

BOCAT (l'abbé), Licencié ès Sciences Physiques, Professeur au Collège Saint-François-de-Salles, rue Vannerie, à Dijon.

BONAPARTE (**Prince Roland**), 10, avenue d'Iéna.

BONAVITA, Professeur au Lycée de Bastia.

BONETTI (**L.**), Constructeur électricien, 69, avenue d'Orléans.

BONIOL, Professeur de Mathématiques, 108, rue des Ternes.

BORDET (**Lucien**), ancien élève de l'École Polytechnique, ancien Inspecteur des Finances, Administrateur de la Compagnie des forges de Châtillon et de Commentry, 181, boulevard Saint-Germain.

BORDIER (Dr **Henri**), Préparateur de Physique à la Faculté de Médecine de Bordeaux.

BORGMANN, Professeur à l'Université de Saint-Pétersbourg (Russie).

BOUANT, Professeur au Lycée Charlemagne, 20, rue Monsieur-le-Prince.

BOUASSE (**Henri**), Maître de Conférences à la Faculté des Sciences de Toulouse.

BOUCHER (**Ch.**), Préfet des Études au Collège Chaptal, 45, boulevard des Batignolles.

BOUDRÉAUX, Conservateur des collections de Physique à l'École Polytechnique, 4, rue Clovis.

BOULANGER (**Julien**), Commandant du Génie, Attaché au Dépôt des fortifications, 23, boulevard du Montparnasse.

BOULOUCH (**R.**), Professeur au Lycée de Bordeaux.

BOURGAREL, Professeur au Lycée de Chambéry.

BOURGEOIS (**Léon**), Répétiteur à l'École Polytechnique, 1, rue du Cardinal-Lemoine.

BOURRUT-DUVIVIER, Professeur à l'École Navale, 89, rue de Siam, à Brest.

BOUSQUET (**E.**), Directeur de l'École normale de Nice.

BOUTAN, Inspecteur général honoraire de l'Instruction publique, à Miremonde, par Terraube (Gers).

BOUTET DE MONVEL, Professeur honoraire de l'Université, 5, rue des Pyramides.

BOUTY, Professeur à la Faculté des Sciences, 9, rue du Val-de-Grâce.

BOZZOLA (l'abbé J.-B.), Professeur au Séminaire de Padoue (Italie).

BRACHET (**Henri**), Ingénieur électricien, 3, quai Fulchiron, à Lyon.

BRANLY (**E.**), Professeur à l'École libre des Hautes Études scientifiques et littéraires, 21, avenue de Tourville.

BREWER (**William J.**), Constructeur d'instruments pour les sciences, 76, boulevard Saint-Germain.

BRIEU (**Georges**), Professeur à l'École Normale, 11, rue Aubarède, à Périgueux.

BRILLOUIN (**Marcel**), Maître de Conférences à l'École Normale supérieure, 35, rue de l'Arbalète.

BRISAC, Ingénieur de l'éclairage à la Compagnie Parisienne du gaz, 7 *bis*, rue de l'Aqueduc.

MM.

BRISSE, Répétiteur à l'École Polytechnique, 18, rue Vauquelin.

BROCA (Dʳ **André**), ancien élève de l'École Polytechnique, Préparateur de Physique à la Faculté de Médecine, 211, boulevard Saint-Germain.

BROUQUIER (**l'abbé**), Directeur du petit Séminaire de Toulouse.

BROWNE (**H.-V.**), Représentant de la compagnie Direct Spanish Telegraph, à Barcelone (Espagne).

BRUNHES (**Julien**), Doyen de la Faculté des Sciences de Dijon.

BRUNHES (**Bernard**), Maître de Conférences à la Faculté des Sciences, de Lille.

BRUNNER, Constructeur d'instruments de précision, 57, boulevard Montparnasse.

BUCQUET (**Maurice**), Président du *Photo-Club de Paris,* 34, rue de Chaillot.

BUDDE (Dʳ), Rédacteur au *Fortschritte,* Klopstock-strasse, 53, à Berlin. N. W.

BUGUET (**Abel**), Professeur au Lycée de Rouen.

BUISSON (**Maxime**), Chimiste, 11, rue de la Chaussée, à Chantilly (Oise).

CADIAT, Ingénieur, 62, rue des Tournelles.

CADOT (**Albert**), Professeur au Lycée de Douai.

CAEL, Directeur-Ingénieur des Télégraphes, 11, Cité Vaneau.

CAILHO, Ingénieur des Télégraphes, 21, rue Bertrand.

CAILLETET, Membre de l'Institut, à Châtillon-sur-Seine, et 75, boulevard Saint-Michel.

CAILLOL DE PONCY, Professeur à l'École de Médecine, 8, rue Clapier, à Marseille.

CALMETTE, Professeur au prytanée militaire de la Flèche.

CANCE, Ingénieur électricien, 9, rue de Rocroy.

CANET (**Gustave-Adolphe**), Directeur de l'Artillerie des Forges et Chantiers de la Méditerranée, 3, rue Vignon.

CARPENTIER, ancien Élève de l'École Polytechnique, constructeur d'instruments de Physique, 34, rue du Luxembourg.

CARRÉ, Professeur au Lycée, 1, place Gambetta, Châteauroux.

CARIMEY, Professeur au Lycée de Versailles.

CARVALLO (**E.**), Examinateur d'admission à l'École Polytechnique, 19, villa Saïd.

CASALONGA, Ingénieur civil, 11, rue des Déchargeurs.

CASPARI (**E.**), Ingénieur hydrographe de la Marine, Répétiteur à l'École Polytechnique, 30, rue Gay-Lussac.

CASTEX (**Edmond**), Professeur agrégé à la Faculté de Médecine de Lille.

CAURO (**Joseph**), ancien élève de l'École Polytechnique, 6, rue Berthollet.

CAVAILLÉ-COLL, Facteur d'orgues, 15, avenue du Maine.

CAVIALE, Professeur de Physique à l'École Normale de Versailles, boulevard de Lesseps, à Versailles.

CAVAILLÈS, Préparateur de Physique au Lycée de Nice.

CAZES (**Laurent**), Répétiteur général au Lycée Saint-Louis, 36, rue Notre-Dame-des-Champs.

MM.

CHABAUD (Victor), Constructeur d'instruments de précision, 12, rue de la Sorbonne.

CHABERT (Léon), Ingénieur électricien, 194, rue de Rivoli.

CHABRERIE, Principal du Collège de Treignac (Corrèze).

CHABRIÉ (Camille), Docteur ès Sciences, 9, avenue de Saxe.

CHAMAND (Joseph), Chef de bataillon au 46ᵉ territorial, 9, rue des Jardins-Fleuris, à Pompey (Meurthe-et-Moselle).

CHAMBERT (Paul), rue de la Manufacture, à Châteauroux.

CHANCEL (Félix), Ingénieur des Arts et Manufactures, 34, rue Saint-Jacques, à Marseille.

CHAPPUIS (James), Professeur à l'École centrale, 5, rue des Beaux-Arts.

CHAPPUIS (Pierre), attaché au Bureau international des Poids et Mesures, au Pavillon de Breteuil, à Sèvres.

CHARDONNET (le comte de), ancien élève de l'École Polytechnique, 20, place de l'État-Major, à Besançon, et 43, rue Cambon, à Paris.

CHARTRAND, Docteur en Médecine, Professeur à l'Université de Montréal (Canada).

CHASSAGNY, Professeur au Lycée de Poitiers.

CHASSY, Professeur à la Faculté libre de Lyon.

CHATELAIN (Michel), au Laboratoire de l'Université, à Sᵗ-Pétersbourg (Russie).

CHAUSSEGROS, Ingénieur, chef de traction au chemin de fer, 3, place Jussieu.

CHAUTARD, Doyen honoraire de la Faculté libre des Sciences de Lille, au Château de la Chapelle, par Croissanville (Calvados).

CHAUVEAU, ancien Élève de l'École Normale Supérieure, Météorologiste adjoint au Bureau Central, 51, rue de Lille.

CHAVES (Antonio Ribeiro), 116, rua do Ouvidor, à Rio de Janeiro (Brésil).

CHENEVIER, Directeur du Laboratoire de la Compagnie des Chemins de fer du Midi, 8, rue Tanesse, à Bordeaux.

CHERVET, Professeur au Lycée Saint-Louis, 18, rue Nicole.

CHIBOUT, Ingénieur, Constructeur d'appareils de chauffage, 36, rue Notre-Dame-des-Champs.

CHISTONI (CIRO), Professeur à l'Université de Modène (Italie).

CHWOLSON (Oreste), Professeur à l'Université Impériale, Wassili Ostrow, 12 signe, Maiven 7, Logement 3, à Saint Pétersbourg (Russie).

CLAVEAU, Professeur au Lycée d'Angoulême.

CLAVERIE, Censeur du Lycée Buffon, boulevard de Vaugirard.

COLARDEAU (P.), Professeur au Lycée de Lille.

COLARDEAU (Emmanuel), Professeur au Collège Rollin, 29, avenue Trudaine.

COLLIGNON (Benoit), ancien élève de l'École Polytechnique, Professeur de Mathématiques, 17, rue Berbisey, à Dijon.

COLLOT (Armand), Ingénieur des Arts et Manufactures, Constructeur d'Instruments de précision, 8, boulevard Edgar-Quinet.

MM.

COLNET D'HUART (de), Membre de l'Académie Royale de Belgique, ancien Directeur des finances du Grand-Duché de Luxembourg, à Luxembourg.

COLNET D'HUART (François de), Docteur ès sciences, Professeur à l'Athénée, avenue Reinsheim, à Luxembourg (Grand-Duché de Luxembourg).

COLSON (R.), Capitaine du Génie, 66, rue de la Pompe.

COMBES (A.), Docteur ès sciences, ancien élève de l'École Polytechnique, 14, rue du Val-de-Grâce.

COMBES (Charles), Professeur à l'École de Physique et de Chimie industrielles, 119 *bis*, rue Notre-Dame-des-Champs.

COMBET (Candide), Professeur au Lycée de Tunis (Tunisie).

COMBETTE, Inspecteur général de l'Instruction publique, 63, rue Claude-Bernard.

COMPAGNIE DES CHEMINS DE FER DU MIDI, 54, boulevard Haussmann.

COMPAGNIE DES SALINS DU MIDI, 84, rue de la Victoire.

CONTAL, Préparateur de Physique au Collège Rollin, 12, avenue Trudaine.

COPPET (de), 41, villa Irène, rue Magnan, à Nice.

CORNU, Membre de l'Institut, 9, rue de Grenelle.

CORVISY (A.), Professeur au Lycée, 75, rue Carnot, à Saint-Omer.

COUETTE (Maurice), Docteur ès sciences, Professeur à la Faculté libre des Sciences, 26, rue de La Fontaine, à Angers.

COUPIER, à Saint-Denis-Hors, par Amboise.

COURQUIN (l'abbé), Professeur de filature à l'École industrielle, 174, rue de Lille, à Tourcoing.

COURTOY, Professeur à l'École vétérinaire, 47, rue Bara, à Bruxelles (Belgique).

CROIX (Victor), Professeur au Collège communal, avenue du Clos, à Saint-Amand-les-Eaux(Nord).

CROVA, Correspondant de l'Institut, Professeur à la Faculté des Sciences, 14, rue du Carré-du-Roi, Montpellier.

CUÉNOD, Ingénieur électricien, 10, boulevard Voltaire, à Genève.

CULMANN (P), Docteur ès sciences, Professeur au Lycée de Winterthur, à Schlotzhofstrasse (Suisse).

CURIE (Pierre), Préparateur à l'École de Physique et de Chimie industrielles de la Ville de Paris, 13, rue des Sablons, à Sceaux.

DAGUENET, Professeur au Lycée, 8, rue Montbauron, à Versailles.

DAMBIER, Professeur au Collège Stanislas, 131, boulevard Raspail.

DAMIEN, Professeur à la Faculté des Sciences, 49, rue Brûle-Maison, à Lille.

DARZENS, Préparateur de Chimie à l'École Polytechnique, 4, rue de la Bastille.

DECHEVRENS (Marc S. J.), ancien Directeur de l'Observatoire de Zi-Ka-Wei (Chine), à Saint-Hélier, Maison Saint-Louis (Ile Jersey).

DEDET (François), Professeur honoraire de Physique, à Albi.

DEFFORGES (le Commandant G.), détaché à l'État-Major général du Ministère de la Guerre, 41, boulevard de Latour-Maubourg.

DÉGOSSES (L.), Professeur au Collège de Ponthierry (Seine-et-Marne).

MM.

DELAUNAY (**Nicolas**), Professeur à l'École Impériale de Droit, à Saint-Pétersbourg (Russie).

DELAURIER, Ingénieur, 77, rue Daguerre.

DELEBECQUE, Ingénieur des Ponts et Chaussées, à Thonon.

DELEVEAU, Professeur au Lycée, 39, rue de Lodi, à Marseille.

DEMERLIAC, Professeur au Lycée de Caen.

DE METZ, Professeur à l'Université Saint-Wladimir, 3, rue du Théâtre, à Kiew (Russie).

DEMICHEL, Constructeur d'instruments pour les Sciences, 24, rue Pavée-au-Marais.

DENZA (**R. P.**), Directeur de l'Observatoire « Specola Vaticana », Rome (Italie).

DEPREZ (**Marcel**), Membre de l'Institut, 23, avenue Marigny, à Vincennes.

DESCHAMPS (Dr **Eugène**), Professeur de Physique à l'École de Médecine de Rennes.

DESLANDES, ancien Officier de marine, 20, rue La Rochefoucauld.

DESLANDRES, ancien élève de l'École Polytechnique, 43, rue de Rennes.

DESPRATS (**André**), 7, avenue des Ponts, à Lyon.

DESROZIERS, Ingénieur civil des Mines, 74, rue Condorcet.

DETAILLE (**Charles**), Professeur au Lycée, 18, rue Charbonnerie, à Saint-Brieuc.

DEVAUD, Professeur au Lycée, 2, rue Charles-Nodier, à Besançon.

DEVAUX, Professeur au Lycée de Lorient.

DEVAUX (**Henri**), Docteur ès sciences, à la Faculté des Sciences de Bordeaux.

D'HENRY (**Louis**), 6, boulevard de Port-Royal.

DIDIER (**Paul**), Docteur ès sciences, Examinateur d'admission à l'École spéciale militaire, 8, rue Gay-Lussac.

DIETRICH (**Ch.**), Dessinateur et graveur, 3, rue Hautefeuille.

DIERMAN (**William**), Ingénieur électricien, Directeur de la Société anonyme belge pour l'éclairage et la transmission électrique à grande distance, 27, rue de la Sablonnière, à Bruxelles (Belgique).

DINI, Ingénieur de la Maison Dumoulin-Froment, 49, rue Saint-Placide.

DOIGNON (**L.**), Ingénieur constructeur, 30, rue du Luxembourg.

DOLLFUS (**Eugène**), Chimiste, fabricant d'indiennes, 32, rue d'Altkirch, à Mulhouse (Alsace).

DOMMER, Professeur à l'École de Physique et de Chimie industrielles de la Ville de Paris, 10, avenue Mac-Mahon.

DONGIER (**Raphaël**), Agrégé, préparateur de Physique à la Faculté des Sciences, 27, rue Gay-Lussac.

DORGEOT (**Gabriel**), Capitaine d'Artillerie, en garnison à Saint-Servan.

DOUCEUR, Directeur des Postes et Télégraphes, retraité, 42, rue Jouffroy.

DRINCOURT, Professeur au Collège Rollin, 52, rue Condorcet.

DROUIN (**Félix**), Ingénieur, 5, rue Descombes.

DUBOIS, Professeur au Lycée, 31, rue Cosette, à Amiens.

MM.

DUBOIS (René), Professeur à l'École Turgot, 13, rue de Cluny.

DUBOSCQ (Albert), Constructeur d'instruments d'Optique et de précision, 55, rue Saint-Jacques.

DUCHEMIN, Ingénieur, 37, boulevard de la Tour-Maubourg.

DUCLAUX, Membre de l'Institut, Professeur à l'Institut agronomique, 35 *ter*, rue de Fleurus.

DUCLOS, ancien Directeur d'École normale, à Cerisols, par Sainte-Croix-de-Volvestre (Ariège).

DUCOMET, Ingénieur, 7-9, rue d'Abbeville.

DUCOTTÉ, Directeur de l'Usine électrique du Casino municipal à Nice.

DUCRETET, Constructeur d'instruments de Physique, 75, rue Claude-Bernard.

DUFET, Maître de Conférences à l'École Normale supérieure, Professeur au Lycée Saint-Louis, 35, rue de l'Arbalète.

DUFOUR (Henri), Professeur de Physique à l'Université La Casita, à Lausanne (Suisse).

DUHEM (P.), Maître de Conférences à la Faculté des Sciences, à Rennes.

DUMOULIN-FROMENT, Constructeur d'instruments de précision, 85, rue Notre-Dame-des-Champs.

DUPAYS (Charles), Professeur au Lycée Janson de Sailly, 51, rue Scheffer, Villa 17, Passy-Paris.

DUPRÉ, Inspecteur de l'Académie de Paris, 136 *bis*, avenue de Neuilly, à Neuilly (Seine).

DUSSY, Professeur au Lycée, rue Montigny, à Dijon.

DUTER, Professeur au Lycée Henri IV, 16, rue Bertin-Poiré.

DVORÀK (Dr V.), Professeur à l'Université d'Agram (Autriche-Hongrie).

DYBOWSKI (A.), Professeur au Lycée Louis-le-Grand, 16, rue Rottembourg.

EBEL, Ingénieur en Chef du Secteur électrique des Champs-Élysées, 52, faubourg Saint-Honoré.

ÉCOLE MUNICIPALE DE PHYSIQUE ET DE CHIMIE INDUSTRIELLES (le Major de la 3e année).

EDELBERG, Ingénieur opticien, à Kharkoff (Russie).

EGOROFF (Nicolas), Professeur de Physique à l'Académie de Médecine de Saint-Pétersbourg (Russie).

EICHTHAL (baron d'), 42, rue Neuve-des-Mathurins.

EIFFEL (Gustave), Ingénieur, 1, rue Rabelais.

ÉLIE (B.), Professeur au Collège, 90, rue de la Pointe, à Abbeville.

ENGEL, Professeur à l'École Centrale, 50, rue d'Assas.

ESTRADA (Francisco), Recteur de l'Institut de San-Luis de Potosi (Mexique).

FABRY (Charles), Professeur au Lycée Saint-Louis, 7, rue Le Goff.

FAILLOT, Professeur au Lycée de Nancy.

FAIVRE-DUPAIGRE (J.), Professeur au Lycée Saint-Louis, 95, boulevard Saint-Michel.

MM.

FAURE (**Camille A.**), Ingénieur, 35, avenue de la République.

FAVÉ, Ingénieur hydrographe de la Marine, 1, rue de Lille.

FAVARGER, Ingénieur électricien, à Neuchâtel (Suisse).

FAYE, Membre de l'Institut, 95, avenue des Champs-Élysées.

FERNET, Inspecteur général de l'Instruction publique, 9, rue de Médicis.

FIZEAU, Membre de l'Institut, 3, rue de l'Estrapade.

FONTAINE (**Hippolyte**), Ingénieur électricien, 52, rue Saint-Georges.

FONTAINE, Chimiste, 20, rue Monsieur-le-Prince.

FONTAINE (**Émile**), Professeur au Lycée, 4, rue du Tambour d'argent, à Sens.

FOURNIER (le Dr **Alban**), à Rambervillers (Vosges).

FOURTEAU, Proviseur du Lycée Janson de Sailly.

FOURTIE (le Commandant), attaché au Service géographique de l'Armée, 16, rue Saint-Dominique.

FOUSSEREAU, Secrétaire de la Faculté des Sciences, 56, boulevard de Port-Royal.

FRICKER (le Dr), 39, rue Pigalle.

FRIEDEL, Membre de l'Institut, 9, rue Michelet.

FRON, Météorologiste titulaire au Bureau central météorologique, 19, rue de Sèvres.

GAIFFE (**Georges**), Constructeur d'instruments de Physique, 40, rue Saint-André-des-Arts.

GALANTE, Constructeur d'instruments de Chirurgie, 2, rue de l'École-de-Médecine.

GALIMARD, Pharmacien de 1re classe, 42, rue des Forges, à Dijon.

GALL (**Henry**), Directeur de l'Usine des Produits chimiques, à Villers, par Hermes (Oise).

GAMET, Professeur au Lycée, 4, rue Villeneuve, à Marseille.

GARBAN, Inspecteur d'Académie, à Alençon.

GARBE, Professeur à la Faculté des Sciences de Poitiers.

GARÉ (l'Abbé), Professeur à l'École Saint-Sigisbert, à Nancy.

GARIEL (**C.-M.**), Membre de l'Académie de Médecine, Professeur à la Faculté de Médecine, 39, rue Jouffroy.

GARNUCHOT, Professeur au Collège, 37, rue Saint-Barthélemy, à Melun.

GAUBERT, Horloger électricien, à Gruissan (Aude).

GAUDIN (**G.**), ancien élève de l'École Polytechnique, Professeur au Collège Stanislas, 18, avenue de l'Observatoire.

GAUTHIER-VILLARS, Imprimeur-Éditeur, ancien élève de l'École Polytechnique, 55, quai des Grands-Augustins.

GAUTHIER-VILLARS (**Albert**), Imprimeur-Éditeur, ancien élève de l'École Polytechnique, 55, quai des Grands-Augustins.

GAY (**Henri**), Professeur en congé, 163, boulevard Voltaire.

GAY (**Jules**), Professeur au Lycée Louis-le-Grand, 16, rue Cassette.

GAYON, Professeur à la Faculté des Sciences, Directeur de la Station agronomique, 41, rue Permantade, à Bordeaux.

MM.

GENDRON (**Rodolphe**), Préparateur de Physique à l'Institut catholique, 25, rue Campagne-Première.

GEORGUIEWSKY (**Nicolas**), rue Schpalernaja, maison 30, Log. 3 à Saint-Pétersbourg (Russie).

GÉRARD (**Anatole**), Ingénieur électricien, 16, rue des Grandes-Carrières.

GÉRARD (**Éric**), Directeur de l'Institut électrotechnique de Montefiore, à Liège.

GERNEZ, Maître de Conférences à l'École Normale supérieure, 18, rue Saint-Sulpice.

GHESQUIER (l'Abbé), Professeur à l'Institution Notre-Dame-des-Victoires, 76, rue du Collège, à Roubaix.

GILBAULT, Professeur au Lycée, 31, rue Pargaminières, à Toulouse.

GIRARDET, Professeur honoraire au Lycée Saint-Louis, ancien Membre du Conseil supérieur de l'Instruction publique, 90, rue Claude-Bernard.

GIRAULT, Professeur au Collège Chaptal, 8, rue Claude-Pouillet.

GIROUX, Ingénieur opticien, successeur de M. Roulot, 58, quai des Orfèvres.

GODARD (**Léon**), Docteur ès sciences, 82, boulevard Saint-Germain.

GODEFROY (l'Abbé **L.**), Professeur de Chimie à l'Institut catholique, 8, passage Gourdon.

GODFRIN, Professeur au Lycée, 12, rue André, à Lille.

GODRON (**Henri**), Ingénieur des Ponts et Chaussées, 9, rue des Grandes-Poteries, à Alençon.

GODY (**G.**), Architecte du département des travaux publics, 15, rue du Viaduc, Bruxelles (Belgique).

GOLAZ (**L.**), Constructeur d'instruments à l'usage des Sciences, 282, rue Saint-Jacques.

GOLDHAMMER (**Démétrius**), Professeur de Physique à l'Université de Kasan (Russie).

GOLOUBITZKY (**Paul**), Collaborateur de la Société des Amis des Sciences de Moscou, à Kalouga Faroussa (Russie).

GOSSART (**Fernand**), Docteur en droit, 15, rue Tronchet.

GOSSART (**Émile**), Maître de Conférences à la Faculté des Sciences, 23, rue Bosnières, à Caen.

GOSSIN, Proviseur honoraire à la Flèche.

GOURÉ DE VILLEMONTÉE, Professeur au Lycée Buffon, 31, rue de Poissy.

GOUY (**G.**), Professeur à la Faculté des Sciences, 68, rue de la Charité, à Lyon.

GRAJON (**A.**), Docteur en Médecine, à Vierzon.

GRAMONT (**Arnaud de**), Licencié ès Sciences physiques, 81, rue de Lille.

GRAU (**Félix**), Professeur au Lycée de Troyes.

GRAVIER (**Alfons**), Ingénieur électricien, 11 Colby road, Upper Norwood à Londres, S. E. (Angleterre).

GRAY (**Matthew**), Directeur de l'India-Rubber, Gutta-percha and Telegraph Works C°, 106, Cannon street, Londres.

GRAY (**Robert Kaye**), Ingénieur électricien de l'India-Rubber, Gutta-percha and Telegraph Works C°, Silwertown, Essex, à Londres.

MM.

GRÉHANT (D^r), Professeur de Physiologie générale, au Muséum, 17, rue Berthollet.

GRELLEY, Directeur de l'École Supérieure du Commerce, 102, rue Amelot.

GREZEL (**Louis**), Professeur de Physique au Collège d'Autun.

GRIPON, Professeur à la Faculté des Sciences, 12, rue du Mont-Thabor, à Rennes.

GRIVEAUX, Professeur au Lycée, 16, rue Montbrillant, à Mont-Plaisir (Lyon).

GROGNOT (**L.**), Chimiste, Essayeur du Commerce, rue du Bourg, à Chantenay-sur-Loire (Maison Chopin) (Loire-Inférieure).

GROOT (le P. **L.-Th. de**), Kerkstraat, 14, Oudenbosch (Hollande).

GROSSETESTE (**William**), Ingénieur civil, 11, rue des Tanneurs, à Mulhouse.

GROUVELLE, Ingénieur, Professeur à l'École Centrale, 18, avenue de l'Observatoire.

GRUEY-VIARD, Constructeur d'instruments de Physique, rue de la Liberté, à Dijon.

GUEBHARD (Dr **Adrien**), Agrégé de Physique de la Faculté de Médecine, villa Mendiguren, à Nice.

GUERBY (**A.**), Professeur en retraite, boulevard Fragonard, à Grasse (Alpes-Maritimes).

GUÉROULT (**Georges**), Trésorier-Payeur général, à Rennes.

GUILLAUME (**Ch.-Ed.**), Docteur ès sciences, attaché au Bureau international des Poids et Mesures, au Pavillon de Breteuil, à Sèvres.

GUILLEBON (**de**), Contrôleur de l'exploitation au chemin de fer d'Orléans, 11, rue du Bourg-Neuf, Orléans.

GUILLEMIN (l'abbé), Professeur de Sciences mathématiques et physiques à l'Externat de la rue de Madrid, 4, avenue Marigny.

GUILLOZ (D^r **Th.**), Chef des travaux du laboratoire de Physique médicale à la Faculté de Médecine, 7, rue Saint-Nicolas, à Nancy.

GUNTZ, Professeur à la Faculté des Sciences, 15, rue de Metz, à Nancy.

GUYE (**Philippe A.**), Docteur ès sciences, Professeur de Chimie à l'Université de Genève (Suisse).

GUYE (**Ch.-Ed.**), Docteur ès sciences, 83, Beau Site, route du Chêne, à Genève (Suisse).

HAGENBACH-BISCHOFF, Professeur à l'Université de Bâle (Suisse).

HALE (**George**), Directeur de l'Observatoire, de Chicago (États-Unis).

HALLER (**A.**), Professeur de Chimie générale à la Faculté des Sciences de Nancy.

HANRIOT, Professeur honoraire de Physique de la Faculté des Sciences de Lille, à Joppécourt, par Mercy-le-Bas (Meurthe-et-Moselle).

HAUDIÉ (**Edgard**), Agrégé, préparateur de Physique à la Faculté des Sciences, 30, avenue de l'Observatoire.

HENOCQUE (le D^r), Directeur-adjoint au Laboratoire de Médecine de l'École des Hautes Études au Collège de France, 11, avenue Matignon.

HENRY (**Édouard**), Professeur au Lycée, 47, rue de la Comédie, à Lorient.

MM.

HENRY, Professeur au Lycée de Chartres.

HEPITÈS (Stefan), Directeur de l'Institut météorologique de Roumanie, à Bucarest.

HESEHUS (N.), Professeur à l'Institut Technologique, à Saint-Pétersbourg (Russie).

HILLAIRET (André), Ingénieur des Arts et Manufactures, 22, rue Vicq-d'Azir.

HIRSCH, Ingénieur en chef des Ponts et Chaussées, 1, rue Castiglione.

HODIN, Inspecteur d'Académie, à Mende.

HOMÉN (Theodor), Docteur ès sciences, agrégé à l'Université d'Helsingfors (Finlande).

HOSPITALIER, Ingénieur des Arts et Manufactures, Professeur à l'École de Physique et de Chimie industrielles de la Ville de Paris, 6, rue de Clichy.

HOSTEIN, Professeur au Lycée, 37, rue Isabey, Nancy.

HUDELOT, Répétiteur à l'École Centrale, 10, rue Saint-Louis-en-l'Ile.

HUGO (le Comte Léopold), 14, rue des Saints-Pères.

HUGON, Ingénieur, 77, rue de Rennes.

HUGUENY, Professeur honoraire de Faculté, 68, route de la Wantzenau, à Strasbourg-Rubertsau (Alsace).

HURION, Professeur à la Faculté des Sciences, 65, rue Blattin, Clermont-Ferrand.

HURMUZESCU (Dragomir), Licencié de la Faculté de Bucarest, 22, rue Berthollet.

HUSSON (Léon), Contrôleur du Câble télégraphique à Haïphong (Tonkin).

HUTIN (Maurice), Ingénieur des Ponts et Chaussées, 10, avenue Trudaine.

IMBAULT (G.), Professeur au Lycée de Tunis (Tunisie).

IMBERT (Armand), Professeur de Physique à la Faculté de Médecine de Montpellier.

INFREVILLE (Georges d'), Ex-Électricien de la *Western Union Telegraph C°*, Expert de la *National Bell Telephone C°*, 110, Liberty street, à New-York (États-Unis).

IVANOFF (Basile), Licencié ès sciences (maison Ivanoff), à Simpheropol (Russie).

IZARN (Joseph), Professeur au Lycée Pascal, 2, rue d'Amboise, à Clermont-Ferrand.

JANET (Paul), Chargé de Cours à la Faculté des Sciences, 1, rue Molière, à Grenoble.

JANNETTAZ (Ed.), Maître de Conférences à la Faculté des Sciences, Assistant de Minéralogie au Muséum, 86, boulevard Saint-Germain.

JANNIN, Professeur de Physique en retraite, 10, rue du Jardin national, à Albi.

JANSSEN, Membre de l'Institut, Directeur de l'Observatoire d'Astronomie physique, à Meudon.

JARNIGON (Georges), Ingénieur électricien, 63, rue Saint-Denis.

JARRE (L.), 2, rue des Pyramides.

MM.

JAUMANN (Dr **G.**), Professeur de Chimie et de Physique de l'Université de Prague (Autriche).

JAVAL, Membre de l'Académie de Médecine, Directeur du Laboratoire d'Ophtalmologie de la Faculté des Sciences, 52, rue de Grenelle.

JÉNOT, Professeur au Collège Rollin, 17, rue Caulaincourt.

JEUNET, ancien Professeur, 15, avenue de la Défense, Paris-Puteaux (Seine).

JOANNIS (l'abbé **de**), Licencié ès Sciences physiques et mathématiques, 15, rue Monsieur.

JOBIN (**A.**), ancien élève de l'École Polytechnique, successeur de M. Léon Laurent, 21, rue de l'Odéon.

JOLY, Professeur adjoint à la Faculté des Sciences, 2 *bis*, square du Croisic.

JOSEPH (**Paul**), ancien élève de l'École Polytechnique, 26, avenue de Montsouris.

JOUBERT, Inspecteur général de l'Instruction publique, 67, rue Violet.

JOUBIN, Professeur à la Faculté des Sciences de Besançon.

JOUET, 60, rue Pierre-Charron.

JOUKOWSKI (**Nicolas**), Professeur de Mécanique à l'Université et à l'École des Hautes Études de Moscou (Russie).

JOYEUX (**Eugène**), 5, route de Versailles, à Chaville.

JUNGFLEISCH, Professeur à l'École supérieure de Pharmacie, 38, rue des Écoles.

JUSSIEU (**F. de**), Imprimeur, Directeur du journal *l'Autunois*, 4, Grand'Rue, à Autun.

KELVIN (**W. Thomson, Lord**) F. R. S., Professeur à l'Université de Glascow (Écosse).

KERANGUÉ (**Yves de**), Capitaine en retraite, à Kernouël, près Paimpol (Côtes-du-Nord).

KŒCHLIN (**Horace**), Chimiste, 16, rue Masséna, à Lyon.

KŒNIG, Constructeur d'instruments d'Acoustique, 27, quai d'Anjou.

KOTCHOUBEY, Président de la Société Impériale Polytechnique, à Saint-Pétersbourg (Russie).

KOWALSKI, Professeur à l'École supérieure du Commerce et de l'Industrie, 1, rue de Grassi, à Bordeaux.

KOWALSKI (**Joseph de**), Professeur à l'Université de Fribourg (Suisse).

KREICHGAUER, Docteur ès sciences, 15, Marchstrasse, Charlottemburg, près Berlin.

KROUCHKOLL, Docteur ès sciences et Docteur en Médecine, 6, rue Édouard-Detaille.

LABATUT, Professeur suppléant à l'École de Médecine et de Pharmacie de Grenoble.

LACOINE (**Émile**), Ingénieur électricien, Passage du Tunnel, à Constantinople (Turquie).

LACOUR (**Alfred**), Ingénieur civil des Mines, 60, rue Ampère.

MM.

LAFFARGUE (Joseph), Licencié ès Sciences physiques, Ingénieur électricien, 70, boulevard Magenta.

LAFLAMME (l'abbé), Membre de la Société Géologique de France, Doyen de la Faculté des Sciences, à l'Université Laval, à Québec (Canada).

LAFOREST (Général Comte **de**), 3, cours de la République, à Libourne.

LAGRANGE (L.), Professeur de Physique à l'École militaire, 60, rue des Champs-Élysées, à Bruxelles (Belgique).

LALA (Ulysse), Docteur ès sciences, Chef des Travaux de Physique à la Faculté des Sciences, Professeur de Mécanique à l'École des Beaux-Arts et des Sciences industrielles, 11, rue d'Abuisson, à Toulouse.

LALANDE (de), Ingénieur civil des Mines, ancien élève de l'École Polytechnique, 106, boulevard Saint-Germain.

LAMOTTE, Licencié ès sciences, Préparateur au Laboratoire d'Enseignement de la Faculté des Sciences, 9, rue Berthollet.

LANCELOT, Constructeur d'instruments d'Acoustique, 70, avenue du Maine.

LANGLADE, Ingénieur de la Cie d'éclairage électrique, 19 *bis*, place du Palais-de-Justice, à Tours.

LAPRESTÉ, Professeur au Lycée Buffon, 7, rue Charlet.

LAROCHE (Félix), Ingénieur en chef des Ponts et Chaussées, 110, avenue de Wagram.

LAROCQUE, Directeur de l'École des Sciences, à Nantes.

LAROUSSE, Professeur au Lycée, 5, rue du Théâtre, à Beauvais.

LARUE, ancien magistrat, 4, rue Volney.

LATCHINOW, Professeur à l'Institut du corps forestier, à Saint-Pétersbourg (Russie).

LATOUR, Professeur au Lycée, 31, rue Douarnenez, à Quimper.

LAURENT (Léon), Constructeur d'instruments d'Optique, 21, rue de l'Odéon.

LAURIOL (P.), Ingénieur des Ponts et Chaussées, 83, boulevard Saint-Michel.

LAVIÉVILLE, Professeur au Lycée Condorcet, 56, rue de Lisbonne.

LAVERDE (Dr Jésus Oloya), à Bucaramanga (États-Unis de Colombie).

LAWTON (George Fleetwood), Ingénieur-Directeur de l'Eastern Telegraph C°, à Marseille.

LE BEL (J.-A.), Ancien Président de la Société chimique, 25, rue Franklin.

LEBLANC (Maurice), ancien élève de l'École Polytechnique, 63, allée du Jardin-Anglais, au Raincy.

LECAT, Professeur au Lycée Janson de Sailly, 7, rue Gustave-Courbet.

LECHAT, Professeur honoraire du Lycée Louis-le-Grand, 4, rue de Calais.

LE CHATELIER (André), Ingénieur des Constructions navales, 25, cours Gambetta, à Lyon.

LE CHATELIER (Henry), Ingénieur des Mines, Professeur de Chimie générale à l'École des Mines, 73, rue Notre-Dame-des-Champs.

LE CHATELIER (Louis), Ingénieur des Ponts et Chaussées, 95, rue de Rennes.

LE CHÂTONNIER, Chimiste en chef des Douanes, à Port-Vendres.

MM.

LE CORDIER (Paul), Chargé de Cours à la Faculté des Sciences de Clermont-Ferrand, 54, rue de Bordeaux, à Chamalières.

LEDEBOER, Docteur ès sciences, Villa Montmorency, 5, avenue du Square, à Auteuil.

LEDUC, Maître de Conférences à la Faculté des Sciences, 136, rue d'Assas.

LEDUC (Dr Stephane), Professeur à l'École de Médecine, 5, quai Fossé, à Nantes.

LEFEBVRE, Capitaine au 95ᵉ d'infanterie, au camp d'Avor.

LEFEBVRE (E.), Professeur au Lycée, 18, rue Montbauron, à Versailles.

LEFEBVRE (Pierre), Professeur au Lycée, 34, rue de Bellaing, à Douai.

LEFEVRE (Julien), Professeur au Lycée, 2, place Saint-Pierre, à Nantes.

LEJEUNE (L.), Ingénieur des Arts et Manufactures, Associé de M. Ducretet, 75, rue Claude-Bernard.

LELORIEUX (V.), Professeur au Lycée Louis-le-Grand, 135 *bis*, boulevard Montparnasse.

LEMOINE (E.), ancien élève de l'École Polytechnique, 5, rue Littré.

LEMOINE (G.), Ingénieur en chef des Ponts et Chaussées, 76, rue d'Assas.

LEMOINE (Jules), Professeur au Lycée Condorcet, 43, rue Claude-Bernard.

LEMONNIER (Paul), ancien élève de l'École Polytechnique, Ingénieur constructeur, 194, rue de Rivoli.

LEMSTRÖM (Selim), Professeur de Physique à l'Université de Helsingfors (Finlande).

LÉON (Gustave), Ingénieur des Mines, à Albi.

LEPERCQ (Gaston), Professeur de Chimie à la Faculté libre, 25, rue du Plat, à Lyon.

LEQUEUX (P.), Ingénieur des Arts et Manufactures, 64, rue Gay-Lussac.

LERAY (l'Abbé Ad.), Eudiste, 23, rue des Fossés-Saint-Jacques.

LERMANTOFF, Préparateur au Cabinet de Physique de l'Université de Saint-Pétersbourg (Russie).

LE ROUX, Examinateur à l'École Polytechnique, 120, boulevard Montparnasse.

LEROY, Professeur au Lycée Michelet, 245, boulevard Raspail.

LEROY, Médecin-Major de 2ᵉ classe au 139ᵉ régiment d'infanterie, à Aurillac.

LESAGE, Professeur au Lycée de Châteauroux.

LESCHI, Professeur au Collège de Corte.

LESOBRE, Professeur au Collège de Melun.

LESPIAULT, Professeur à la Faculté des Sciences de Bordeaux.

LÉVY (Armand), Professeur de Physique, rue de Cazault, 120, à Alençon.

LIBERT (J.-C.-D.), Professeur au Collège, Directeur de la Station agronomique du Nord-Finistère, 5, rue des Vieilles-Murailles, à Morlaix.

LIMB (Claudius), Ingénieur, Préparateur de Physique à la Faculté des Sciences, 104, rue d'Assas.

LINDÉ, Ingénieur électricien, à Saint-Pétersbourg (Russie).

LIPPICH (Fr.), Professeur à l'Université de Prague (Autriche).

MM.

LIPPMANN, Membre de l'Institut, **Professeur à la Faculté des Sciences,** 10, rue de l'Éperon.

LORRAIN (James-Grieves), Consulting Engineer Norfolk House, Norfolk street, London. W. C.

LOUGUININE (W.), Dr honoraire, Professeur de Thermochimie à l'Université de Moscou (Russie).

LUBOSLAWSKY (Gennady), Préparateur au Laboratoire de Physique de l'Université de Saint-Pétersbourg (Russie).

LUCCHI (Dr Guglielmo de), Professeur de Physique au Lycée royal Tito Livio, Padoue (Italie).

LUGOL, Professeur au Lycée, Place de République, à Agen.

LUSSANA (Sylvio), Docteur ès Sciences physiques à l'Université de Padoue (Italie).

LUTZ, Constructeur d'instruments d'Optique, 65, boulevard Saint-Germain.

LYON (Gustave), ancien élève de l'École Polytechnique, Ingénieur civil des Mines, 24 *bis*, rue Rochechouart.

MACÉ DE LÉPINAY, Professeur à la Faculté des Sciences, 105, boulevard Longchamps, à Marseille.

MACH (Dr E.), Professeur de Physique à l'Université de Prague (Autriche).

MACQUET (Auguste), Ingénieur au corps des Mines, Directeur de l'École provinciale d'Industrie et des Mines du Hainaut, 22, boulevard Dolez, à Mons (Belgique).

MADAMET, Directeur des Forges et Chantiers de la Méditerranée, à Marseille.

MAGNE (P.), Directeur-Ingénieur du contrôle des Postes et des Télégraphes, 34, avenue de Villiers.

MAIGRET (Dr), 86, avenue de la République, à Montrouge (Seine).

MAINGIE, Docteur ès Sciences physiques et mathématiques, 218, avenue de la Reine, à Laeken, Bruxelles (Belgique).

MAISONOBE, Capitaine d'Artillerie, 38, faubourg de France, à Belfort.

MALLARD, Membre de l'Institut, Ingénieur en chef des Mines, professeur de Minéralogie à l'École des Mines, 11, rue de Médicis.

MALLY (Dr Francis), 174, boulevard Pereire.

MALOSSE, Professeur à l'École de Médecine d'Alger.

MANEUVRIER, Agrégé de l'Université, Sous-Directeur du Laboratoire des recherches physiques à la Sorbonne, 54, rue Notre-Dame-des-Champs.

MANY, Professeur de Physique à l'École des Ponts et Chaussées, à Bucarest (Roumanie).

MAQUELIN (Hippolyte), Trésorier de la Caisse d'Épargne, à Sézanne (Marne).

MARAGE (Dr), Docteur ès sciences, 15, place de la Madeleine.

MARCHIS, Professeur au Lycée de Caen.

MAREY, Membre de l'Institut, 11, boulevard Delessert.

MARIA (Emile), Professeur à l'École Turgot, 14, rue de Longchamp.

MARTIN (Ch.), rue de Bonneval, à Chartres.

MM.

MARTIN (**Joanny**), Préparateur à la Faculté des Sciences, 6, rue des Capucins, à Lyon.

MARTINET, Professeur au Lycée Janson de Sailly, 5, rue de l'Amiral-Courbet.

MARTINET, Professeur au Prytanée militaire, à la Flèche.

MASCART, Membre de l'Institut, Professeur au Collège de France, Directeur du Bureau central météorologique, 176, rue de l'Université.

MASSE (**Maurice**), ancien élève de l'École Polytechnique, Ingénieur des Mines, place du Vœu, à Nice.

MASSIEU (**F.**), Professeur honoraire de la Faculté des Sciences de Rennes, Inspecteur général des Mines, 18, avenue d'Antin.

MASSIN, Ingénieur des Télégraphes, 103, rue de Grenelle.

MASSON (**G.**), Libraire-Éditeur, 120, boulevard Saint-Germain.

MATHIAS (**Émile**), Chargé de Cours à la Faculté des Sciences de Toulouse.

MAUMENÉ (**E.**), 91, avenue de Villiers.

MAUPEOU D'ABLEIGES (**de**), Ingénieur de la Marine, à Lorient.

MAURAT, Professeur honoraire au Lycée Saint-Louis, à Rochecorbon (Indre-et-Loire).

MEAUX (**de**), Chef de Bureau au Ministère des Postes et des Télégraphes, 44, rue Saint-Placide.

MELANDER, Préparateur à l'Université d'Helsingfors (Finlande).

MENDIZABAL TAMBORREL (**de**), Ingénieur géographe, à Mexico (Mexique).

MÉNIER (**Henri**), 8, rue de Vigny.

MERCADIER, Directeur des Études à l'École Polytechnique, 21, rue Descartes.

MERGIER, Préparateur des travaux pratiques de Physique à la Faculté de Médecine de Paris, 27, avenue d'Antin.

MÉRITENS (**de**), Ingénieur, 74, boulevard de Clichy.

MERLE (**Antoine**), Propriétaire de la maison Brunot-Court, boulevard Victor-Hugo, à Grasse.

MERLIN (**Paul**), Professeur au Lycée, 78, faubourg Vincent, à Châlons-sur-Marne.

MESLIN, Chargé de Cours à la Faculté des Sciences de Montpellier.

MESTRE, Ingénieur à la Cie des chemins de fer de l'Est, 168, rue Lafayette.

MÉTRAL (**Pierre**), Agrégé des Sciences Physiques, Professeur à l'École Colbert, 239bis, rue Lafayette.

MEYER, Directeur de la Compagnie continentale Edison, 38, rue St-Georges.

MEYLAN, Ingénieur, 24, avenue du Nord, au Parc Saint-Maur (Seine).

MICHELSON (**Albert**), Professeur à l'Université de Chicago (États-Unis).

MICULESCU (**Constantin**), Professeur à l'Université de Bucarest (Roumanie).

MILLARD (**J.-A.**), Docteur en Médecine, au château Sunnyside, à Dinard-Saint-Enogat (Ille-et-Vilaine).

MINGASSON, Professeur au Lycée de Toulon.

MISLAWSKY (**D^r**), Professeur agrégé de Physiologie à l'Université de Kasan (Russie).

MM.

MOLTENI (A.), Ingénieur constructeur, 44, rue du Château-d'Eau.

MONNORY (Henri), Professeur au Lycée, 32, rue Malesherbes, à Lyon.

MONOYER, Professeur à la Faculté de Médecine de Lyon.

MONTAUD (B. de), Ingénieur civil, 73, rue d'Allemagne.

MONTEFIORE (Levi), Sénateur, Ingénieur, Fondateur de l'Institut électro-technique, 35, rue de la Science, à Bruxelles (Belgique).

MONTEIL (Silvain), Juge de Paix à Châteauneuf-la-Forêt (Haute-Vienne).

MONTHIERS (Maurice), 50, rue Ampère.

MORANA (Ignace), Électricien, à Ragusa (Sicile).

MOREAU (Georges), Professeur au Lycée, 13, rue Toujolly, à Rennes.

MORELLE, Constructeur-Mécanicien, 39, avenue d'Orléans.

MORS, Ingénieur, fabricant d'appareils électriques, 8, avenue de l'Opéra.

MOSER (Dr James), Privat-Docent à l'Université, 25, Laudongasse, Vienne VIII (Autriche).

MOUCHOT, Professeur en retraite, 56, rue Dantzig (5, passage Dantzig).

MOULIN (Honoré), Capitaine au 8e bataillon d'Artillerie de forteresse, à Épinal.

MOUREAUX (Th.), Météorologiste, Chef du service magnétique à l'Observatoire du Parc Saint-Maur (Seine).

MOURGUES, Conservateur du Musée minéralogique, Directeur du Laboratoire de Minerie, Professeur de Chimie à l'Université, Casilla, 97, à Santiago (Chili).

MOUSSELIUS (Maximilien), Employé à l'administration centrale des Télégraphes, rue Torgowaïa n° 13, Log. 4, à Saint-Pétersbourg (Russie).

MOUTON, Docteur ès sciences, 1, rue de l'Audience, à Fontenay-sous-Bois.

MUIRHEAD (Dr Alexandre) F. C. S., 5, Cowley Street, Westminster, S. W. Londres.

MUKHOPADHYAY (Asutosh), Membre de la Société de Physique de Londres, 77, Russa Road north, Bhowanipore, à Calcutta (Indes).

MÜLLER, Chef des Travaux chimiques à la Faculté des Sciences de Nancy.

NACHET (A.), Constructeur d'instruments d'Optique, 17, rue Saint-Séverin.

NACHET (Camille), Constructeur d'instruments d'Optique, 7, rue des Gravilliers.

NAMBA MASSASHI, à Sendaï (Japon).

NEGREANO (D.), Directeur du laboratoire de Physique de l'Université de Bucarest (Roumanie).

NERVILLE (de), Ingénieur des Télégraphes, Directeur du Laboratoire central d'électricité, 116, boulevard Haussmann ou au Laboratoire central, 12, rue de Staël.

NEUBURGER, Professeur au Lycée, 11, avenue du Vieux-Marché, à Orléans.

NEYRENEUF, Professeur à la Faculté des Sciences de Caen.

NODON (Albert), Ingénieur civil, à l'observatoire d'Astronomie physique de Meudon.

NODOT, Préparateur de Physique à la Faculté des Sciences, 3, rue Franoy, à Dijon.

NOË (Charles), Constructeur d'instruments pour les Sciences, 8, rue Berthollet.

MM.

NOGUÉ (Émile), Attaché à la Maison Pellin-Duboscq, 138, rue d'Assas.

NOLOT, Professeur au Lycée de Roanne.

NOTHOMB (Louis), Professeur de télégraphie technique à l'École de Guerre, 91, avenue Louise, à Bruxelles.

NOUGARET (Élie), Censeur au Lycée de Saint-Brieuc.

OBSERVATOIRE DU BUREAU DES LONGITUDES, à Montsouris.

OFFRET (Albert), Maître de Conférences de Minéralogie à la Faculté des Sciences, 135, avenue de Saxe, à Lyon.

OGIER (Jules), Docteur ès sciences, Chef du laboratoire de Toxicologie, 1, quai d'Orsay.

OLIVIER (Louis), Docteur ès sciences, Directeur de la *Revue générale des Sciences pures et appliquées,* 34, rue de Provence.

OLLIVIER (A.), Ingénieur civil, 51, boulevard Beaumarchais.

ONDE, Professeur au Lycée Henri IV, 41, rue Claude-Bernard.

OUMOFF (Nicolas), Professeur de Physique à l'Université de Moscou (Russie).

OZENNE, Aide au Bureau international des Poids et Mesures, au Pavillon de Breteuil, à Sèvres.

PAILLARD-DUCLÉRÉ (Constant), Secrétaire d'Ambassade, 96, boulevard Haussmann.

PAILLOT, Chef des Travaux pratiques à la Faculté des Sciences, 2, rue des Fleurs, à Lille.

PALAZ (Adrien), Docteur ès sciences, Professeur d'Électricité industrielle à l'Université de Lausanne (Suisse).

PALMADE, Professeur au Lycée de Nîmes.

PALMADE, Capitaine du Génie, au Fort Saint-Sauveur, à Lille.

PANZANI (J.-P.), Licencié ès Sciences mathématiques et physiques, Directeur de l'École Descartes, 46, rue de la Tour.

PARAIRE (l'abbé), Licencié ès Sciences physiques, villa Violette, 22, rue Raynouard.

PARENTHOU (Émile), Ingénieur, 13, rue du Val-de-Grâce.

PARISSE, Ingénieur des Arts et Manufactures, 49, rue Fontaine-au-Roi.

PARMENTIER, 21, avenue de la Toison-d'Or, à Bruxelles (Belgique).

PASQUIER (Dr), rue Saint-Nicolas, à Evreux.

PAVLIDÈS (Démosthènes), Docteur en Médecine, 14, rue Cadet.

PAYN (John), Directeur de l'Eastern Telegraph C°, au Caire (Égypte).

PELLAT (H.), Professeur adjoint à la Faculté des Sciences, 3, avenue de l'Observatoire.

PELLERIN, Professeur de Physique à l'École de Médecine, 9, quai Richebourg, à Nantes.

PELLIN (Philibert), Ingénieur des Arts et Manufactures, successeur de M. Jules Duboscq, 21, rue de l'Odéon.

PÉRARD (L.), Professeur à l'Université, 101, rue St-Esprit, à Liège (Belgique).

MM.

PEREZ (Fernando Ferrari), Professeur à l'École normale, Tacubaya D. F. à Mexico (Mexique).

PERNET (Dr J.), à l'École Polytechnique, à Zurich (Suisse).

PÉROT (Alfred), Professeur d'Électricité industrielle à la Faculté des Sciences, 119, Boulevard de Longchamps, à Marseille.

PERREAU, Agrégé, préparateur de Physique, au Collège de France.

PETIT (Paul), Professeur à la Faculté des Sciences de Nancy.

PÉTROFF, Professeur à l'Institut Technologique, Directeur du Département des chemins de fer au Ministère des voies et communications, à Saint-Pétersbourg (Russie).

PEUCHOT (E.), Dessinateur et graveur, 10, rue de Nesles.

PEUCHOT, Ingénieur opticien, 31, quai des Grands-Augustins.

PEYRUSSON (Édouard), Professeur de Chimie et de Toxicologie à l'École de Médecine et de Pharmacie de Limoges.

PFAUNDLER (Léopold), Professeur à l'Université de Gratz (Autriche).

PHILBERT, Ancien receveur des télégraphes, 32, faubourg de Fougères, à Rennes.

PHILIPPON (Paul), Répétiteur au Laboratoire d'Enseignement de la Sorbonne, 166, boulevard Montparnasse.

PICART (A.), Fabricant d'instruments de précision, 20, rue Mayet.

PICOU, Ingénieur des Arts et Manufactures, 75, avenue de la Grande-Armée.

PILLEUX, Électricien, 79, rue Claude-Bernard.

PILLON (André), Ingénieur des Arts et Manufactures, successeur de M. Deleuil, 42, rue des Fourneaux.

PILTSCHIKOFF (Nicolas), Professeur à l'Université de Kharkoff (Russie).

PINEL (Charles-Louis), 26, rue Méridienne, à Rouen.

PIONCHON, Professeur à la Faculté des Sciences de Bordeaux.

PITANGA (Epiphanio), Professeur à l'École Polytechnique de Rio-Janeiro, 50, rua do Marquez d'Abrantes.

POINCARÉ (Antoni), Inspecteur général des Ponts et Chaussées, 14, rue du Regard.

POINCARÉ (Lucien), Professeur au Lycée Louis-le-Grand, 17, rue d'Assas.

POINTELIN, Professeur de Physique au Lycée d'Amiens.

POIRÉ, Membre du Conseil supérieur de l'Instruction publique, Professeur au Lycée Condorcet, 95, boulevard Malesherbes.

POLLARD (Jules), Ingénieur de la Marine, 28, rue Bassano.

POMEY (J.-B.), Inspecteur-Ingénieur des Télégraphes, 58, boulevard Saint-Marcel.

PONSELLE (Georges), Ingénieur des Arts et Manufactures, 114, avenue de Wagram.

PONSOT, Professeur au Lycée Condorcet, 8, rue de Parme.

POPOFF (Alexandre), Professeur à l'École des Torpilleurs marins, Classe des officiers de Marine, à Cronstadt (Russie).

POPP (Victor), Administrateur-Directeur de la Compagnie des horloges pneumatiques, 54, rue Étienne-Marcel.

MM.

PÖPPER (Josef), ancien élève de l'École Polytechnique de Vienne, Ingénieur constructeur de machines, VII, Westbahnstrass, 29, à Vienne (Autriche).

POTIER, Membre de l'Institut, Ingénieur en chef des mines, Professeur à l'École Polytechnique, 89, boulevard Saint-Michel.

POUSSIN (Alexandre), Ingénieur, au Château de La Houblonnière, par Lisieux.

PRÉAUBERT (E.), Professeur au Lycée, 13, rue Proust, à Angers.

PRÉOBRAJENSKI (Pierre), au Musée Polytechnique, à Moscou (Russie).

PRÉSIDENT (le) de la Société de Physique de Londres (Angleterre).

PRÉSIDENT (le) de la Société de Physique de Saint-Pétersbourg (Russie).

PUPIN, Secrétaire de la Faculté de Médecine de Paris.

PUYFONTAINE (Comte de), 34, avenue Friedland.

QUESNEVILLE (Dr), Professeur agrégé, à l'École supérieure de Pharmacie, 1, rue Cabanis.

RADIGUET, Opticien constructeur, 15, boulevard des Filles-du-Calvaire.

RAFFARD, Ingénieur civil, 5, avenue d'Orléans.

RAMEAU (l'abbé), Professeur de Physique à l'Institution Saint-Cyr, à Nevers.

RANQUE (Paul), Docteur en Médecine, 13, rue Champollion.

RAU (Louis), Administrateur délégué de la Compagnie Continentale Edison, 7, rue Montchanin.

RAVEAU, Répétiteur à l'Institut national agronomique, 5, rue des Écoles.

RAYET, Professeur à la Faculté des Sciences de Bordeaux.

RAYMOND (Eugène), Ingénieur de la Marine, à Toulon.

RECHNIEWSKI, Ingénieur électricien, 11, rue Lagrange.

RECOURA (Albert), Chargé de Cours à la Faculté des Sciences de Lyon.

RÉGNARD (Dr P.), Sous-Directeur du Laboratoire de Physiologie de la Faculté des Sciences, 224, boulevard Saint-Germain.

REISET, Membre de l'Institut, 2, rue de Vigny.

RENARD (Charles), Chef de bataillon du Génie, Directeur de l'Établissement central d'Aérostation militaire, 7, avenue de Trivaux, à Chalais-Meudon.

RENAULT (A.), Licencié ès Sciences physiques, 25, rue Brezin.

REY (Casimir), Professeur de Mathématiques à l'École du Génie, 14, rue du Pré aux Clercs.

RIBAIL (Xavier), Ingénieur adjoint à l'ingénieur en chef du matériel de la traction des Chemins de fer de l'Ouest, 6, rue de Constantinople.

RIBAN (Joseph), Directeur adjoint du Laboratoire d'enseignement chimique et des Hautes Études, 85, rue d'Assas.

RIBIÉRE (Charles), Ingénieur des Ponts et Chaussées attaché au service des Phares, 13, rue Mignard.

RICHARD (Jules), Ingénieur-Constructeur, 8, impasse Fessart (Belleville).

RICHET (Ch.), Professeur à la Faculté de Médecine, 15, rue de l'Université.

RIGOLLOT, Chef des Travaux pratiques à la Faculté des Sciences de Lyon.

RIGOUT (A.), Docteur en Médecine, 10, rue Gay-Lussac.

RIVIÉRE (Charles), Professeur au Lycée Saint-Louis, 81, boul. Saint-Michel.

MM.

ROBERT, Ingénieur des Arts et Manufactures, 27, rue Notre-Dame-des-Champs.

ROBIN (P.), Directeur de l'orphelinat Prévost, appartenant au département de la Seine, à Cempuis (Oise).

ROBLES (José de), Ingénieur agronome, calle del General Castagnos, 7, à Madrid (Espagne).

RODDE (Ferd.), 7, rue du Delta.

RODDE (Léon), 107, rua do Ouvidor, à Rio-Janeiro (Brésil).

RODOCANACHI (Emmanuel), 54, rue de Lisbonne.

ROGER (Albert), rue Croix-de-Bussy, à Épernay.

ROGER, Chef d'Institution honoraire, 161, rue Saint-Jacques.

ROGOWSKY (Eugène), Professeur au Laboratoire de Physique de l'Université, à Saint-Pétersbourg (Russie).

ROIG Y TORRES (Raphaël), Professeur à la Faculté des Sciences de Barcelone (Espagne).

ROMILLY (Félix de), 25, avenue Montaigne.

ROMILLY (Paul de), Ingénieur en Chef des Mines, 7, rue Balzac.

ROSENSTIEHL, Chimiste, Directeur de l'usine Poirier, 61, route de Saint-Leu, à Enghien.

ROUSSEAU, Professeur à l'Université, 20, rue Vauthier, à Ixelles-Bruxelles.

ROUSSEAU (Paul), Fabricant de produits chimiques, 17, rue Soufflot.

ROUSSELET, Censeur du Lycée de Lille.

ROUSSELOT (l'abbé), Professeur à l'Institut catholique, 74, rue de Vaugirard.

ROUX (Gaston), Ingénieur électricien, 51, rue de Dunkerque.

ROUX, Ingénieur des Arts et Manufactures, Professeur à l'École Sainte-Geneviève, 114, boulevard Montparnasse.

ROWLAND, Professeur à l'Université Johns Hopkins, à Baltimore (États-Unis).

ROZIER (F.), Docteur en Médecine, 10, rue du Petit-Pont.

SACERDOTE (Paul), Professeur au Collège Ste-Barbe, 2, rue de Nesles.

SADOWSKY (Alexandre), Professeur à l'Académie de Marine et à l'École des Mines, à Saint-Pétersbourg (Russie).

SAÏD (Dj.), Ingénieur, 8, Istravoz (Beylirbey), à Constantinople (Turquie).

SAINTE-CLAIRE DEVILLE (Émile), Ingénieur à la Compagnie du gaz, 9, rue Brémontier.

SAINTE-CLAIRE DEVILLE (Henri), Directeur des Manufactures de l'État, Manufacture des Tabacs de Reuilly, 319, rue de Charenton.

SALADIN, Ingénieur civil des Mines, 57, avenue Victor-Hugo.

SALCHER (Dr P.), Professeur à l'Académie Impériale de Fiume (Autriche-Hongrie).

SANDOZ (Albert), Préparateur des Travaux pratiques de Physique à la Faculté de Médecine, 11, rue Rataud.

SARASIN (E.), Docteur ès sciences, à Genève (Suisse).

SARRAN, Professeur au Lycée de Bordeaux.

SARRAU, Membre de l'Institut, Ingénieur en Chef des Poudres et Salpêtres,

50 —

MM.

professeur de Mécanique à l'École Polytechnique, 9 *bis*, avenue Daumesnil, à Saint-Mandé.

SAUSSE (A.), Préparateur à la Faculté des Sciences de Caen.

SAUTTER (Gaston), Ingénieur, 26, avenue de Suffren.

SCHILLER (Nicolas), Professeur de Physique à l'Université de Kieff (Russie).

SCHNEIDER (Théodore), Professeur de Chimie à l'École Monge, 5, rue Bosio, à Auteuil.

SCHODDUIJN (l'abbé), Professeur de Sciences à l'Institution Saint-Joseph, à Gravelines.

SCHWEDOFF, Doyen de la Faculté des Sciences, Professeur à l'Université d'Odessa (Russie).

SCIAMA, Ingénieur civil des Mines, directeur de la maison Bréguet, 16, rue François Ier.

SCOBELTZINE (Wladimir), Préparateur au Laboratoire de Physique de l'Université, à Saint-Pétersbourg (Russie).

SEBERT, Général d'Artillerie de Marine, Administrateur des Forges et Chantiers de la Méditerranée, 14, rue Brémontier.

SÉGUIN, ancien Recteur, 1, rue Ballu.

SEIGNETTE (Adrien), Professeur au Lycée Condorcet, 21, rue Tronchet.

SELIGMANN-LUI, Sous-Inspecteur des Télégraphes, 103, rue de Grenelle.

SENTIS, Professeur au Lycée de Grenoble.

SERPOLLET, Ingénieur, 27, rue des Cloys.

SERRÉ-GUINO, Examinateur à l'École de Saint-Cyr, 114, rue du Bac.

SIGALAS (Dr C.), Chef des Travaux, chargé d'un Cours complémentaire de Physique à la Faculté de Médecine et de Pharmacie, 4, rue Théodore-Ducos, à Bordeaux.

SIMOUTRE (l'abbé), Professeur de Physique au grand séminaire de Nancy.

SIRE (G.), Correspondant de l'Institut, à Besançon-Mouillière.

SIRVENT, Professeur au Lycée Saint-Louis, 73, rue de Rennes.

SLOUGUINOFF, Directeur de l'Institut de Physique de l'Université impériale de Kasan (Russie).

SOKOLOFF (Alexis), Professeur de Physique à l'Académie de Moscou (Russie).

SOMZÉE (Léon), Ingénieur honoraire des Mines, 22, rue du Palais, à Bruxelles (Belgique).

STACKELBERG (Baron Édouard de), Professeur à l'Université de Dorpat, à Sillameggi, chemin de fer de la Baltique (Russie).

STAPFER (Daniel), Ingénieur, boulevard de la Mayor, à Marseille.

STŒCHEGLAIEF (Wladimir), Professeur de Physique à la Haute École technique de Moscou (Russie).

STEPANOFF, Professeur de Physique, à Cronstadt (Russie).

STOKES (G.-G.), Professeur de Mathématiques à l'Université de Cambridge, Lensfield Cottage, Cambridge (Angleterre).

STOLETOW (Al.), Professeur à l'Université de Moscou (Russie).

STRAUSS, Chef du Génie, 16, boulevard de la Liberté, à Gap.

MM.

STREET (Charles), Ingénieur des Arts et Manufactures, 39, rue Joubert.

TACCHINI, Astronome, Directeur du Bureau météorologique d'Italie, à Rome.

TAILLEFER (André), ancien élève de l'École Polytechnique, 81, boulevard Saint-Michel.

TEISSERENC DE BORT (Léon), Chef du Service de Météorologie générale au Bureau central météorologique, Secrétaire général de la Société Météorologique de France, 82, avenue Marceau.

TEISSIER, Professeur au Lycée, 5, rue de Lille, à Nice.

TEPLOFF, Colonel du Génie impérial russe, rue Vladimir Kaies, 15, maison Friedrichs, à Saint-Pétersbourg (Russie).

THENARD (le baron Arnould), chimiste agriculteur, 6, place Saint-Sulpice.

THIERRY (Maurice de), Docteur en Médecine, 119, rue d'Alésia.

THIESEN (Dr Max.), à Charlottembourg, Berlinerstrasse, 22, à Berlin.

THIMONT, Professeur au Collège Stanislas, 19, rue Littré.

THOMPSON (Silvanus-P.), Professeur à Finsbury Technical College, Morland Chrislett Road, West, Londres, N. W. (Angleterre).

THOUVENEL, Professeur au Lycée Charlemagne, 100, rue de Rennes.

THOUVENOT (Clovis), Directeur della Societa electrotecnica, via delle Tre Pile, 3-8, à Rome (Italie).

TIMIRIAZEFF, Professeur à l'Université et à l'Académie agronomique de Moscou (Russie).

TISSANDIER (Gaston), Directeur du Journal « *La Nature* », 50, rue de Châteaudun.

TISSIER, Professeur au Lycée Voltaire, 1, rue Mirbel.

TISSOT, Enseigne de Vaisseau, chargé d'un Cours de Physique à l'École navale, 107, rue de Siam, à Brest.

TOMBECK, Licencié ès sciences, 4, rue Léopold-Robert.

TONARELLI, Censeur du Lycée de Montpellier.

TOUANNE (de la), Ingénieur des Télégraphes, 13, rue Soufflot.

TRIPIER (le Dr), 41, rue Cambon.

TROTIN, Ingénieur des Télégraphes, 38, quai Henri IV.

TROUVÉ (G.), Constructeur d'instruments de précision, 14, rue Vivienne.

TULEU (Charles), Ingénieur, 58, rue Hauteville.

UCHARD (A.), Capitaine d'artillerie, à la Commission d'Expériences, à Bourges.

UNIVERSITÉ DE SYDNEY (New South Wales).

VACHER (Paul), 45, rue de Sèvres.

VAGNIEZ-BENONI, Négociant, 14, rue Lemerchier, Amiens.

VAGNIEZ (Ed.), 14, rue Lemerchier, à Amiens.

VAN AUBEL (Dr Edmond), chargé de Cours à l'Université de Gand, 12, rue de Comines, à Bruxelles (Belgique).

VAN DER MENSBRUGGHE (Gustave-Léonard), Membre de l'Académie Royale,

MM.

Professeur de Physique mathématique à l'Université, 80, rue Coupure, à Gand (Belgique).

VAN DER VLIETH, Professeur de Physique à l'Université de St-Pétersbourg.

VANDEVYVER, Docteur ès sciences et Répétiteur à l'Université, 11, boulevard de la Citadelle, à Gand (Belgique).

VARACHE (A.), Professeur au Collège, 28, rue de la Rotonde, à Béziers.

VARENNE (de), Préparateur du Laboratoire de Physiologie générale au Muséum, 7, rue de Médicis.

VASCHY, Ingénieur des Télégraphes, Répétiteur à l'École Polytechnique, 68, avenue Bosquet.

VASSEUR (Alfred), 4, petite rue de Barette, à Amiens.

VAUTIER (Théodore), Professeur adjoint de Physique à la Faculté des Sciences, 3o, quai Saint-Antoine, à Lyon.

VAYSSIÈRES (Louis), Maître répétiteur au Petit Lycée de la Belle-de-Mai, à Marseille.

VELTER (Jules), Ingénieur des Arts et Manufactures, successeur de M. Deleuil, 42, rue des Fourneaux.

VERRIER (J.-F.-G.), Membre de plusieurs Sociétés savantes, 13, boulevard Saint-Germain.

VIDAL (Léon), Professeur à l'École des Arts décoratifs, 7, rue Scheffer.

VIEILLE, Ingénieur des Poudres et Salpêtres, Répétiteur à l'École Polytechnique, 19, quai Bourbon.

VILLARS, Professeur au Lycée de Rouen.

VILLIERS (Antoine), Agrégé à l'École de Pharmacie, 3o, avenue de l'Observatoire.

VINCENS, Licencié ès Sciences mathématiques et physiques, 59, rue d'Amsterdam.

VIOLET (Léon), 20, rue Delambre.

VIOLLE, Maître de Conférences à l'École Normale, 89, boulevard Saint-Michel.

VLASTO (Ernest), Ingénieur, Administrateur de la Société anonyme de fabrication de produits chimiques, 44, rue des Écoles.

VOIGT, Professeur honoraire du Lycée de Lyon, à Géanges, par Saint-Loup de la Salle (Saône-et-Loire).

VOISENAT (Jules), Ingénieur des Télégraphes, 16, rue Berlier, à Dijon.

WAHA (de), Professeur de Physique, à Luxembourg (Grand-Duché de Luxembourg).

WALLON (E.), Professeur au Lycée Janson de Sailly, 65, rue de Prony.

WEISS (Dr Georges), Ingénieur des Ponts et Chaussées, Professeur agrégé de Physique à la Faculté de Médecine, 119, boulevard Saint-Germain.

WEISS, Attaché au Laboratoire de Physique de l'École Normale supérieure, 45, rue d'Ulm.

MM.

WENDT (Gustave), Constructeur d'instruments de Physique (maison Hempel), 55, quai des Grands-Augustins.

WERLEIN (Ivan), Constructeur d'instruments d'Optique, 71, rue du Cardinal-Lemoine.

WEST (Émile), Chef du laboratoire des Chemins de fer de l'Ouest, 29, rue Jacques-Dulud, à Neuilly-sur-Seine.

WEYHER, Ingénieur, Administrateur-Directeur de la Société centrale de Construction de Machines, 36, rue Ampère.

WIEDEMANN (Eilhard), Professeur de Physique, à Erlangen (Allemagne).

WITZ (Aimé), Ingénieur civil, Professeur aux Facultés catholiques, 29, rue d'Antin, à Lille.

WOLF, Membre de l'Institut, Astronome à l'Observatoire de Paris, 1, rue des Feuillantines.

WOULFF, Agrégé de l'Université de Varsovie (Russie).

WUILLEUMIER (H.), Docteur ès sciences, 98, rue d'Assas.

WUNSCHENDORFF, Ingénieur chargé de la construction des lignes souterraines, au Ministère des Postes et des Télégraphes, 92, rue de Rennes.

WYROUBOFF, Docteur ès sciences, 141, rue de Rennes.

XAMBEU, ancien Professeur de l'Université, 41, Grande-Rue, à Saintes.

YVON (P.), Pharmacien, 26, avenue de l'Observatoire.

ZAHM (J.-A.), Professeur de Physique, à l'Université, à Notre-Dame (Indiana) (États-Unis).

ZEGERS (Louis-L.), Ingénieur des Mines du Chili, Chacabuco, 57, à Santiago (Chili).

ZILOFF, Professeur de Physique, à l'Université de Varsovie (Russie).

Mai 1894.

———

Prière d'adresser au Secrétaire général les rectifications et changements d'adresse.

TABLE DES MATIÈRES.

20725   Paris. — Imprimerie GAUTHIER-VILLARS ET FILS, quai des Grands-Augustins, 55.

Lightning Source UK Ltd.
Milton Keynes UK
UKHW022226140219
337291UK00006B/278/P